立山秀利 著

最初からそう教えて
くれればいいのに！

Excel VBAの
プログラミングの
ツボとコツが［第2版］
ゼッタイにわかる本

VBA
Expert

VBAエキスパート
推薦図書

秀和システム

はじめに

Excelには、表にデータを入力して数式や罫線などを設定するという基本的な使い方に加え、関数や条件付き書式やピボットテーブルなど、少々敷居の高い機能も多数用意されています。それらよりさらに難しいのが「VBA」でしょう。

みなさんは「Excel VBA」という言葉を耳にしただけで、何となく難しそうなイメージを抱き、「自分にはとてもムリ、ムリ！」と思いこんでしまっているかもしれません。確かに簡単ではありませんが、ほんの少しでもVBAを使えるようになれば、Excelユーザーとして大きなステップアップを果たせます。

Excel VBAをマスターするには、おぼえるべきことが山のようにあります。入門的な内容に限定したとしても、学習項目はかなりの範囲にわたり、難易度の高い内容も含まれています。また、ExcelのVBAをこれからマスターしようとする初心者は、そのほとんどがプログラミング自体の初心者であると言えます。いきなり「変数」や「条件分岐」などの仕組みや使い方を通り一辺倒に教わっても、どういったシーンで使えばよいのか、そもそも何のために必要なのか、結局わからずじまいになってしまいがちです。料理にたとえるなら、まったくの料理の素人が包丁の使い方や油で揚げるやり方などを通り一辺倒に教わっても、どのような料理にどう使えばよいのか、結局わからないのと同じことです。

既存のExcel VBA入門書の多くは、「オブジェクト」や「変数」や「ループ」などのカテゴリごとに“縦割り”で区切られており、基本的な内容から高度な内容まで網羅したかたちになっています。これはこれで良書が揃っています。ただ、他のプログラミング言語を学んだ人ならそれでも理解できるのですが、プログラミング自体が初心者という読者の方々には荷が重いでしょう。

そこで本書は異なるアプローチを採ります。広範囲に及ぶExcel VBAの入門的な内容をあえて網羅せず、ある程度絞り込みます。その内容の範囲で、シンプルかつ実践的なサンプルアプリケーションとして「計算ドリル」と「販売管理」を作成していきます。その過程では、学習内容のカテゴリを“縦割り”で完全に分離して学ぶのではなく、まずは複数のカテゴリを横断するかたちで基本的な学習を行います。それを終えたら、また同じカテゴリに戻って、もう一段レベルの高い内容を学ぶという段階的なアプローチを採ります。このようなアプローチによって、それぞれの学習内容はどういったシーンで使えばよいのか、そもそも何のために必要なのかなど、Excel VBAのプログラミングのツボとコツを体感しながら学べるようになっています。

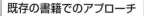

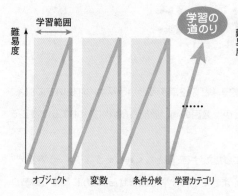

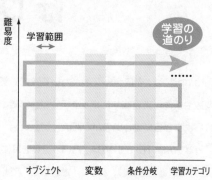

　VBAの書式や記述ルールは、たとえば省略可/不可があるなど複雑で、一度にすべて完璧におぼえようとすると混乱するものです。本書では正式なルールを完全におぼえるよりも、「まず動くものを作る」に重点を置いて解説します。HTMLにせよ何にせよ、正式な記述を心がけることは非常に重要ですが、初心者が学習を進めていく上では、まずは動くものを作れるようになることが先決だと筆者は考えています。そこで、本書はただ読むだけでなく、本書を見ながら実際に自分の手を動かして、プログラミングを行っていただければ、より高い学習効果が得られます。

　さらに本書は、おかげさまで実に多くの読者の方々からご好評いただいた「Excel VBAのプログラミングのツボとコツがゼッタイにわかる本」の内容の一部を大幅に見直し、Excel VBAおよびプログラミングの初心者によりわかりやすくなるよう、よりスムーズに挫折することなく学習を進められるよう改訂しています。

　読者のみなさんがExcel VBAをマスターし、Excel VBAの恩恵を普段の仕事などで享受できるようになれることに、本書が少しでもお役に立てれば幸いです。

立山秀利

　本書では Excel VBA の学習を進める中で、読者のみなさんには「計算ドリル」および「販売管理」という2つのアプリケーションを Excel 上で作成していただきます。各アプリケーションの元ファイルとなる Excel ファイルを用意しておきました（ファイル名は下記の一覧を参照してください）。本書での学習を始める前に、まずは2つのアプリケーションの元ファイルを秀和システムのホームページからサポートページへ移動し、ダウンロードしておいてください。

　Web サイトに記載されている方法に従い、ファイルをダウンロードしてください。ダウンロードしたファイルは圧縮されているので、ダブルクリックするなどして適宜解凍してください。

　加えて、各アプリケーションの完成版も用意しておきました。アプリケーションの作成を始める前に、完成版をダウンロードして実際に操作してみて、どのようなアプリケーションをこれから作成するのか、イメージをつかんでおくとよいでしょう。

　各アプリケーションの機能や操作方法などについては、第1章 1-6節を参照してください。「販売管理」については、第7章 7-1節も合わせて参照してください。また、ダウンロードした Excel ファイルでマクロが動作できない場合は、P44のコラムを参照にマクロを有効化してください。

　さらには、各章の各節終了時点でできあがった状態の Excel ファイルも用意しておきました。各章各節の学習の参考にしてください。それらは1つのフォルダにまとめたかたちでダウンロードできるようにしてあります。どの章のどの節の Excel ファイルが用意されているかは、ダウンロードした中に含まれる「Readme.txt」を参照してください。サンプル「計算ドリル」、「販売管理」ともに Microsoft 365 版 Excel、Excel 2019、Windows 10 環境で動作確認済みです（2021年8月時点）。

●秀和システムホームページ

　ホームページからサポートページへ移動して、ダウンロードしてください。

　URL　https://www.shuwasystem.co.jp/support/7980html/6518.html

●計算ドリル

【元ファイル】	【完成版】
・計算ドリル.xlsx	・計算ドリル完成版.xlsm
【各章各節終了時点でのファイル】	
計算ドリル途中（フォルダになります。）	

●販売管理

【元ファイル】	【完成版】
・販売管理.xlsx	・販売管理完成版.xlsm
【各章各節終了時点でのファイル】	
販売管理途中（フォルダになります。）	

注意!!　OSの設定で拡張子が非表示になっていると、「.xlsm」などの拡張子は表示されません。

最初からそう教えてくれればいいのに！

Excel VBAの ツボとコツが ゼッタイにわかる本
［第2版］

Contents

第2章　VBA記述の基本

第3章　VBAのキモであるオブジェクトをマスターしよう

第4章　演算子と条件分岐

第5章　ループと変数

第6章　VBA関数〜VBA専用の関数を使おう

第7章　VBAの実践アプリケーション「販売管理」の作成

Column

マクロとVBA

・・・・・・・・・・・・・・・・・・

　それでは、これから本書と一緒にExcel VBAを学んでいきましょう！　本章ではまず手始めに、VBAと切っても切れない関係にある「マクロ」について学びます。マクロの使い方からはじまり、マクロの正体を探ったり、VBAとの関係を解き明かしていきます。本章で学ぶマクロを取っかかりとして、Excel VBAのプログラミングのツボとコツを段階的に学んでいきます。

1-1 マクロとVBAの関係

● マクロとは

　これからみなさんと一緒にVBAのプログラミングを学習していきますが、まず最初に「マクロ」と「VBA」の関係について学びましょう。

　みなさんはExcelの機能の1つである「マクロ」をご存じでしょうか？　「名前だけ聞いたことがある」という読者の方もいれば、「ちょっとだけ使った経験がある」という読者の方もいるでしょう。まずは改めてここで、マクロという機能を解説します。

　マクロとは、Excelの操作や各種機能を自動で実行する機能です。ユーザーがExcel上で行った操作を丸ごと記録しておき、後からいつでも自動的に実行できます。Excelのリボンの中に、「マクロの記録」などマクロ関連のコマンドを見たことがある読者の方も多いかと思います。そして、マクロは単一の操作のみならず、複数の操作もまとめて記録・実行できます。普段みなさんが手作業で行っている作業を肩代わりしてくれる便利な機能です。

　たとえば、ある表を並べ替えして、ピボットテーブルを作成する、という操作を複数のワークシートで行わなければならないとします。マクロを使わないと、これらの操作を手作業ですべてのワークシートに対していちいち実施しなければなりません。それはもう膨大な手間がかかってしまうでしょう。

　一方、マクロを利用すると、必要な操作を1つのワークシートに対して一度だけ実行して、その操作をマクロとして記録しておけば、残りのワークシートに対してはそのマクロを実行するだけで済みます。このようにマクロを有効活用すれば、作業を大幅に効率化できるのです（図1）。

図1　マクロのメリット

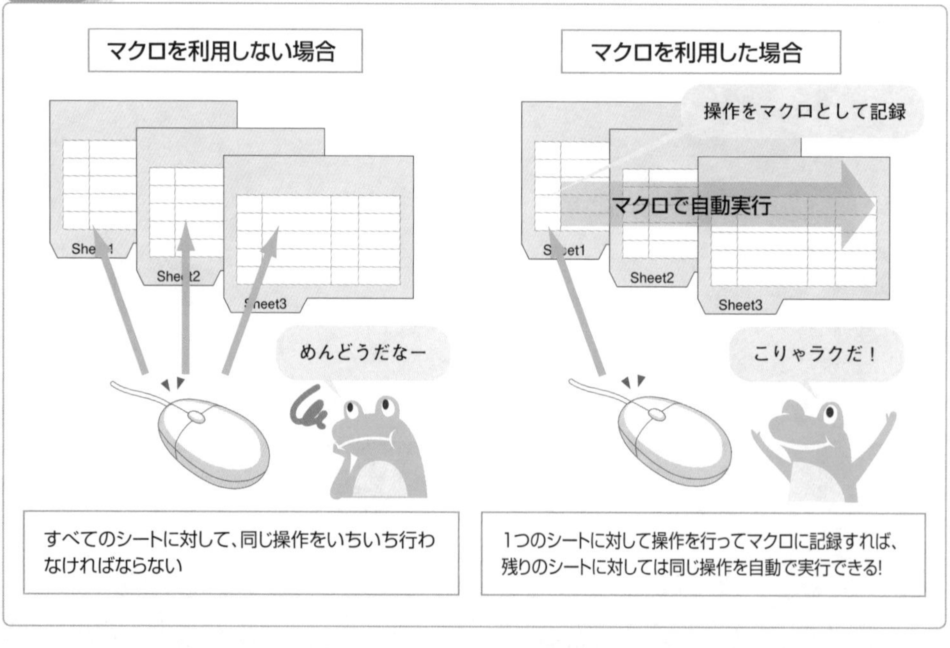

マクロを利用しない場合	マクロを利用した場合

操作をマクロとして記録

マクロで自動実行

Sheet1　Sheet2　Sheet3

めんどうだなー

こりゃラクだ！

すべてのシートに対して、同じ操作をいちいち行わなければならない

1つのシートに対して操作を行ってマクロに記録すれば、残りのシートに対しては同じ操作を自動で実行できる!

VBAとは

　先ほど、「マクロはユーザーがExcel上で行った操作を丸ごと記録する」と説明しましたが、具体的にはどのようなかたちで操作が記録されるのでしょうか？　初心者には少々イメージしづらいのですが、実は、ワークシート上で行われた1つ1つの操作が、それぞれ"命令文"として"マクロ用の記録スペース"に記述されるというかたちで記録するのです。

　たとえば、「A1セルを赤で塗りつぶす」という操作をマクロとして記録した場合、マクロの中身は「A1セルを赤で塗りつぶす」という命令文が記述されることになります。複数の操作を記録するマクロなら、操作の数に応じて複数の命令文が記述されます。

　そして、マクロとして記録した操作を実行する際は、マクロ用の記録スペースに記述された命令文を呼び出し、その内容にしたがってExcelが操作を自動で実行してくれるのです（図2）。

図2　1つ1つの操作を命令文として記録しておき、後から実行する概念図

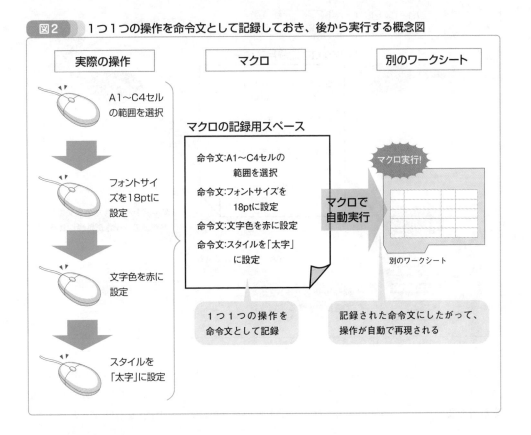

　マクロが記録される際、命令文はあるルールに則った書式にて、テキストで記述されます。この命令文を記述するためのプログラミング言語が「VBA」（Visual Basic for Applications）です（図3）。

　このVBAは、ユーザーの操作を丸ごと記録する際、Excelが裏で自動的に記述してくれます。それだけでなく、ユーザー自身が命令文を編集することができます。言い換えれば、ユーザーが命令文であるVBAを記述することで、Excelの操作を自在に再現できるのです。このよう

に、VBAのルールに則って命令文を記述し、Excelを操ることが、本書で学ぶVBAのプログラミングになります。

・VBAとは、マクロを記述するためのプログラミング言語

図3 VBAとマクロとExcelの操作との関係

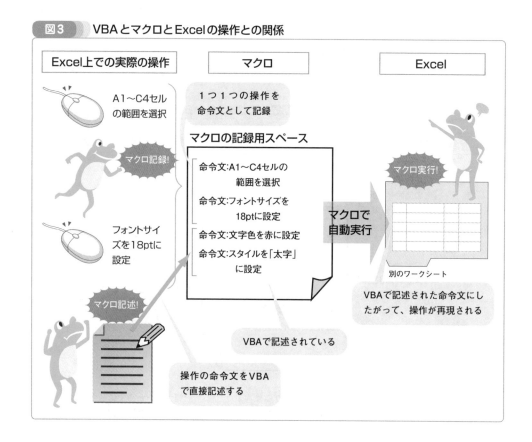

なお、マクロおよびVBAはExcelだけでなく、WordやAccessなど他のMicrosoft Officeアプリケーションにも搭載されています。本書ではExcelに特化したかたちでVBAの使い方を解説していきます。以降、本書では「VBA」という言葉はExcel VBAを意味するとします。

マクロを記録・実行してみよう

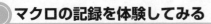

マクロの記録を体験してみる

　前節ではマクロとVBAの関係を説明しましたが、「マクロの記録・実行」や「操作が命令文として記録される」と言われても、いまいちピンと来ない読者の方も少なくないかと思います。そこで、これからみなさんには、本節でマクロの記録と実行を体験していただき、次節1-3節でマクロの正体であるVBAの命令文を実際に見ていただきます。そして、1-4節で、その命令文を編集していただきます。これらの作業を通じて、マクロとVBAの理解を深めていただきます。

　それでは、マクロの記録を体験してみましょう。ここでは、「セル内の文字色を赤にする」という操作をマクロとして記録し、実行してみます。なお、本書の画面はすべてMicrosoft 365版Excelのものです。バージョンによっては、ボタンのデザインや操作手順などが異なる場合があります。

❶［スタート］メニューなどからExcelを起動してください。初期画面で［空白のブック］をクリックするなどして、新規ブックを作成してください。「Book1」というブックが新たに作成され、ワークシート「Sheet1」が表示されます。

❷A1セルに好きな文字列を入力し、Enter キーを押してください。ここでは「Excel」と入力したとします。

❸再びA1セルをクリックして選択します。そのままの状態で、ステータスバーの左下にある［マクロの記録］ボタンをクリックしてください（画面1）。

▼**画面1　［マクロの記録］ボタンをクリック**

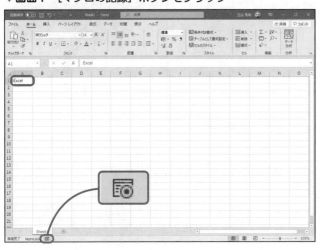

これが［マクロの記録］ボタンだよ

❹「マクロの記録」ダイアログボックスが表示されます。「マクロ名」ボックスには「Macro1」と自動入力されます。そのまま [OK] をクリックしてください（画面2）。

▼**画面2 [OK] をクリック**

そのまま [OK] をクリック

❺マクロの記録が始まります。ステータスバー左下のボタンが [記録終了] ボタンに変わります。リボンの [ホーム] タブにて、[フォントの色] の横にある [▼] をクリックし、色の一覧から [オレンジ、アクセント 2] を選んで文字色をオレンジに設定します（画面3）。

▼**画面3 色の一覧から [オレンジ、アクセント 2] を選ぶ**

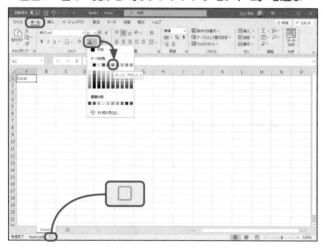

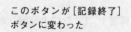

このボタンが [記録終了] ボタンに変わった

❻ステータスバー左下の［記録終了］ボタンをクリックしてください。これでマクロの記録
は完了です（画面4）。

▼**画面4　マクロの記録完了**

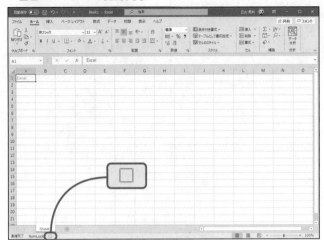

これでマクロの記録が終了!!

記録したマクロの実行を体験してみる

　これで「セル内の文字色をオレンジにする」という操作がマクロ「Macro1」として記録で
きました。では、今度は記録したマクロを実行して、さきほど記録した操作がちゃんと再現
されるか試してみましょう。

❶A1セル以外の任意のセルに好きな文字列を入力し、[Enter]キーを押してください。ここ
ではC5セルに「VBA」と入力したとします。
❷C5セルをクリックして選択します。そのままの状態で、［表示］タブをクリックして切り
替え、［マクロ］をクリックしてください（画面5）。

▼**画面5 [マクロ]をクリック**

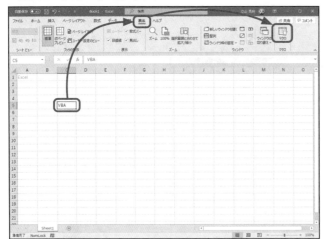

[表示]タブからマクロを実行するんだね

❸「マクロ」ダイアログボックスが表示されます。リスト内に先ほど記録したマクロ「Macro1」が表示されるので、クリックして選択したら、[実行]をクリックしてください（画面6）。

▼**画面6 [実行]をクリック**

目的のマクロを選んで[実行]をクリックしてね

❹マクロ「Macro1」が実行され、C5の文字列がオレンジに変わりました（画面7）。

▼**画面7　文字列がオレンジに変わる**

C5	▼	⁝	×	✓	*fx*	VBA	

	A	B	C	D	E	F	G
1	Excel						
2							
3							
4							
5			VBA				
6							
7							
8							
9							
10							
11							
12							
13							

さっき記録したのと同じ操作が再現された

　このように、C5セルに対してマクロ「Macro1」を実行すると、A1セルに対して行った「セル内の文字色をオレンジにする」という操作がC5セルにもそのまま実行されるのです。これが記録したマクロの実行になります。ここでは例をシンプルにするため、単一の操作しか記録しなかったので、その便利さがあまり感じられませんが、複数の操作を記録した場合は［実行］ボタン1つでそれらの操作を再現できるので非常に便利です。

1
2
3
4
5
6
7

マクロとVBA

マクロの正体であるVBAを実際に見てみよう

●VBEでマクロの中身を見る

　マクロの記録と実行を体験し、そのイメージがつかめたところで、いよいよマクロの正体であるVBAの命令文を実際に見てみましょう。この命令文のことを一般的に「コード」と呼びます。本書では以降、「コード」という名称を用います。

　Excelには、VBAのプログラムを編集するための専用ツールである「VBE」（Visual Basic Editor）が付属しています。これからVBEを使って「Macro1」のコードを見てみます。VBEの使い方や各部の名称など詳細は第3章で改めて解説しますので、ここではとりあえず次の手順通りに操作してください。

❶「マクロ」ダイアログボックスの［編集］ボタンからでもVBEを起動してコードを見ることはできるのですが、あとあとの作業を考えて、VBA関係のさまざまなコマンドが使える［開発］タブをあらかじめ表示させておきましょう。リボンの左上にある［ファイル］タブをクリックして「ファイル」画面を開き、［オプション］をクリックしてください（画面1）。

▼**画面1　［オプション］をクリック**

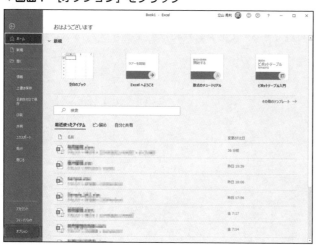

これが「ファイル」画面だよ

❷「Excelのオプション」ダイアログボックスが表示されます。左側のメニューから［リボン
のユーザー設定］をクリックして選択し、［開発］にチェックを入れて［OK］をクリック
します（画面2）。「Excelのオプション」ダイアログボックスが閉じます。

▼**画面2 ［開発］にチェックを入れて［OK］をクリック**

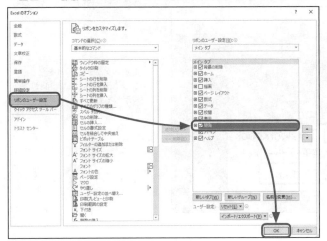

ここにチェックを入れてね

❸［開発］タブがリボンに表示されるようになります。クリックして切り替えたら、［Visual
Basic］をクリックしてください（画面3）。

▼**画面3 ［Visual Basic］をクリック**

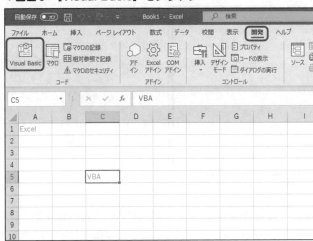

［開発］タブが表示された

マクロとVBA

1
2
3
4
5
6
7

❹VBEが別ウィンドウで起動します。画面左にある「プロジェクト」と書かれたエリア内の ツリーにて、[標準モジュール] の前にある [＋] をクリックして展開し、[Module1] をダ ブルクリックしてください（画面4）。

▼**画面4** ［Module1］をダブルクリック

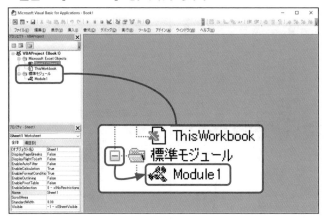

まずはツリーの[＋]をクリックして展開し、「Module1」を表示してね

❺画面の右側に「Macro1」のコードが表示されます（画面5）。

▼**画面5** 「Macro1」のコードが表示される

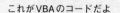

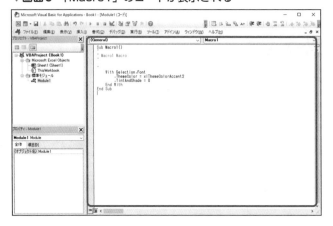

これがVBAのコードだよ

　画面5で、「Sub Macro1()～」という文字が表示されていますが、これがVBAの命令文です。 このエリアが1-1節の図2と図3にあった「マクロの記録用スペース」の正体になります。

　なお、「プロジェクト」以下のツリーをはじめ、VBEの各部位の名称や使い方の基礎は、 2-1節（P46）で改めて解説します。

●VBAのコードを見てみる

　それでは、VBE上に表示されている「Macro1」のコードをザッと見てみましょう。このコードにはさまざまな要素が含まれていますが、それらを理解するための詳細な説明は次章以降でジックリしていきますので、ここではキモだけを大まかに紹介します。

　VBEの画面上には、下記のコードが表示されているかと思います。

```
Sub Macro1()
'
' Macro1 Macro
'


'
    With Selection.Font
        .ThemeColor = xlThemeColorAccent2
        .TintAndShade = 0
    End With
End Sub
```

　この中の8行目に注目してください。この1行こそ、「文字色をオレンジに設定する」というワークシート上の操作を記録した命令文になるのです。

```
.ThemeColor = xlThemeColorAccent2
```

　もっとも、厳密には7行目も込みで「文字色をオレンジに設定する」という操作を表しています。その理由となるVBAの仕組みは第3章の3-4節で後ほど説明します。ここでは、ただ8行目が「文字色をオレンジに設定する」という命令文である、とだけ把握すればOKです。

　VBEを使って「文字色をオレンジに設定する」というワークシート上の操作を記録した命令文を見てみましたが、もちろん現時点で読者のみなさんは、VBAについてほとんど何も学んでいないので、この1行を見てもチンプンカンプンだと思います。よく見ると「～Color～」という語句がいくつかあるので、何となく色に関する命令文であることだけは見当つきそうですが……今チンプンカンプンでもご安心あれ。これからジックリとVBAを学んでいきますので、必ず理解できるようになります。ただ、ここでは、先ほどみなさんが実際に手を動かして行った「文字色をオレンジに設定する」という操作が、VBE上のこの1行のコードで表されている、ということだけを認識すればOKです（図1）。

図1 「文字色をオレンジに設定する」というワークシート上の操作と8行目のコードとの関係

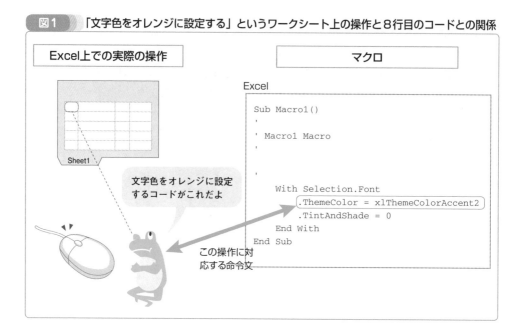

「オレンジに設定」を「青に設定」へ変更してみる

前節1-3ではVBEを使って、「Macro1」のコードを見てみました。本節では、みなさんにVBAのプログラミングのほんの入口を体験していただきます。具体的には、VBEを使って「Macro1」のコードにちょっとした変更を加えます。現在「文字色をオレンジに設定する」となっている「Macro1」のコードを、「文字色を青に設定する」へ変更していだきます。そして、変更後に再び「Macro1」を実行し、変更した内容が反映されたことを実感していただきます。

それでは、VBAのプログラミングのほんの入口に足を踏み入れてみましょう。

❶VBE上にて、「Macro1」のコードの8行目を次のように書き換えてください。「=」の右側の「xlThemeColorAccent2」の最後1文字を「2」から「1」に変更します（画面1）。

▼書き換え前

```
.ThemeColor = xlThemeColorAccent2
```

▼書き換え後

```
.ThemeColor = xlThemeColorAccent1
```

▼画面1 「.ThemeColor = xlThemeColorAccent1」に変更する

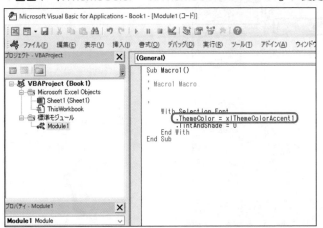

一般的なテキスト編集と同じやり方でコードを変更できるよ

変更していただくのは、この1箇所だけです。これで「Macro1」のコード「文字色をオレンジに設定する」から「文字色を青に設定する」へ変更できました。

❷それでは、ちゃんと意図通り変更されているか、確認してみましょう。ワークシートに戻り、C5セルに何か文字列を入力し、[Enter] キーを押してください。そして、改めてC5セルをクリックして選択します。そのままの状態で、[開発] タブの [マクロ] をクリックしてください（画面2）。[マクロ] は [表示] タブに加え、[開発] タブにもあります。

▼**画面2** [マクロ] をクリック

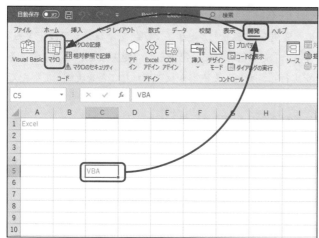

C5セルには何か文字列を入れておいてね

❸「マクロ」ダイアログボックスが表示されます。「Macro1」を選択して [実行] をクリックしてください（画面3）。

▼**画面3** [実行] をクリック

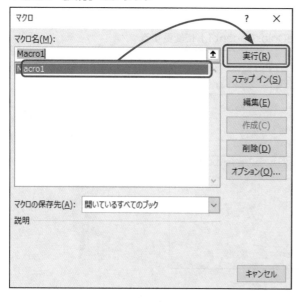

先ほどのコード変更によってどう変わるのかな？

❹C5セル内の文字列「VBA」が青に変わりました（画面4）。

▼**画面4　文字列「VBA」が青に変わる**

	A	B	C	D	E	F	G
1	Excel						
2							
3							
4							
5			VBA				
6							
7							
8							
9							
10							
11							
12							

文字色が青になった！

VBAのプログラミングとは

　VBAのプログラミングのほんの入口を体験していただきましたが、いかがですか？　このように、最初は「文字色をオレンジに設定する」という操作として記録した「Macro1」に対して、VBEを使ってコードを1箇所だけ変更するだけで、「文字色を青に設定する」という操作に変更できました。

　もちろん現時点で読者のみなさんは、VBAについてほとんど何も学んでいないので、今の変更内容について、どこをどう変えたから何がどう変わったのかはチンプンカンプンだと思います。

　コードの意味はこれから順次説明していきますので、とりあえずここでは、「コードを変更したら、マクロとして記録されている操作の内容を変更できた」ということだけを認識すればOKです（図1）。

図1　コードを変更したら、マクロの実行内容が変更された

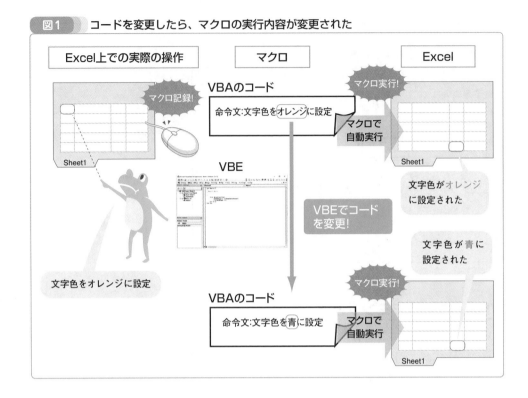

　このようにVBAのコードを変更することで、マクロとして記録されている操作の内容を変更できるのです。さらにはコードを変更するだけでなく、VBAのコードをゼロから自分で新たに記述することで、好きな操作をマクロとして作り出すことができるのです。VBAのコードを記述することで、Excelのさまざまな操作を再現でき、いつでも自由に実行できるようになります（図2）。このようにVBAで目的の操作を作り出すことが、VBAによるプログラミングなのです。

ポイント

・VBAのコードを記述すること（＝VBAのプログラミング）で、Excelのさまざまな操作をゼロから新たに作り出すこともできる

図2　　既存のコードの変更以外に、新規に記述してマクロを作成することも可能

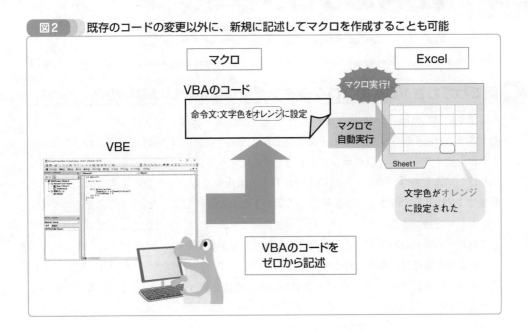

マクロ

VBAのコード

マクロ実行!

Excel

命令文:文字色をオレンジに設定

マクロで
自動実行

VBE

Sheet1

文字色がオレンジ
に設定された

VBAのコードを
ゼロから記述

マクロとVBA

VBAのプログラミング じゃないとできないこと

● 何でわざわざVBAのプログラミングをしないといけないの？

　前節1-4では、「Macro1」のVBAのコードを変更することで、マクロの内容を変更していただきました。みなさんの中には、「文字色を青に設定するマクロが欲しいなら、わざわざコードを書き換えなくても、最初から『文字色を青に設定する』っていう操作をマクロとして記録すればいいんじゃないの？」と疑問を抱かれた方も少なくないかと思います。また、前節の最後で「Excel上でのさまざまな操作を再現できる」と説明しましたが、「操作をそのままマクロとして記録できるなら、なぜ、わざわざ自分でVBAのコードを記述してプログラミングして再現する必要があるの？」と疑問を抱かれた方も少なくないかと思います。

　そのような疑問は、本書で今までみなさんに体験していただいたマクロ「Macro1」の例に関しては、確かにその通りです。「マクロの記録」機能を使って記録できる操作なら、わざわざVBAのコードを記述するなんて、ただ手間がかかるだけです。では、なぜExcelにはVBAのプログラミングができる機能が搭載されているのでしょうか？

　その答えは、VBAのプログラミングなら、「マクロの記録」だけでは実現できない操作や機能を作成できるからです。普段の仕事の中などで自動実行したい操作や欲しい機能の中には、実は「マクロの記録」では作成できないものが少なくないのです（図1）。では、「マクロの記録」だけでは実現できない操作や機能とは、一体どんなものでしょうか？　その代表例を次に紹介します。

図1　VBAのプログラミングならではのメリット

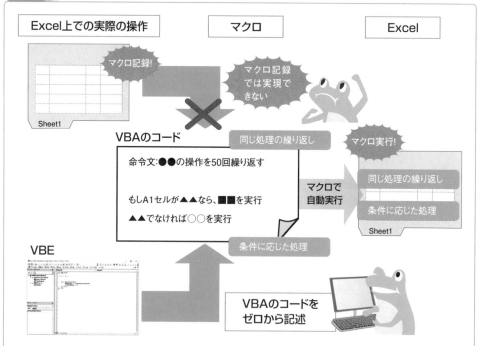

・条件に応じた処理

　たとえば、マクロを実行した際、指定したセルに入力されたデータの値などによって、処理の内容を変えたい場合などです。その具体例は第4章で説明します。

・同じ操作の繰り返し

　あるセルに対して行った操作を、複数のセルにも行いたいなどの場合です。対象とするセルの数が少ないうちは、1つずつマクロを実行しても不可能ではありませんが、対象とするセルが膨大な数となると手作業では無理があり、VBAを使った方がはるかに効率的です。また、複数のセルに対して、オートフィル機能をマクロとして記録しても実現できないような操作でも、VBAのプログラミングなら実現できます。その具体例は第5章で説明します。

・「フォーム」の利用

　実はExcelでは、データ入力や条件の設定などに便利な「フォーム」という小さなウィンドウを使うことができます。その上にボタンやドロップダウンなども配置して使えます。この「フォーム」は、VBAのプログラミングで作成します（画面1）。具体例は第7章で説明します。

▼画面1　フォームの例

商品	単価	数量	金額
クカートリッジ	¥800	20	¥16,000
一用紙			¥2,500
一ペン			¥2,500
			15,000
クカートリ			¥8,000
一用紙			¥5,000
一ペン	¥250	8	¥2,000
イドクリップ	¥400	20	¥8,000
ルクリップ	¥350	5	¥1,750

顧客を選んでください　✕

A商事
B建設
C電気
D不動産

VBAのプログラミングならこんなことができちゃうんだ!!

　VBAのプログラミングでなければ実現できない操作・機能の代表例を紹介しましたが、ここでの説明だけではまだまだピンと来ない読者の方も多いかと思います。これらについては、第4章以降で具体例を提示しつつ詳しく説明していくので、ここでは「ふーん、『マクロの記録』じゃ、作成できない操作・機能もあるんだなぁ」ぐらいに思っていただければOKです。

ポイント

・VBAのプログラミングなら、「マクロの記録」では不可能な操作・機能を作成できる

マクロとVBA

1-6 本書で作成していただくサンプルの紹介

本書でExcel VBAを学ぶにあたって

次章からみなさんと一緒にVBAのプログラミングの具体的なやり方を学んでいくわけですが、学び方として、VBAの数多い基本機能を1つ1つ説明していく方法もあるのですが、それでは少々退屈かと思います。また、学んだ機能を実際にどう使えばよいのか、具体的にどう役立つのか、イメージできないケースも生じてきます。

そこで本書では、みなさんにExcel上で、あるアプリケーションをVBAで作成していただきます。その作成を通じて、VBAのプログラミングのツボとコツを段階的に身につけていただきます。「アプリケーション」と表現すると大げさなイメージがありますが、ここでいう「アプリケーション」とは、「ある機能を備えたExcelのブック」ぐらいの意味で気軽に捉えてください。

その過程では、他の既存のExcel VBA入門書に比べて、解説しているVBAの学習内容の範囲や深さは少なめになりますが、本書では機能の網羅よりもVBAのプログラミングのツボとコツの習得に重点を置いています。アプリケーションの作成を通じて、VBAのプログラミングの基本を身につけていただきます。

本書で基本を学習した後、他の既存のExcel VBA入門書や、さまざまな機能が辞書的に探せるExcel VBAのリファレンス本などを片手に、マスターするVBAの機能の範囲や深さをより増やして学習を進めていく、というアプローチをお勧めします。

本書でみなさんに作成していただくアプリケーションは、「計算ドリル」と「販売管理」の2つです。まずは後者から概要を紹介していきましょう。

販売データの表から請求書を自動作成

ここで、みなさんはある文房具店の店主であると仮定してください。この文房具店は「株式会社HOTAKANOプランニング」という社名で営業し、近所の会社や商店などへ、さまざまな商品を販売しています。毎月の販売データはExcelで管理しています。販売データの表は画面1のように、日付と顧客、商品、単価、数量、金額を表に記録しているものとします。ワークシート名は「販売」とします。

▼**画面1　販売データのワークシート**

この文房具店では、毎月の月末に締めて、各顧客（販売先）ごとに請求書を作成して送付するとします。請求書は毎回ゼロから作成するのではなく、あらかじめ画面2のような請求書のテンプレートを、「販売」ワークシートとは別のワークシート「請求書雛形」に用意しておきます。

テンプレート各部を画面2で解説しておきます。ただし、画面内の【a】～【g】の細かい設定の解説は後ほど（P198の第7章7-1節）行いますので、読み飛ばして次に進んでも問題ありません。ここではとにかく、「請求書はあらかじめテンプレートを用意しておく」という大枠のみ認識しておけば大丈夫です。第7章でこのテンプレートを使いますので、その時にまた改めて本ページを適宜振り返ってください。

▼画面2　請求書のテンプレート解説

【a】宛先（販売先の顧客名）

【b】請求書の発行日付
テンプレートでは空白になっています。

【c】請求項目
年月日と商品、単価、数量、金額を表で記します。

【d】小計

【e】消費税

【f】合計

【g】ご請求額

　そして、目的の顧客宛の請求書をいざ作成することになった段階では、次の流れで作成するとします（図1）。

❶請求書のテンプレートのワークシートを、ワークシート群の末尾にコピー。ワークシート名をその顧客名に変えて、目的の顧客宛の請求書を作成します。

❷宛先（販売先の顧客名）と請求書の発行日を入力します。

❸「販売」ワークシートの販売データの表から、目的の顧客の販売データをピックアップして、請求書上の請求項目の表にコピー&貼り付けして集計していきます。

図1 請求書作成の作業の流れ

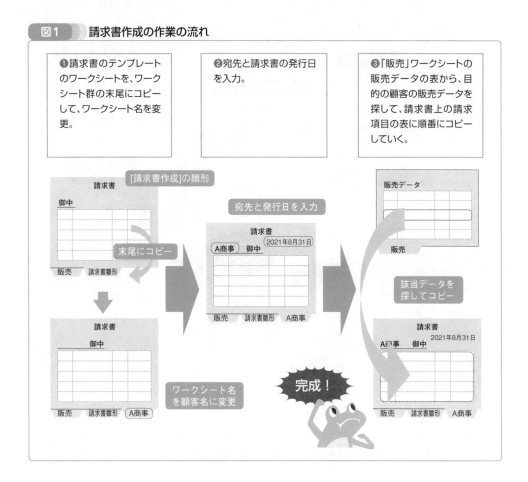

　さて、このような請求書作成作業を毎月、顧客ごとに手作業で行っていては、膨大な手間がかかってしまいます。請求書のテンプレートのコピーにはじまり、ワークシート名の変更、宛先と発行日はいちいちクリックしてテキストを打ちなおさなければなりません。販売データのコピー作業は、そもそも該当データを探すこと自体が一苦労です。また、販売データの表から該当するデータを検索して、手作業でコピー&貼り付けしていては、見逃したり、別の顧客のデータをコピー&貼り付けしてしまったりなど、ミスしない方が不思議でしょう（図2）。

　Excelに多少慣れた方なら、販売データの抽出にフィルター機能を利用する方法を思いつくかもしれませんが、それでも請求書を手作業で作成することになるのは変わりません。このような問題をどう解決すればよいのでしょうか？

図2　　**手作業での問題点**

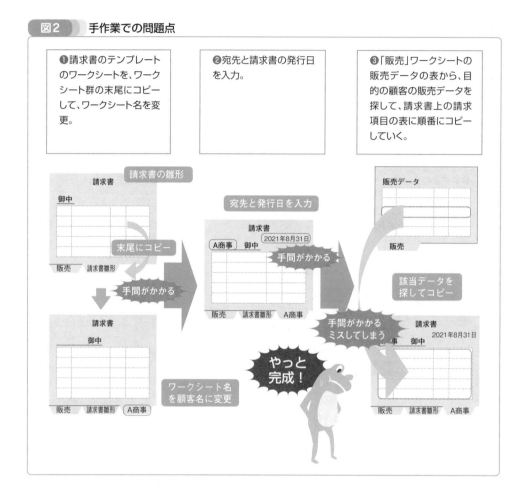

　そこでVBAの出番です。手作業で行う作業——

請求書のテンプレートのワークシートをコピーしてその顧客用に請求書を作成し、宛先と発行日を入力し、販売データの表から該当データを探し、請求書上の請求項目の表にコピーしていく

——をすべて自動で実行できるような機能をVBAで作成します。本書では、アプリケーション「販売管理」として作成したい機能は下記の流れとします。

❶「販売」ワークシート上に請求書を作成するための［請求書作成］ボタンを用意します。請求書を作成するとなったら、同ボタンをクリックします（画面3）。

▼**画面3**　[請求書作成] ボタンをクリック

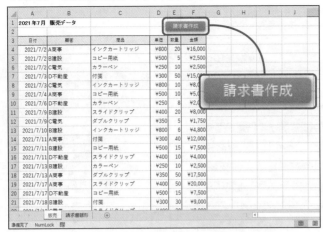

[請求書作成] ボタンを設けて、クリックしたら請求書が作成されるようにするよ

❷フォームのドロップダウンから請求書を発行したい顧客を選択します（画面4）。

▼**画面4**　請求書を発行したい顧客を選択

商品	単価	数量	金額
インクカートリッジ	¥800	20	¥16,000
コピー	¥	5	¥2,500
カラー	¥	10	¥2,500
付箋	¥	50	¥15,000
インクカ	¥	10	¥8,000
コピー用	¥500	10	¥5,000
カラーペン	¥250	8	¥2,000
スライドクリップ	¥400	20	¥8,000
ダブルクリップ	¥350	5	¥1,750
インクカートリッジ	¥800	6	¥4,800
付箋	¥300	40	¥12,000

顧客を選んでください ✕

A商事
B建設
C電気
D不動産

目的の顧客をドロップダウンで選べるようにするよ

❸選択した顧客用の請求書のワークシートが作成されます（画面5）。具体的な処理は次の通りになり、すべて自動で実行されます。

・テンプレートの「請求書雛形」ワークシートをワークシート群の末尾にコピーします。
・ワークシート名を選択した顧客の名前に設定します。
・宛先と請求書の発行日を入力します。
・日付、請求項目の表、小計、消費税、合計、ご請求額の各セルに対して、「販売」ワークシートの表にある顧客の該当データをコピーします。

1
2
3
4
5
6
7

マクロとVBA

▼**画面5** 顧客用の請求書のワークシートが作成される

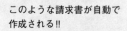
このような請求書が自動で
作成される!!

　以上のような機能を備えたアプリケーションをこれからVBAで作成していきます。VBA
を使うとどれだけ便利なのか、実感していただけるでしょう（図3）。

図3　　**VBAを使うとこんなに便利になる**

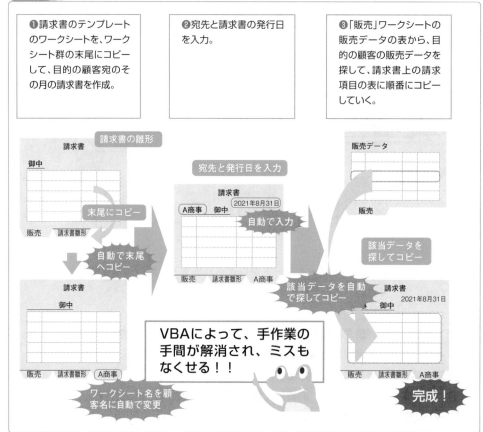

❶請求書のテンプレート
のワークシートを、ワーク
シート群の末尾にコピー
して、目的の顧客宛のそ
の月の請求書を作成。

❷宛先と請求書の発行日
を入力。

❸「販売」ワークシートの
販売データの表から、目
的の顧客の販売データを
探して、請求書上の請求
項目の表に順番にコピー
していく。

VBAによって、手作業の
手間が解消され、ミスも
なくせる！！

　誌面上での説明を読んだだけではアプリケーション「販売管理」のイメージがつかめないという方は、秀和システムのホームページ（https://www.shuwasystem.co.jp/）からサポートページへ移動し、完成品をダウンロードできるので、入手して実際に操作してみてください。ファイル名は「販売管理完成版.xlsm」です。また、もしマクロが動作できない場合は、P44のコラムにしたがってマクロを有効にしてください。

● いきなりは難しすぎるので……まずはシンプルな計算ドリルから

　本書でみなさんに作成していただくアプリケーション「販売管理」の概要を説明しましたが、確かに実用的であるものの、いろいろ学ぶことが盛りだくさんなため、VBA初心者であるみなさんにはかなり荷が重いでしょう。そこで、「販売管理」にチャレンジする前に、先に「計算ドリル」というアプリケーションを作成していただきます。シンプルなアプリケーションですが、VBAのプログラミングのツボとコツを初心者が学ぶには、ちょうどよい難易度となっています。

　「計算ドリル」の概要ですが、ドリルの問題は、最大2桁の整数（0～99）の足し算を5問とします。ユーザーは回答欄（E4～E8セル）に計算した答えを入力したら、［check］ボタンをクリックします。すると、正誤チェックが行われ、正解の回答欄には文字色が青に変更され、不正解の回答欄は文字色が赤に変更されます。［reset］ボタンを押すと、回答欄がクリアされ、文字色が元の黒に戻ります。かつ、計算問題がランダムに新規作成されます。以上を仕様とします（❶～❸）。

❶E列の回答欄は最初は空白になっています。計算した答えを入力した後、［check］ボタンをクリックすると（画面6）……

▼**画面6**　［check］ボタンをクリック

	A	B	C	D	E	F
1			計算ドリル			
2			check		reset	
3						
4	17	+	81	=	98	
5	21	+	96	=	117	
6	7	+	7	=	14	
7	80	+	38	=	108	
8	47	+	12	=	59	
9						
10						

E9 / クリップボード / フォント

計算した答えを入力したら、［check］ボタンをクリック。すると…

マクロとVBA

❷正解なら回答欄の文字色が青に変わり、不正解なら赤に変わります（画面7）。

▼**画面7　正解なら文字色が青に、不正解なら赤に変わる**

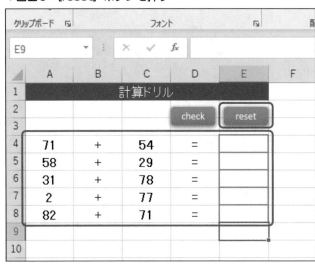

❸［reset］ボタンを押すと、回答欄がクリアされ、かつ、さらに文字色が黒に設定されます。問題が新たに作成されます（画面8）。

▼**画面8　［reset］ボタンを押す**

　計算ドリルも販売管理と同様に、秀和システムのホームページ（https://www.shuwasystem.co.jp/）からサポートページへ移動し、完成品をダウンロードできるので、あらかじめ入手して実際に操作してみて、どんなアプリケーションを作成するのかイメージをつかんでおくとよいでしょう。ファイル名は「計算ドリル完成版.xlsm」です。また、もしマクロが使用できない場合は、P44のコラムにしたがってマクロを有効にしてください。

この「計算ドリル」の機能紹介を目にされた読者の方の中には、「シンプルなアプリケーションと言っても、それでもまだまだ難しそうだなぁ」と感じられた方が少なくないかと思います。しかし、ご安心ください。[reset] ボタンのクリックで問題がランダムに作成される機能など、フル機能の実装はいきなり最初からは行いません。読者のみなさんが理解しやすいよう、ごくごく簡単な機能から作成しはじめます。

そして、ちゃんと動作するか、その都度確認しつつ、徐々に機能を追加したり改良したりしていきながら、完成に近づけていきます。一見遠回りに思えますが、もし不具合があっても比較的容易に原因究明・解決ができるなど、結果として、より早く確実に完成にこぎつけられます。このようなステップを踏むことで、無理なくVBAのプログラミングのツボとコツが学べるようになっています（図4）。

図4 段階的に作り上げていく

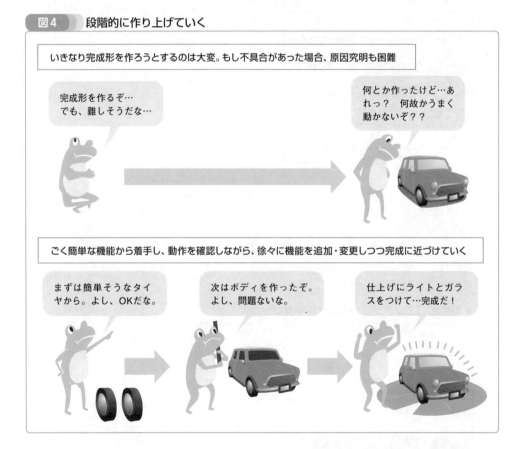

もちろん、その後にチャレンジしていただく「販売管理」も、最初からフル機能を作り込んでいくのではなく、「計算ドリル」と同様に、ごくごく簡単な機能からプログラミングしはじめ、毎回動作を確認しながら、徐々にステップアップしていきます。みなさんは「何だか難しそうなアプリケーションをプログラミングするんだなぁ」と尻込みせず、気軽に挑戦してください。

コラム

マクロを有効化するには

アプリケーション「販売管理」や「計算ドリル」の完成品をダウンロード後、はじめてファイルを開いた際、マクロが実行できない状態になっているかと思います。警告メッセージが表示された際は、下記の手順でマクロを有効にしてください。

マクロの設定にもよりますが、ブックを開くと、画面1のようなセキュリティの通知の画面が表示される場合があります。

▼**画面1 セキュリティの通知の画面が表示される**

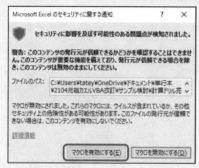

このようなメッセージが表示されたら、[マクロを有効にする]をクリックして、マクロを有効にしてください。

また、ブックを開くと画面2のように、リボンの下に「セキュリティの警告」が表示されるケースもあります。その際は[コンテンツの有効化]をクリックしてください。これでマクロが有効化されます。

▼**画面2 [コンテンツの有効化]をクリック**

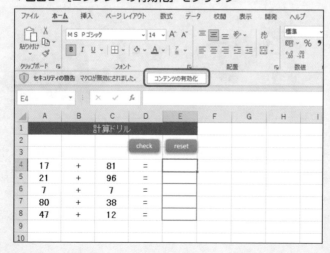

リボンの下にこんなメッセージが表示されているぞ

第 ② 章

VBA記述の基本

本章からいよいよVBAのプログラミングの本格的な学習が始まります。VBEの基本的な使い方から、マクロの本体となる「Subプロシージャ」という仕組みまで、VBAのプログラミングの土台となる知識を身につけていただきます。

2-1 VBEの使い方の基本〜まずは コレだけ押さえればOK!

VBEの使い方で必要最小限なものをマスター

第1章ではマクロ記録・再生からはじまり、VBAプログラミングのちょっとした体験をしていただきました。いよいよ本章から、VBAプログラミングの本格的な学習を始めます。

まずはVBAを記述するツールであるVBEの基本について学びます。VBEは、メニューやツールバーを見ると機能がたくさん用意されており、画面構成もいくつかのウィンドウにわかれているなど、VBA初心者の中には見た目だけで少々敷居の高さを感じてしまう方もいるかと思います。

確かにVBEは機能が豊富であり、各機能を使いこなせるようになるとたいへん便利ですが、VBA初心者がいきなりすべての機能をマスターしようとするのは無理というものです。そこで本書では、VBAプログラミングに最低限必要な機能をまずはおぼえます。そして、学習を進める中で、代表的な機能を段階的にマスターしていくというアプローチを採ります。

まず2つのウィンドウの役割を知る

読者のみなさんに最初におぼえていただくのは、VBE上の各ウィンドウの名前と役割です。

VBEには1つの画面内に何種類かウィンドウがあるのですが、ここで最低限おぼえていただきたいのは下記の2つです。

①プロジェクトエクスプローラ
②コードウィンドウ

以下、①と②を詳しく説明します（画面1）。

▼画面1　VBEの画面

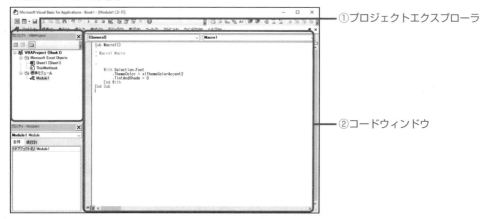

①プロジェクトエクスプローラ

②コードウィンドウ

①プロジェクトエクスプローラ

　VBEの画面左上に位置するウィンドウを「プロジェクトエクスプローラ」と呼びます。ツリーが表示されており、「VBAProject」を基点に、その下にフォルダーのアイコンの「Microsoft Excel Object」や「標準モジュール」があり、そのまた下に「Sheet1」や「Module1」などのアイコンがあります。一般的なツリーと同様に、[+] をクリックすれば展開でき、[-] をクリックすれば折りたたむことができます。

　「こんなツリーをいきなり見せられても、何のことだかサッパリわからないよ！」という読者の方々がほとんどかと思います。ここで、「モジュールとはなんぞや」と定義を解説したり、ツリーを事細かに説明したりすることは可能なのですが、現時点ではみなさんを混乱させてしまうだけで、あまり意味がないと筆者は考えています。そこで、ここでみなさんに押さえていただきたいのは、次のポイントだけです。

> **ポイント**
>
> ・VBAのコードは、基本的には「標準モジュール」の「Module1」に記述していく

　このプロジェクトエクスプローラは、VBAのコードを記述する"場所"をツリーとして表示するものです。Excelでは1つのブック内に、VBAのコードを記述する"場所"が「Sheet1」や「Module1」など複数用意されているのです。「Microsoft Excel Object」や「標準モジュール」は、それらを格納するフォルダーといった位置づけです。

　そして、基本的にコードは、その1つである「標準モジュール」フォルダー以下の「Module1」に記述していくのです。初心者の方にはいまいちピンと来ないかと思いますが、「そういうものなんだ」と割り切って上記ポイントを丸暗記してください。VBAの学習を進めていく上で、当面はそのような理解で問題ありません。

　ここで「基本的に」と言ったのは、実はVBAのコードは「標準モジュール」の「Module1」以外の"場所"にも記述できるからです。他にどのような"場所"があるのか、どのようなケースで他の"場所"に記述するのか、なぜ1つのブックにVBAのコードを記述する"場所"が複数用意されているのか、そもそも「プロジェクト」とは何なのか、などと疑問に思われる方も多いでしょう。ただ、現時点で説明してもピンとこないかと思いますので、今はポイントだけをおぼえてください。これらの詳細は、VBAプログラミングの学習がある程度すすんだ第7章7-5節であらためてコラムとして説明します。

②コードウィンドウ

　画面右側に表示されているウィンドウは「コードウィンドウ」と呼ばれ、実際にVBAのコードを記述するスペースです。プロジェクトエクスプローラに表示されている"場所"のアイコンをダブルクリックすると、その"場所"のコードウィンドウが表示されます。画面1では、「標準モジュール」の「Module1」がコードウィンドウに表示されている状態になります。

VBA記述の基本

実際に「Module1」のコードウィンドウを表示してみよう

VBEの使い方で最初に最低限おぼえていただきたいのは以上です。では、今学習したことを体感していただくため、実際にExcel上で「標準モジュール」の「Module1」のコードウィンドウを表示していただきます。

ここからは、第1章1-7節で紹介したアプリケーション「計算ドリル」の作成を始めます。以降、第6章までにわたり、「計算ドリル」の作成を通じてVBAのプログラミングを学んでいきます。

「計算ドリル」の元となるExcelブックを用意しておきました（P5参照）。ワークシート上に問題や回答欄、［check］や［reset］ボタンのみをあらかじめ作成しておき、VBAのコードは一切記述されていないブックになります。これから第6章にかけて、このブックにVBAのコードを記述して、「計算ドリル」を完成させていきます。

まずはP5の「本書の使い方」を参照して、「計算ドリル.xlsx」をダウンロードしてください。ダブルクリックして開いたら、［開発］タブに切り替え、［Visual Basic］をクリックしてください（画面2）。

▼**画面2 「計算ドリル.xlsx」を開き、［Visual Basic］をクリック**

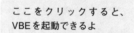
ここをクリックすると、VBEを起動できるよ

すると VBE が起動します。プロジェクトエクスプローラを見ても、「標準モジュール」はどこにも見あたりません。実は「標準モジュール」は最初から用意されているものではなく、自分で新たに作成する必要があります。メニューバーの［挿入］→［標準モジュール］をクリックしてください（画面3）。

▼**画面3　[標準モジュール] をクリック**

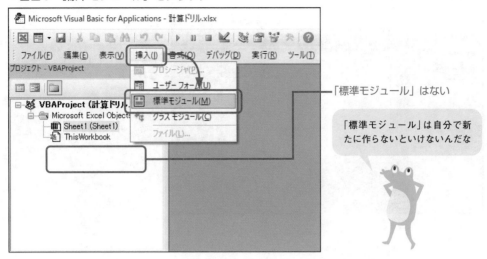

「標準モジュール」はない

「標準モジュール」は自分で新たに作らないといけないんだな

　なお、ここでは標準モジュールを自分で挿入しましたが、マクロの記録を行うと自動的に標準モジュールが作成されます。第1章でマクロ「Macro1」のコードをVBEで表示した際、「標準モジュール」がすでに存在していたのはそのためです。

　プロジェクトエクスプローラに「標準モジュール」フォルダーが作成され、その下に「Module1」も作成されます。同時に、Module1のコードウィンドウも表示されます。VBEのウィンドウのタイトルバーには「計算ドリル.xlsx - [Module1(コード)]」と表示されます。これは、計算ドリル.xlsxのModule1のコードウィンドウであることを示します（画面4）。

▼**画面4　計算ドリル.xlsxのModule1のコードウィンドウ**

[ウィンドウのサイズを元に戻す] ボタン

「Module1」のコードウィンドウ

「標準モジュール」フォルダーが作成された

これでVBAのコードが書けるようになった

　このコードウィンドウは最大化された状態です。ここで、コードウィンドウ右上の [ウィンドウのサイズを元に戻す] ボタンをクリックすると、Module1のコードウィンドウが小さく表示され、最大化が解除されます（画面5）。

VBA記述の基本

▼画面5　Module1のコードウィンドウが小さく表示された

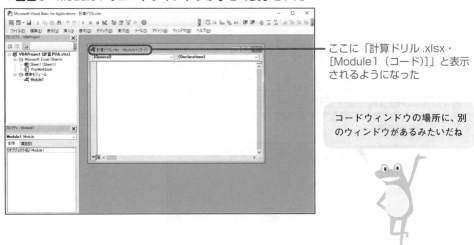

ここに「計算ドリル.xlsx・[Module1（コード）]」と表示されるようになった

コードウィンドウの場所に、別のウィンドウがあるみたいだね

　今度はコードウィンドウのタイトルバー上に「計算ドリル.xlsx - [Module1(コード)]」と表示されます。小さく表示されたコードウィンドウは、右上の[最大化]をクリックすれば、再び最大化することができます（画面6）。本書では以降、コードウィンドウを最大化した状態で、コードを記述していきますが、好みなどに応じて、小さく表示した状態で、コードを記述しても構いません。

▼画面6　[最大化]をクリック

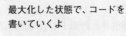

最大化した状態で、コードを書いていくよ

　また、コードウィンドウの右上にある[閉じる]ボタン（[×]ボタン）をクリックすると、Module1のコードウィンドウを閉じることができます。閉じた後、プロジェクトエクスプローラの[Module1]アイコンをダブルクリックすれば、再び開くことができます。
　これでVBAのコードを記述する準備が整いました。次節から実際にVBAのコードを記述していただきます。VBAの文法が登場し、学習内容がだんだん難しくなっていきますが、がんばってついてきてください。

コラム

複数のコードウィンドウを切り替えるには

　VBEではコードウィンドウを複数表示することができます。その際、前面に表示できるコードウィンドウはその中の1つだけです。前面に表示するコードウィンドウはメニューバーの［ウィンドウ］から切り替えられます。

　たとえば、プロジェクトエクスプローラで「Sheet1」をダブルクリックして表示したとします。すると、「Sheet1」のコードウィンドウが開き、前面に表示されます（画面1）。

▼**画面1**　[Sheet1] のコードウィンドウが前面に表示される

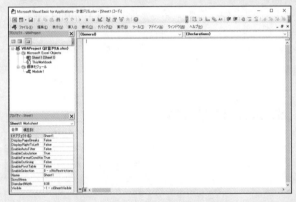

　次に、メニューバーの［ウィンドウ］をクリックします。すると、メニューの下に、現在開いているコードウィンドウの名前が一覧表示されます。前面に表示されているコードウィンドウの名前にチェックマークがつきます。前面に表示するコードウィンドウを切り替えるには、メニュー内に表示されている目的のコードウィンドウの名前をクリックすればOKです（画面2）。

▼**画面2**　目的のコードウィンドウの名前をクリック

2-2 プロシージャ

プロシージャとは

　本節からVBAを記述するための文法を学んでいきます。一番最初におぼえていただきたいのは「**プロシージャ**」というものです。プロシージャとは一言で表せば、「VBAの命令文の"入れ物"」になります。VBAはコードの1行ごとに命令をそれぞれ実行できますが、通常は複数の命令文をまとめて実行するケースがほとんどです。そのため、複数の命令文をまとめて扱うためにプロシージャが用意されているのです。コードの実行は原則、プロシージャ単位で行うよう決められています。

　プロシージャはユーザーが自分で記述して作成できます。そして、自由に実行できます。VBAのプログラミングとは基本的に、VBEの「標準モジュール」の「Module1」内に、目的に応じたプロシージャを記述していくことになります（図1）。

図1　プロシージャの概念図

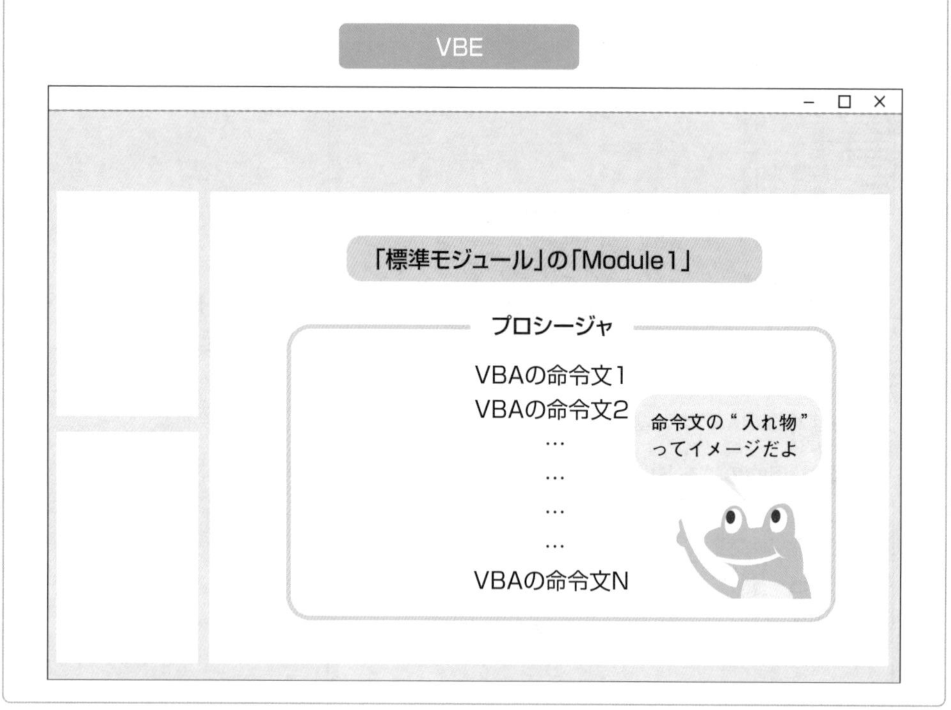

VBE

「標準モジュール」の「Module1」

プロシージャ

VBAの命令文1
VBAの命令文2
…
…
…
…
VBAの命令文N

命令文の"入れ物"ってイメージだよ

ポイント

・プロシージャとは、VBAの命令文の"入れ物"

52

さて、先ほど第1章にて、マクロの正体はVBAで記述された命令文であると学びました。一般的にマクロは1つの命令文だけでなく、複数の命令文で構成されるものがほとんどです。そうなると、マクロとプロシージャは同じものということになります。厳密には両者は異なるものですが、実質的には同じものとして捉えても何ら差し障りありません。

後ほど、プロシージャの書式を学んだ後、第1章で登場したマクロ「Macro1」のコードを振り返り、プロシージャとマクロが同じものであることを確認していただきます。

プロシージャは「**Sub プロシージャ**」、「Function プロシージャ」、「Property プロシージャ」の3種類に分類されます。ここではまずSub プロシージャにフォーカスして学習します。VBAのプログラミングでは、このSub プロシージャが主役になるからです。VBE上にて、Sub プロシージャに自分が求める機能を実現する命令文をVBAで記述していきます。そして、作成したSub プロシージャをマクロとして実行します。

現時点では、「プロシージャ＝Sub プロシージャ」という認識でOKです。残りの2種類のプロシージャについては、「Sub プロシージャ以外に2種類ある」ぐらいの認識で構いません。Function プロシージャは第6章のコラムで取り上げます。Property プロシージャの説明は本書では割愛させていただきます。

Sub プロシージャの書式

Sub プロシージャは次の書式で記述します。

書 式

```
Sub プロシージャ名()
  処理の内容
End Sub
```

冒頭は「Sub」と記述します。半角スペースを空けて、プロシージャ名を記述し、続けて「()」（半角カッコ）を記述します。プロシージャ名は好きな名前を付けてください。どのような機能を持つプロシージャなのかがわかるような名前がよいでしょう。最後は「End Sub」で締めくくります。この間に処理を記述していきます。

プロシージャ名は英字以外にも日本語が使えます。ただし、数字や記号で始まるプロシージャ名は原則つけられませんので注意してください。

プロシージャ名のルールはさらにあります。「Sub」や「End」は、VBAの文法で使用することが予約された語句です。これらは「**キーワード**」と呼ばれます。SubやEnd以外にもキーワードはたくさんあります。これらキーワードと同じプロシージャ名はつけられません。

かといって、多数あるキーワードをすべて暗記する必要はありません。そもそもそんなことは不可能でしょう。VBEでは、プロシージャ名をキーワードと同じにしようとしたり、数字や記号で始めようとしたりすると、エラーとしてコードの該当部分が赤文字で表示され、「コンパイルエラー」とアラートが表示されます。もし、エラーが表示されたら別のプロシージャ

名に変更してください。

　たとえば、プロシージャ名をキーワードと同じ「End」と記述すると、画面1のようにアラートが表示され、コードウィンドウ内の該当するコードの部分が赤文字で表示されます。このようなアラートが表示されたら、まずは［OK］をクリックしてアラートを閉じ、その後コードを適宜修正します。

▼画面1　アラートを閉じ、その後コードを修正

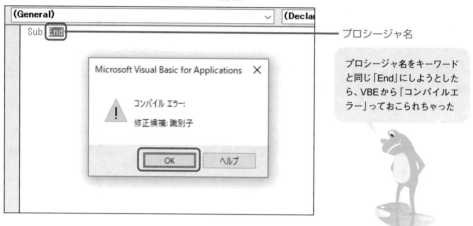

プロシージャ名

プロシージャ名をキーワードと同じ「End」にしようとしたら、VBEから「コンパイルエラー」っておこられちゃった

　さて、実は先ほど説明したSubプロシージャの書式は、これで完全ではありません。他にもいくつか要素があるのです。一度にすべておぼえようとすると、みなさんが混乱してしまう恐れが強いので、現時点では「最低限これだけ満たせばSubプロシージャとして成立する」という書式のみを説明しました。残りの書式については、本書では解説を割愛します。興味があれば、他の書籍などで調べるとよいでしょう。

マクロ「Macro1」を改めて振り返る

　今学習したSubプロシージャの書式を踏まえ、第1章で取りあげたマクロ「Macro1」のコードを振り返ってください（P25など）。「Sub」ではじまり、プロシージャ名として「Macro1」とあり、その後に「()」が続いています。そして、最後は「End Sub」で締めくくられています。このように、マクロの記録機能で記録したマクロのコードは、Subプロシージャの書式にきちんと則っていることが確認できるかと思います。

2-3 Subプロシージャを作成してみよう

● Subプロシージャのコードを書いてみよう

　それでは「計算ドリル」にSubプロシージャを作成してみましょう。VBEにて、「標準モジュール」の「Module1」を開いてください。開き方がわからない方は2-1節を復習しましょう。

　ここでは、ユーザーが入力した回答の正誤をチェックするSubプロシージャを作成するとします。先だって第1章1-6節（P41）で解説したように、本書で作成する「計算ドリル」では、［check］ボタンをクリックすると、回答欄に入力された答えの正誤を確かめて、正解なら文字色を青に、不正解なら赤にします。このような［check］ボタンの機能を持つSubプロシージャを作成します。もちろん、いきなりすべての機能を作り込まず、簡単な機能から段階的に作りあげていきます。

　作成するプロシージャ名は好きなものでよいのですが、ここでは回答をチェックするということで、「チェック」という名前のプロシージャにするとします。それでは、VBEの「標準モジュール」の「Module1」のコードウィンドウの1行目に、次のように入力してください。

```
Sub チェック()
```

　先ほど学んだSubプロシージャの書式の最初の部分「Sub プロシージャ名()」という形式に沿って記述します。

　記述し終わったら、[Enter]キーを押してください。すると、空白行および「End Sub」という行が自動的に挿入されます（画面1）。

▼画面1 「End Sub」が自動で補完された

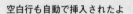

```
(General)

Sub チェック()
End Sub
```

空白行も自動で挿入されたよ

　VBEにはこのように入力をさまざまなかたちで補助してくれる便利な機能がついています。他のパターンの入力補助については、代表的なものをおいおい紹介していきます。

　さて、現時点ではコードは次のような状態になっているはずです。「Sub チェック()」と「End Sub」の間に目的の処理を記述していきます。

VBA記述の基本

```
Sub チェック()

End Sub
```

本節では目的の機能を作らず、練習として、「はじめてのVBA」というメッセージボックス（メッセージ用の小型ウィンドウ）を表示する機能を記述します。そのコードを次のように記述してください（画面2）。

```
Sub チェック()
    MsgBox "はじめてのVBA"
End Sub
```

▼**画面2　メッセージボックスを表示するコードを記述**

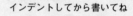

```
(General)
    Sub チェック()
        MsgBox "はじめてのVBA"
    End Sub
```

インデントしてから書いてね

最初に Tab キーを押して、インデントしてから記述し始めます。インデントしなくても間違いではないのですが、コードの見やすさやメンテナンスのしやすさなどを考慮して、必ずインデントするようにしましょう。

アルファベットおよび記号の「"」（ダブルクォーテーション）やスペースは、必ず半角で記述してください。なお、「"」の意味は第3章で改めて解説します。

「MsgBox」という命令文については第6章で改めて紹介しますので、ここではこの1行は「『はじめてのVBA』というメッセージボックスを表示する命令文」とだけ認識するだけで構いません。また、「MsgBox」という記述の後、必ず半角スペースを入力してから、「"」以降を記述してください。この半角スペースがなければ、実行した際にエラーになってしまいます。

2-4 Subプロシージャを実行してみよう

● SubプロシージャをVBEから実行する

これでSubプロシージャ「チェック」の"練習用バージョン"はひとまず完成です。それでは、さっそく実行してみましょう。Subプロシージャの実行方法は何通りかあります。まずはVBE上から実行する方法を紹介します。

VBEのツールバーの[Sub/ユーザーフォームの実行]ボタンをクリックしてください（画面1）。

▼**画面1 [Sub/ユーザーフォームの実行] ボタンをクリック**

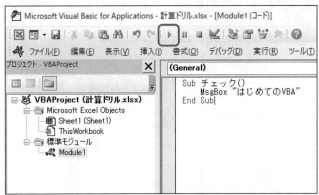

このボタンをクリックしてね

すると、Excelのブックに切り替わり、「はじめてのVBA」というメッセージボックスが表示されます。[OK]をクリックすると閉じます（画面2）。

▼**画面2 [OK] をクリック**

これがメッセージボックスだよ！

はじめて作成したSubプロシージャを実際に実行した感想はいかがでしょうか？ たった3行のコードですが、ちゃんとメッセージボックスを表示できました。ごく簡単なコードですが、これがVBAのプログラミングの具体例なのです。

Subプロシージャを「マクロ」ダイアログボックスから実行する

次に、「マクロ」ダイアログボックスから実行してみましょう。[開発]タブの[マクロ]をクリックしてください。「マクロ」ダイアログボックスが表示され、マクロの一覧の中に先ほど作成したSubプロシージャ「チェック」が表示されます。クリックして選択したら[実行]をクリックしてください（画面3）。

▼**画面3** [実行]をクリック

目的のSubプロシージャを選んで、[実行]をクリックすればいいよ

すると、先ほどVBEから実行した場合とまったく同じ結果が得られます。このように、記述したSubプロシージャをマクロとして実行できます。つまり、Subプロシージャを作成することで、自分の好きな機能をマクロとして実行できるのです。

Subプロシージャを図形から実行できるようにする

今度は、ワークシート上の[check]ボタンからSubプロシージャを実行できるようにしましょう。Subプロシージャは任意の図形（オートシェイプ）に登録して、その図形をクリックすると実行するようにできます。つまり、図形を実行用のボタンにできるのです。

では、さっそく登録してみましょう。[check]ボタンを右クリックして[マクロの登録]をクリックしてください（画面4）。この[check]ボタンは図形で作成したものです。

▼画面4 [check] ボタンを右クリックして [マクロの登録] をクリック

ボタン上でマウスポインタの
形が十字矢印に変わる場所で
右クリックしてね

「マクロの登録」ダイアログボックスが表示され、マクロの一覧の中に先ほど作成したSubプロシージャ「チェック」が表示されます。クリックして選択したら [OK] をクリックしてください（画面5）。

▼画面5 [OK] をクリック

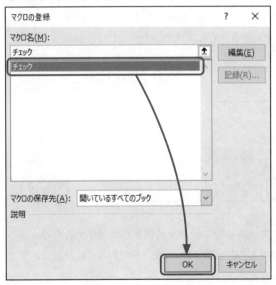

これで登録できたよ！

これで [check] ボタンにSubプロシージャ「チェック」が登録できました。一度ワークシー

ト上の［check］ボタン以外の場所をクリックして選択状態を解除してから、再び［check］ボタン上にマウスポインタを合わせてください。マウスポインタのかたちが指に変わり、クリックできるようになります（画面6）。

▼**画面6 クリックできるようになる**

マウスポインタの形が指になった

クリックすると、「はじめてのVBA」というメッセージボックスが表示されます。

これで［check］ボタンからSubプロシージャ「チェック」を実行できるようになりました。後は「チェック」の処理内容を、本来目指す仕様通りの機能に作り替えていけばOKです。

ひとまず保存しよう

VBAのプログラミングの学習とは直接関係ありませんが、今まで記述したVBAのコードを残しておくためにも、一度ブックを保存しましょう。クイックアクセスツールバーの［上書き保存］をクリックするなど、そのまま上書き保存してください。

すると、次のような警告が表示されます（画面7）。

［はい］じゃなくて、［いいえ］をクリックしてね

▼**画面7 警告が表示される**

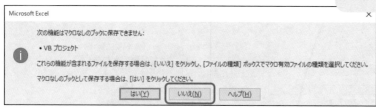

この警告は、マクロなしのブックとマクロありのブックを別物として保存するため、表示されたものです。拡張子はマクロなしのブックの拡張子は「.xlsx」であるのに対して、マクロありのブックの拡張子は「.xlsm」になります。

このような警告が表示されたら［いいえ］をクリックしてください。誤って［はい］をクリッ

クしないよう注意しましょう。「名前を付けて保存」画面に切り替わるので、ファイルの種類のボックスから［Excelマクロ有効ブック（*.xlsm）］を選んでください。保存場所は必要に応じて適宜変更してください。最後に［保存］をクリックしてください（画面8）。

▼画面8 ［Excelマクロ有効ブック（*.xlsm）］を選ぶ

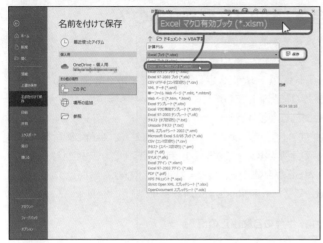

Excelのバージョンによっては操作手順が違うかもしれないけど、とにかく［Excelマクロ有効ブック（*.xlsm）］を選んで保存してね

これでマクロ有効のブックとして保存されました。次章以降はこのブックを引き続き使って学習を進めてください。

ただし、一度閉じたブックを再び開いた際、「セキュリティの警告」がリボンの下に表示されたら、［コンテンツの有効化］をクリックして、マクロを再び有効化してください（画面9）。

▼画面9 ［コンテンツの有効化］をクリック

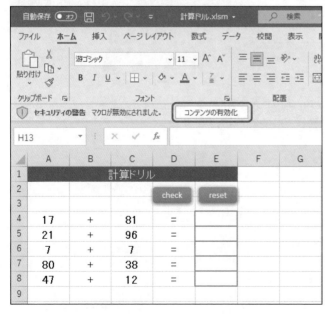

次に開く時は、［コンテンツの有効化］をクリックしてね

また、本書では以降、解説の関係上、Subプロシージャを単に「プロシージャ」と呼びます。

コラム

大文字／小文字や全角／半角は区別されるの？

　本節でコードを記述した際、「Sub」や「End」といったキーワード、命令文の「MsgBox」、スペース、記号「"」といった英数字記号はすべて半角で記述しました。同時に、大文字と小文字も書式通りに記述しました。もしこれら全角／半角や大文字／小文字が書式に反するコードを書いたらどうなるでしょうか？

　結論としては「正しく動かない」です。しかし、心配ありません。半角の箇所を全角で書いてしまっても、大文字の箇所を小文字で書いてしまっても（その逆も含む）、別の行にカーソルを移動すれば、VBEが自動で修正してくれます（画面）。そのため、全角／半角や大文字／小文字を意識してコードを記述せずに済みます。

▼**画面　大文字／小文字、全角／半角の自動修正の例**

```
(General)
  Sub チェック()
      ＭＳＧｂｏＸ ”はじめてのVBA”
  End Sub
```

たとえば、「MsgBox」の大文字／小文字、全角／半角を不適切に書いてしまっても……

```
(General)
  Sub チェック()
      MsgBox ”はじめてのVBA”
  End Sub|
```

別の行に移動すれば、VBAが自動で修正してくれるよ！

　なお、「"」の中だけは、全角／半角や大文字／小文字は自動修正されません。「"」の中は文字列（詳細は3-2節で解説）の中身であるからです。

第 3 章

VBAのキモである
オブジェクトを
マスターしよう

　本章では、セルやワークシートなどExcelの具体的な要素を
VBAで扱う方法を学んでいきます。まずはみなさんに「オブジェクト」という概念を把握して、そのコードの書き方を学んでいただきます。オブジェクトはVBAのプログラミングのキモなので、ジックリ学んで理解していってください。

3-1 オブジェクト

命令文の基本的な構造は「[何を][どうする]」

サンプル「計算ドリル」の [check] ボタンや [reset] ボタンの各機能を作るには、セルの値を使って足し算を行ったり、正解なら文字色を青に設定したりするなど、セルを操作する必要があります。その命令文のコードをVBAで記述する必要があります。

そういった命令文はどのように書けばよいのでしょうか？　VBAの命令文の大まかな構造は基本的に図1の通りです。基本的に、「何を」と「どうする」の2つの要素で構成されます。「何を」には、目的のセルやワークシートといった操作対象を指定します。「どうする」の部分には、フォントの色やサイズの設定、コピーや貼り付けなど、操作内容を指定します。まずはこの大まかな構造を把握しておきましょう。

図1　VBAの命令文の大まかな構造

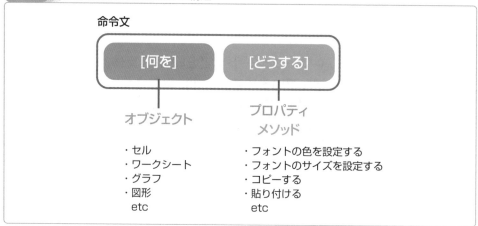

「[何を][どうする]」の [何を] の部分は、専門用語で「オブジェクト」と呼ばれます。　[どうする] の部分は2種類あり、1つ目が専門用語で「プロパティ」、2つ目が「メソッド」と呼ばれます。オブジェクトは本節、プロパティは次節、メソッドは次々節で順に解説します。

「オブジェクト」とは

「オブジェクト」とは、日本語に直訳すると「もの」になります。「もの」と言われても、あまりにも抽象的すぎて、一体何のことやらサッパリわからないという読者の方がほとんどかと思います。

オブジェクトの定義を厳密に説明しようとすると時間がかかりますし、また、厳密に理解しなくてもVBAのプログラミングは問題なく行えます。そこで、みなさんは、オブジェクトのことを次のように理解してください。

> **ポ イ ン ト**
>
> ・オブジェクトとは、Excelを構成する各要素のことである

　「要素」とは具体的にどのようなものかというと、代表的なものはたとえば、**セルやワークシート、ブック、グラフ、図形**などになります。そう、みなさんが普段Excelを使っている最中に目にしたり操作したりしているものです。それらおなじみのものをVBAのプログラミングの世界では、**オブジェクト**と呼びます。オブジェクトと呼ぶと何だか難しそうに感じてしまいますが、その正体は実に身近なものなのです（図2）。

図2 　オブジェクトの正体

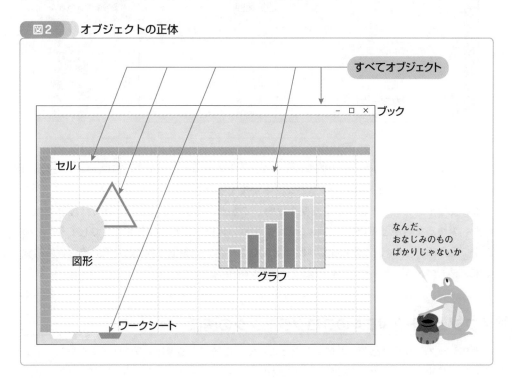

　ゆえに、一言でオブジェクトといっても、何種類もあることになります。セルやワークシートやグラフや図形はそれぞれ別々の種類のオブジェクトになります。そして、同じセルでも、たとえば「A1セル」と「C5セル」などと、異なるセルはそれぞれ別々のオブジェクトになります。ワークシートや図形なども同様です。

　また、オブジェクトには「A1セル」などと対象がはっきり特定できるもの以外に、たとえば「現在選択しているセル範囲」、「アクティブになっているワークシート」などといった流動的なものもあります。これらは少々理解しづらいかもしれませんが、何となくでよいので、とりあえず頭に入れておいてください（図3）。

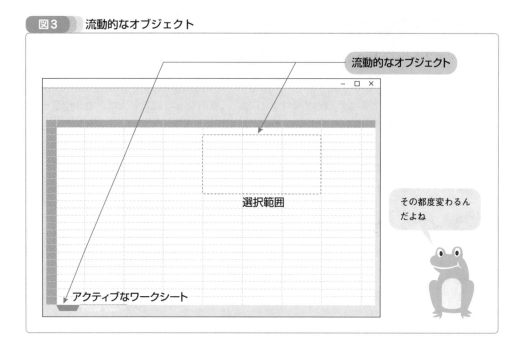

図3 流動的なオブジェクト

流動的なオブジェクト

選択範囲

その都度変わるん
だよね

アクティブなワークシート

　このようにExcel上のすべての要素はオブジェクトであるといえます。VBAの視点でExcel
を見てみると、Excelとは複数のオブジェクトが集まったものと見なせます。

　ここまでオブジェクトについて概要を説明してきましたが、一読しただけでは理解できな
い方も少なくないかと思います。特にプログラミング初心者の方はなおさらでしょう。その
ような場合は、「オブジェクトって、要はセルやワークシートなどのことだ！」ぐらいの感覚
でオブジェクトのことを捉えていただければ構いません。

オブジェクトとVBAのプログラミングの関係

　オブジェクトの概念をザッと把握したところで、本題であるVBAのプログラミングでオブ
ジェクトが具体的にどのように使われるのか学んでいきましょう。第1章および第2章で学ん
だ内容のおさらいになりますが、VBAのプログラミングでは、VBE上にコードを記述してい
くことでExcelのさまざまな操作を再現したり、目的の機能を実現したりしていくのでした。

　ここで「コード」についてもう少し掘り下げながら、VBAのプログラミングとオブジェク
トの関係を説明していきます。

　実はExcel VBAでは、Excelの各要素であるオブジェクトには、それぞれのオブジェクト
を表す"名前"があらかじめ割り振られているのです。そのため、セルやワークシートなど、
それぞれのオブジェクトをコードとしてVBE上に書き表せるのです。具体的にどのような名
前が割り振られているのか、どのようにVBE上に記述していくのかは次節から段階的に説明
していきますので、本節では図4のようなイメージで理解してください。

図4 オブジェクトはVBE上にコードとして記述できる

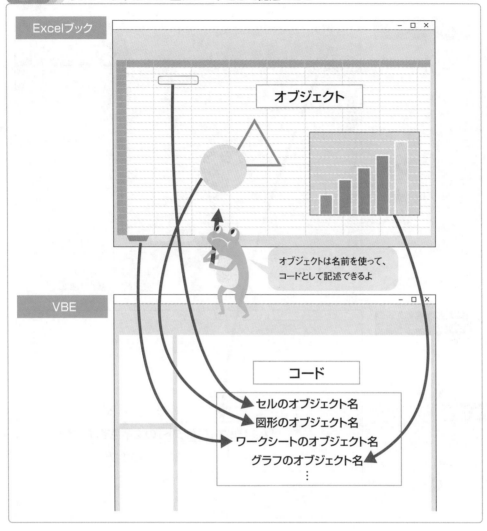

1
2
3
4
5
6
7

VBAのキモであるオブジェクトをマスターしよう

　このように、目的のオブジェクトに割り振られている名前——すなわちオブジェクト名を、VBE上にコードとして記述していくことで、自分が望むExcelの操作を再現していくのです。たとえばA1セルの文字色を赤に変えたい場合、A1セルのオブジェクトに割り振られているオブジェクト名を用いて、文字色を赤にするコードをVBE上で記述することになります（図5）。

　図1の命令文の大まかな構造「［何を］［どうする］」でいえば、［何を］の部分にA1セルのオブジェクトを書き、［どうする］の部分には「文字色を赤にする」というコードを書くことになります。

図5 A1セルのオブジェクト名を記述して、文字色を赤に変えるイメージ

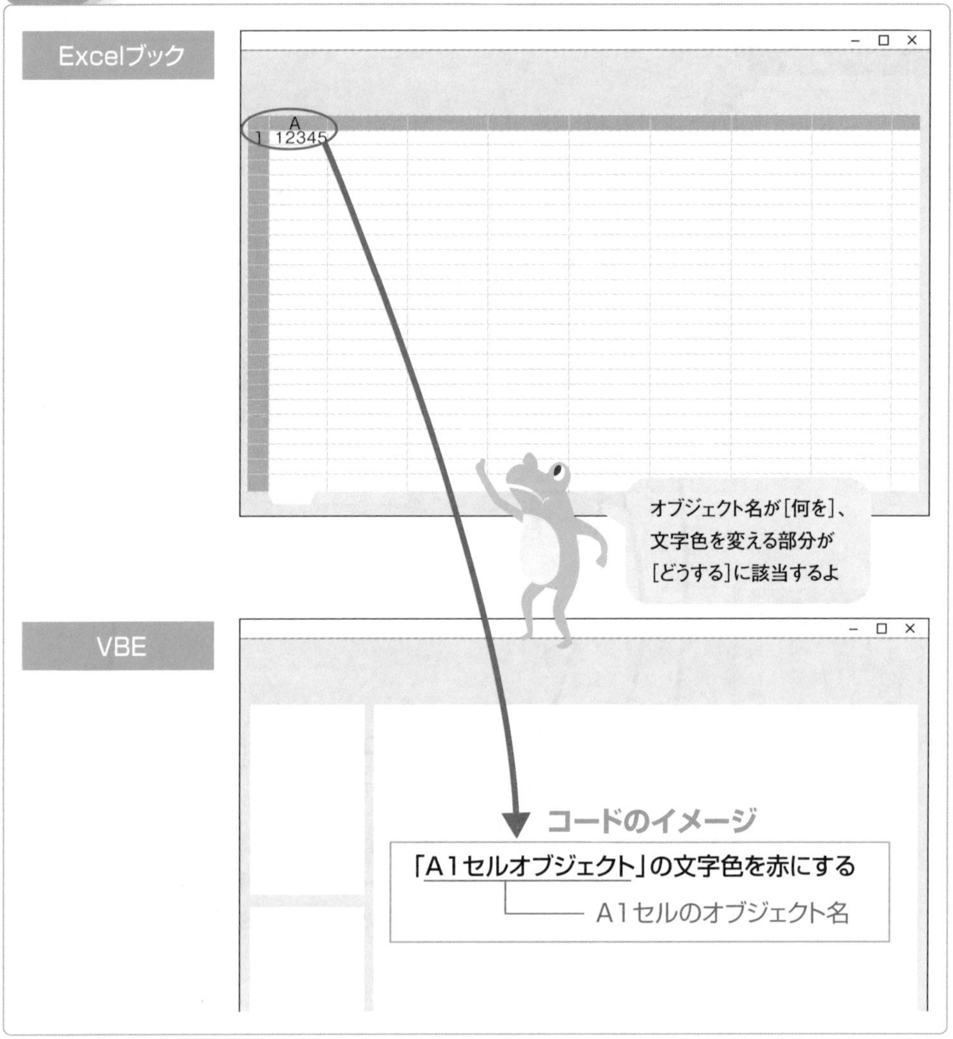

Excelブック

	A
1	12345

オブジェクト名が[何を]、
文字色を変える部分が
[どうする]に該当するよ

VBE

コードのイメージ

「A1セルオブジェクト」の文字色を赤にする

└── A1セルのオブジェクト名

ポイント

・VBE上でオブジェクト名をコードとして記述することで、Excelの操作を再現できる

　もう一歩進んで、第2章までに学んだ知識を思い出しながら、もう少し掘り下げてオブジェクトとVBAのプログラミングの関係を学んでみましょう。みなさんは第2章ですでに**プロシージャ**（Subプロシージャ）を学んでいます。書式も実行方法も学びました。

　本節で学んだ各オブジェクトに割り振られている名前は、このプロシージャの中にコードとして記述して操作を再現していくことになります。プロシージャは「マクロの実行」ダイアログボックスから実行したり、ボタンなどの図形に割り当てて実行したりできるのでした。

つまり、各オブジェクトのコードを記述したプロシージャを実行することで、自分の目的の操作を再現できるのです（図6）。

図6 オブジェクト名のコードはプロシージャ内に記述

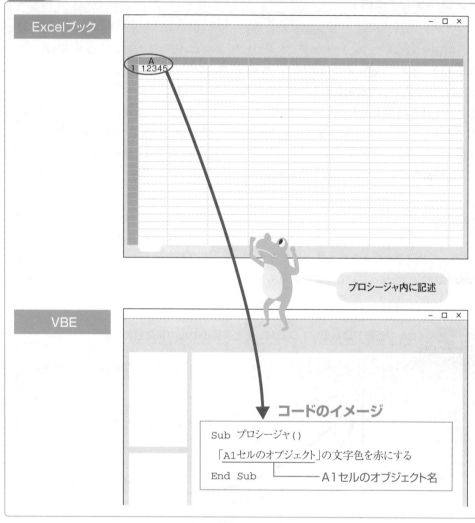

オブジェクトとVBAのプログラミングの関係の大まかなイメージは把握できたでしょうか？ オブジェクトはVBE上にただ名前を記述するだけでは操作を再現できません。VBAで決められた方法にしたがって扱っていく必要があります。VBAでは、オブジェクトを扱うための具体的な方法として、「**プロパティ**」と「**メソッド**」というものが用意されています。ともに「[何を] [どうする]」の [どうする] の部分を書くための仕組みです。前者については次節で、後者については3-3節で詳しく説明していきます。

VBAのキモであるオブジェクトをマスターしよう

3-2 プロパティ

「プロパティ」とは

プロパティは、命令文の基本構造「[何を][どうする]」の[どうする]の部分の1つ目です([名を]は前節で学んだオブジェクトでした)。プロパティとは直訳すると「属性」という意味になりますが、実際にはオブジェクトの状態を表すものになります。では、「オブジェクトの状態」とは、具体的にはどのようなものでしょうか?

たとえば「A1セル」というオブジェクトを考えてみます。A1セルには文字列や数値が入力できます。その文字列や数値には文字色、フォント、サイズなどの書式を設定できます。また、A1セルには数式も入力できます。さらには、A1セルには罫線や塗りつぶし色をつけたり、縦横の大きさを変更したりできます。

これらのようにA1セルの値や数式、書式、大きさといったものが"状態"であり、「A1セル」オブジェクトのプロパティになるのです。言い換えれば、これらプロパティの"中身"が、A1セルの状態をそのまま表すことになります。そう、プロパティとは簡単にいえば、みなさんが普段Excelを使っている中で、何度も目にしたり触ったりしている書式などの設定項目のことなのです(図1)。

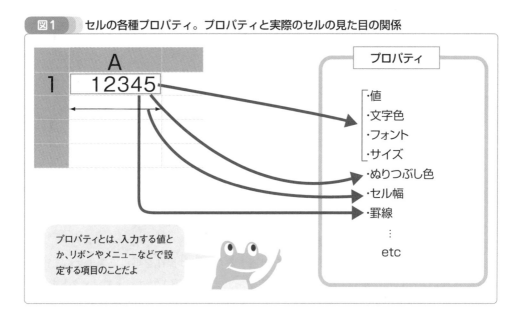

図1 セルの各種プロパティ。プロパティと実際のセルの見た目の関係

プロパティとは、入力する値とか、リボンやメニューなどで設定する項目のことだよ

A1セルには他にもさまざまなプロパティがあります。そして、A1セル以外のセルも、同様のプロパティがあります。セルはどれも同じ種類のプロパティを持ちますが、それぞれのプロパティの中身はセルごとに異なります(図2)。

図2 各セルのプロパティは別個の値を持つ

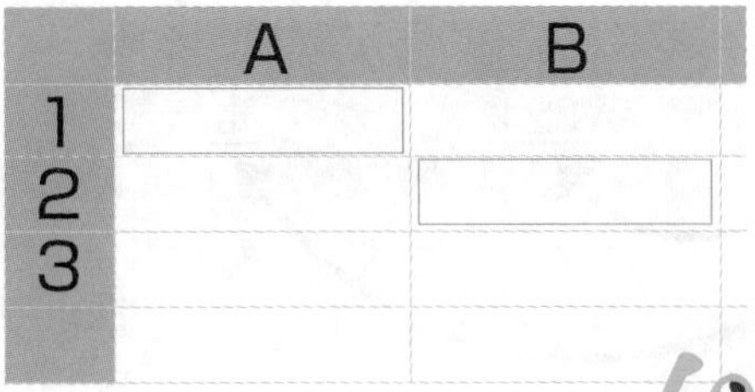

プロパティ	A1セル	B2セル
値	○○	××
フォント	△△	△△
罫線	★★	◎◎
⋮	⋮	⋮
⋮	⋮	⋮

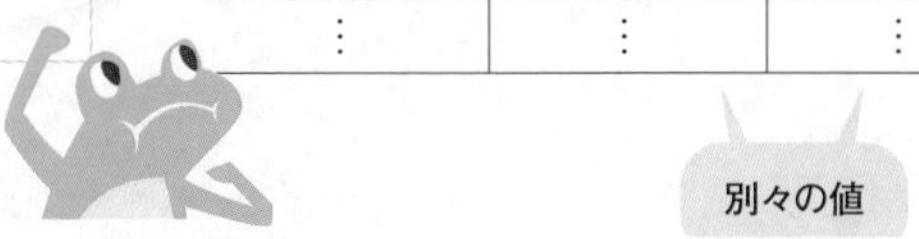

別々の値

ワークシートや図形などセル以外のオブジェクトも、そのオブジェクトごとに特有のプロパティを持ちます。たとえば、ワークシートのオブジェクトならワークシート名、図形のオブジェクトなら回転角度などです。そして、セルと同様に、同じ種類のオブジェクトは同じ種類のプロパティを持ちますが、その中身はおのおののオブジェクトごとに異なります。

VBAでは、VBE上でコードを記述することで、各オブジェクトの各プロパティを扱うことができます。プロパティを用いてオブジェクトを扱うことで、Excelの操作を再現できるのです。

プロパティの使い方の基本

VBAでは、プロパティはオブジェクトと同様に、それぞれのプロパティに"名前"が割り振られています。プロパティ名をVBE上にて、定められた書式に則って記述することで、そのプロパティを扱えます。VBAでオブジェクトのプロパティを扱うための書式は次の通りです。

書 式

オブジェクト名．プロパティ名

オブジェクト名とプロパティ名を半角の「．」（ピリオド）で結んで記述します。VBE上にてプロシージャの中に、このような書式で記述すれば、そのオブジェクトのプロパティが扱えるようになります。この書式は大事なので、ぜひおぼえてください。

イメージとしては、たとえば「A1セル」というオブジェクトの「値」というプロパティなら、「A1セル.値」と記述することになります。これでA1セルの値を扱えるようになります（図3）。この書き方はあくまでもイメージであり、実際には「A1セル」オブジェクトのオブジェクト名と、「値」プロパティのプロパティ名で記述することになりますが、まずここではイメージとして、だいたいの感触を把握してください。

また、「［何を］［どうする］」の構造でいえば、［何を］の部分にオブジェクト名、［どうする］の部分にプロパティ名を書き、その間を「．」で結ぶことになります。

図3 オブジェクトとプロパティと「オブジェクト名.プロパティ名」の関係

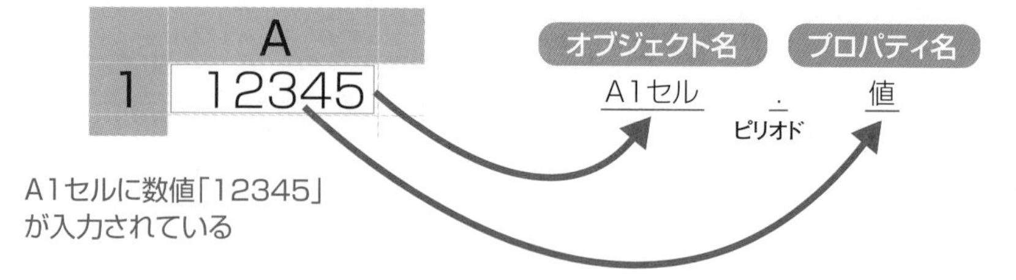

A1セルに数値「12345」
が入力されている

ポイント

・プロパティによって、そのオブジェクトの状態を扱える
・書式は「オブジェクト名.プロパティ名」

　プロパティの扱い方は、「**プロパティを取得する**」と「**プロパティを設定する**」の2通りに大きく分類されます。以下、順に説明していきます。

プロパティを取得する

プロパティ取得の基本

　ここでいう「プロパティを取得する」とは、目的のオブジェクトの現在のプロパティの中身を取得することです。取得した中身は、計算などに利用します。プロパティを取得するためのVBAの書式は次の通りです。

書　式

オブジェクト名.プロパティ名

　さきほど覚えていただいたプロパティを扱うための書式とまったく同じです。このように記述すると、そのオブジェクトのそのプロパティの中身そのものになります。
　この説明だけでは、よくわからないかと思いますので、再びイメージで説明します。たとえば、A1セルに「こんにちは」という文字列が入力されているとします。VBE上で「A1セル.値」と記述すると、この「A1セル.値」は入力されている値である「こんにちは」という文字列になります。また、たとえばA1セルに「5」という数値が入力されているとすると、「A1セル.値」は「5」という数値になります。このように「オブジェクト名.プロパティ名」というコードを記述することで、そのオブジェクトのそのプロパティの中身が得られるのです（図4）。

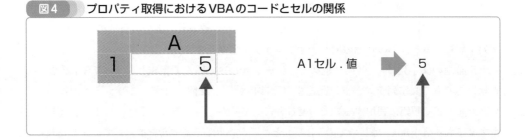

図4 プロパティ取得におけるVBAのコードとセルの関係

今学んだプロパティ取得の基本がいまいちピンと来ない方は、次に実際にVBAのプログラミングで体感していただくので、とりあえず書式だけおぼえたら次に進んでください。

●「計算ドリル」でプロパティ取得を体感しよう

さて、プロパティを取得する書式を学びましたが、プロパティの中身を取得して結局どうするのかなど、具体像が頭にうかばない方も多いかと思います。また、コードもイメージのままでは、何も前進しません。それでは、第2章で途中まで作成したアプリケーション「計算ドリル」を用いて、プロパティ取得を体感してみましょう。

作成中のExcelファイル「計算ドリル.xlsm」を開いてください。続けて、VBEを開き、標準モジュール「Module1」をコードウィンドウに表示してください。現時点では次のように「チェック」プロシージャのコードが記述されているはずです。

```
Sub チェック()
    MsgBox "はじめてのVBA"
End Sub
```

この「チェック」プロシージャのコードを変更して、プロパティ取得を体感してみます。現在、「計算ドリル」本体であるワークシート「Sheet1」のA4セルには「17」という数値が入力されています。それでは、これまでプロパティについて学習した内容を用いて、このA4セルの値を取得して、メッセージボックスに表示してみましょう。本来の仕様（P34 第1章1-6節）とは関係ない処理ですが、オブジェクトの使い方およびプロパティ取得の方法や使い方を学びつつ、感触をつかんでいただくために、みなさんに実際に手を動かしていただきます。

まずはセルのオブジェクトの扱い方を説明します。セルのオブジェクトは次の書式で記述します。

書式

```
Range("セル番地")
```
の部分に「括弧」
「ダブルクォーテーション」

「Range」はセル範囲のオブジェクトになります。VBAのプログラミングでは頻繁に利用するので、ぜひおぼえてください。「()」（括弧）内の「セル番地」の部分に目的のセル番地の文字列を記述すると、その範囲のセルのオブジェクトになります。

セル番地の文字列は「"」（ダブルクォーテーション）で囲んで指定します。VBAではセル番地以外でも、文字列をコードに記述する際は必ず「"」で囲みます。この「"」もVBAのプログラミングで頻繁に利用するので、ぜひおぼえてください（そういえば、第2章で記述した命令文でも「MsgBox "はじめてのVBA"」と、「"」で囲んで文字列を指定していましたね）。

よって、今回の目的のセルであるA4セルの場合、次のように記述します。

```
Range("A4")
```

Rangeは本来、セル範囲のオブジェクトですが、上記例のように単一のセル番地を指定すると、単一のセルのオブジェクトになります。一方、セル範囲を指定すると、指定した範囲のセルのオブジェクトになります。なぜ単一セルとセル範囲を同じRangeオブジェクトで扱うのか、疑問に思われた方もいるかと思いますが、VBAではそのようなルールになっていると、割り切っておぼえてください。

セル範囲の指定方法は「:」（コロン）で結ぶなど、SUMをはじめとする通常のワークシート関数と同じです。たとえば、A1セルからE8セルの範囲のオブジェクトは、「Range("A1:E8")」と記述します（図5）。

図5　RangeでA1セルからE8セル範囲を指定

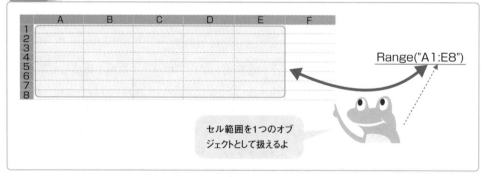

Range("A1:E8")

セル範囲を1つのオブジェクトとして扱えるよ

セルの値のプロパティ名は「Value」になります。この「Value」というプロパティ名もVBAのプログラミングをしていく中で頻繁に利用するので、ぜひおぼえてください。

書　式

値のプロパティ名　：　Value

では、RangeオブジェクトとValueプロパティを用いて、「計算ドリル」のA4セルの値を

取得するにはどのように記述すればよいでしょうか？　本節までに学んだ内容を思い出しつつ、しばらくご自分で考えてみてください。

いかがでしょうか？　思いついたでしょうか？　A4セルの値を取得するには次のように記述します。

```
Range("A4").Value
```

A4セルのオブジェクトとして「Range("A4")」と記述し、値というプロパティを取得するために、「.」に続けて「Value」と記述します。今回学んだ書式と照らし合わせて、ちゃんと書式に則っていることを確認してみてください。

この記述を「チェック」プロシージャに組み込んでみましょう。「MsgBox」は半角スペースに続けて値を記述することで、その値をメッセージボックスに表示できるようになっています。「チェック」プロシージャの2行目を次のように書き換えてください。

```
Sub チェック()
    MsgBox Range("A4").Value
End Sub
```

変更は以上です。これで、A4セルの値をメッセージボックスに表示するコードが完成しました。では、VBEからワークシートに戻って、[check] ボタンをクリックしてください。次のように表示されるはずです（画面1）。

▼**画面1**　[check] ボタンをクリック

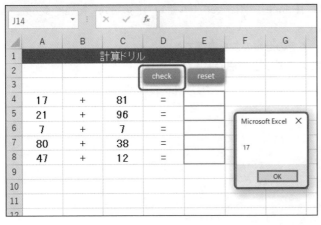

A4 セルの値「17」がメッセージボックスに表示できたね

A4セルに現在入力されている値である「17」という数値がメッセージボックスに表示されました。「チェック」プロシージャの2行目は、「Range("A4").Value」という記述によってA4セルに現在入力されている値を取得し、MsgBoxで表示するという処理を行うコードになっているのです（図6）。

図6 「チェック」プロシージャ2行目でのプロパティ取得

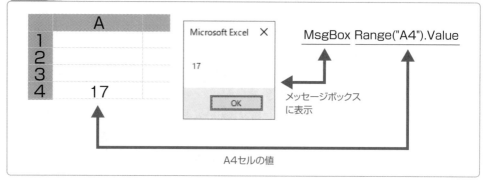

いかがでしょうか？　オブジェクトの使い方、プロパティの取得方法や使い方の感触がつかめたでしょうか？　これがVBAのプログラミングのキモであるオブジェクトとプロパティの使い方の一端なのです。

さて、今回はおぼえていただきたい要素が連続して登場したので、ここで一度整理しておきます。一度におぼえるのは大変かと思いますが、どれも重要なので、しっかりとおぼえましょう。

ポイント

・セル範囲のオブジェクト名は「Range」。「Range("セル番地")」の書式で記述する
・値のプロパティ名は「Value」
・「Range("セル番地").Value」でそのセルの値を取得できる
・文字列をコードに記述する際は必ず「"」で囲む

コラム

VBEのコードアシスト機能はどんどん利用しよう

　「チェック」プロシージャの2行目を書き換える際、「Range("A4").」と「.」まで入力すると、次のようなポップアップが表示されたかと思います（画面）。

▼画面　コードアシスト機能でポップアップが表示された

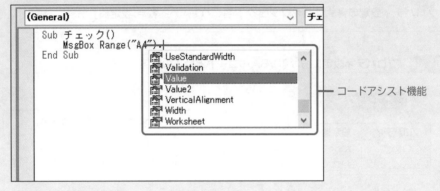

　これはVBEの「コードアシスト」機能になります。Rangeオブジェクトにはどのようなプロパティや「メソッド」などが使えるのか、候補をリスト表示してくれます（「メソッド」の詳細は次節を参照してください）。そして、目的のプロパティや「メソッド」などをダブルクリックするだけで入力できてしまいます。これなら、使えるプロパティや「メソッド」などをすべて覚える必要がなく、また、入力の手間を大幅に減らせ、かつ、スペルも間違える心配がありません。このコードアシスト機能はもちろん他のオブジェクトでも利用できます。たいへん便利な機能なので、ぜひ有効活用してください。

プロパティを設定する

　ここでいう「プロパティを設定する」とは、目的のオブジェクトのプロパティの中身を変更することで、そのオブジェクトの状態を変更するという意味になります。たとえば、A1セルの文字色が現在赤なのを青に変更したり、現在空白のA1セルに値を入力したりしたいなどの場合、該当するプロパティに変更したい内容を設定します。プロパティを設定するためのVBAの書式は次の通りです。

書式

```
オブジェクト名.プロパティ名 = 設定値
```

　プロパティを扱うための基本となる書式「オブジェクト名.プロパティ名」があり、半角スペースに続けて「=」（イコール）を記述します。そして、再び半角スペースを入力した後、設定値を記述します。ここで登場する「=」は、代入（値を入れること）するための演算子です（演算子については第4章で改めて詳しく解説します）。VBAのプログラミングでは頻繁に利用するので、ぜひおぼえてください。このようにプロパティに値を代入することで、セルの値や書式など、そのオブジェクトの状態を設定できるのです（図7）。

ポイント

・代入は演算子「=」を使う
・プロパティ設定の書式は「オブジェクト名.プロパティ名 = 設定値」

図7　プロパティ設定におけるVBAのコードとセルの関係

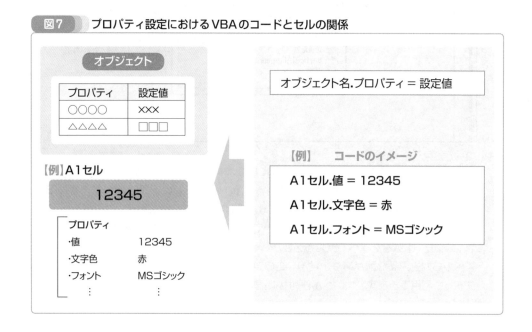

●「計算ドリル」でプロパティ設定を体感しよう

　それでは、今学んだプロパティの設定方法を踏まえ、「計算ドリル」を用いて、プロパティ設定を体感してみましょう。ここでは、現在空白になっているE4セルに、「98」という数値を入力してみます。本来の仕様（P34 第1章1-6節）とは関係ない処理ですが、プロパティ設定の方法や使い方を学びつつ、感触をつかんでいただくために、みなさんに実際に手を動かしていただきます。

　目的のセルであるE4セルの値というプロパティは、どのような記述で表されるでしょうか？　前節までに学んだ内容から「Range("E4").Value」であることがわかります。では、先ほど学んだプロパティ設定の書式にあてはめて、「98」という数値をプロパティに設定してみ

ましょう。「チェック」プロシージャの2行目を次のように書き換えてください。代入の「=」
演算子の両側には、半角スペースを入れてください。

```
Sub チェック()
    Range("E4").Value = 98
End Sub
```

　変更は以上です。では、VBEからワークシートに戻って、[check] ボタンをクリックして
ください。すると、次のように、E4セルに指定した数値「98」が入力されるはずです（画面2）。

▼**画面2　[check] ボタンをクリック**

「98」と入力されたね

　「チェック」プロシージャの2行目は、「Range("E4").Value = 98」という記述によってE4セル
のValueプロパティに「98」という数値を代入する処理を行うコードになっているのです（図8）。

図8 「チェック」プロシージャ2行目でのプロパティ設定図解：数値入力

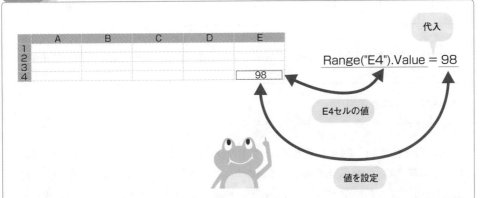

代入

Range("E4").Value = 98

E4セルの値

値を設定

● セルの文字色を変更してみよう

　次に、同じE4セルの別のプロパティを設定してみましょう。ここでは文字色というプロパティに色を示す値を設定することで、セルの文字色を変更してみます。今回は先にコードを変更して実行結果を確認してから、コードの説明します。「チェック」プロシージャの3行目に次のように新たな1行を追加してください。

```
Sub チェック()
    Range("E4").Value = 98
    Range("E4").Font.Color = vbRed ├──────追加
End Sub
```

　追加は以上です。では、VBEからワークシートに戻って、[check] ボタンをクリックしてください。E4に入力された「98」という数値の文字色が赤になりましたでしょうか？　コードの3行目を追加する前はE4セルの文字色は黒でしたが、追加した3行目の処理によって文字色が赤に変更されたのです（画面3）。

▼**画面3**　[check] ボタンをクリック

　それでは、追加した3行目のコードを解説します。まずは「=」の左辺から説明します。

```
Range("E4").Font.Color
```

　「Range("E4")」というE4セルのオブジェクトの後に、「.」に続けて「Font」と記述され、さらに「.」に続けて「Color」と記述されています。このように「.」が2つあります。「Font」はフォントのオブジェクト名であり、「Range("E4").Font」で「E4セルのフォント」を意味します。

「Color」は色のプロパティ名です。「Font.Color」で「フォントの色」を意味します。よって、「Range("E4").Font.Color」で「E4セルのフォントの色」というプロパティを表します。このようにオブジェクトは階層構造（親子関係）になっているのです（図9）。

図9 Range("E4").Font.Colorの階層構造

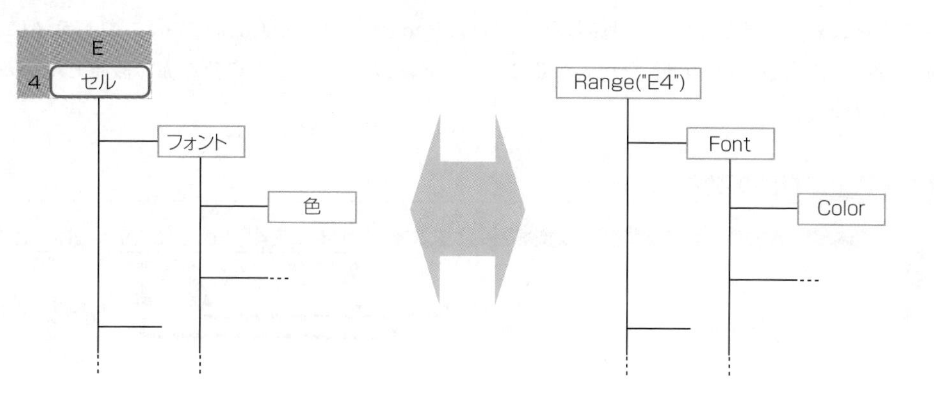

　この1行におけるFontオブジェクトから見たRangeオブジェクトのような親オブジェクトのことを「**コンテナ**」と呼びます。実はRangeオブジェクトにも親オブジェクトがいるのですが、この例では省略可能なため記述していません。どのケースなら省略不可なのかは第7章でおいおい説明します。

ポイント

- **オブジェクトは階層構造になっている**
- **親オブジェクト（＝コンテナ）を省略可／不可のケースに分かれる**

　実は厳密には、Fontオブジェクトは、「RangeオブジェクトのFontプロパティで取得する」という定義になっているのですが、ここで説明したような解読の仕方で実用上大きな問題はありません。とにかく階層構造になっていることだけを理解しておけばOKです。

　ちなみに、オブジェクトの階層構造は、「.」を日本語の「の」と見なして、コードを左から順番に読んでいくと、比較的容易に把握できます。

　オブジェクトの階層構造の話は初心者には相当ややこしいので、今すぐに理解できなくとも心配せず、何度か読み直したり、先に進んだ後で再び本節に戻ってきたりするなどして、じっくり学んでください。とりあえずは「『Range("E4").Font.Color』は『E4セルのフォントの色』というプロパティを表す」とだけ把握したら、先へ進んでください。

　次に、「＝」の右辺を解説します。E4セルのフォントの色に対して、プロパティ設定の書式に則り、「＝」で色の設定値を代入することで、フォントの色を指定します。代入している設定値は「vbRed」となっています。「vbRed」は色を表す**定数**です。ここでいう「定数」とは、

「ある決まった値を持つ文字列」と理解してください。これらの定数はVBAであらかじめ用意されたものであるため、本例のようにVBEの中でいきなり記述して使うことができます。「vbRed」以外にも、青を表す「vbBlue」や黒を表す「vbBlack」などが用意されています。1-4節で登場したxlThemeColorAccent1なども、実は色を表す定数の一種です。詳しく知りたい方は、ヘルプや他の参考書などを参照してください。

　以上を改めて整理しますと、追加した3行目は、Range("E4").Font.Colorというプロパティに、赤を意味する定数「vbRed」を代入することで、E4セルのフォントの色を赤に設定しているのです（図10）。

図10　3行目の図解

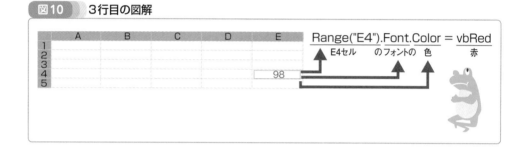

　値と文字色という2つの切り口を例に、プロパティの設定を体感していただきましたが、いかがでしたか？　前項で学んだプロパティ取得と合わせて、オブジェクトの使い方の柱の1つとして、しっかりとマスターしてください。

● 設定できないプロパティもある

　セルの値であるValueプロパティと文字色であるColorプロパティを例に、プロパティの設定を学びましたが、ここで1点だけ留意しておいていただきたいことがあります。プロパティの中には、設定ができないものがあるということです。言い換えれば、プロパティの中身の取得しかできないものになります。実は今まで本書で例として取りあげてきたプロパティは、取得も設定も可能なものばかりでした。しかし、プロパティの中には、「＝」演算子を使って設定しようとしても、エラーとなってしまうプロパティがあることを把握しておいてください（図11）。

　設定できないプロパティで代表的なものは、ワークシートの数を表すプロパティなどです。「設定できる／できない」の基準ですが、大まかにいえば、「ユーザーが中身を勝手に変えてしまうとこまるプロパティ」となるのですが、実際に初心者が自分で判断するのはなかなか難しいといえるでしょう。どのプロパティが設定不可なのか、すべておぼえるのは無理であり、あまり意味がありません。そのプロパティを利用する段階になった時点で、その都度調べつつ対応していくということを繰り返すうちに、自分がよく使うプロパティは設定不可かどうか、おぼえていけるでしょう。

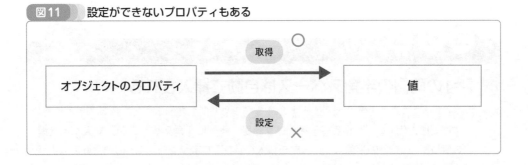

図11　設定ができないプロパティもある

取得　○
オブジェクトのプロパティ　→　値
設定　×

オブジェクトおよびプロパティを扱うコツ&注意点

　本章ではこれまで、オブジェクトの学習にはRangeオブジェクトを、プロパティの学習にはValueプロパティおよびColorプロパティを題材にしました。Excel VBAにはこれら以外にも、膨大な数のオブジェクトやプロパティがあります。その中から、自分が再現したい操作をプログラミングするために、適切なオブジェクトやプロパティを選ぶ必要があります。

　そこで問題になるのが、膨大な数の中から、いかにして自分が必要とするオブジェクトやプロパティを見つけるかです。もちろん、すべてのオブジェクトやプロパティをおぼえるのはまず無理です。また、どのオブジェクトが親オブジェクト（コンテナ）になっているのか、どのプロパティが設定できないのかすべておぼえるのも同様に無理ですし、あまり意味がありません。

　VBAを使い始めのうちは、VBE付属のヘルプを活用したり、VBA関連の書籍やWebサイトを参考にしたりして、必要とするオブジェクトやプロパティを探していくことになります。そのようなことを何度も繰り返していくうちに、自分がよく使うオブジェクトやプロパティをおぼえ、ヘルプや書籍を頼らずとも使えるようになっていくでしょう。

　本書ではこれからも、オブジェクトやプロパティが多数登場しますが、それらをすべておぼえなくても大丈夫です。みなさんが今後、実際に仕事などでVBAのプログラミングを行う際も、ヘルプや書籍を片手に必要なオブジェクトやプロパティを探しながら進めていくというアプローチで何ら問題ありません。書籍やWebサイトを見れば済むことは、見ればよいのです。目的は暗記ではなく、VBAのプログラミングを身につけることです。ですから、本書では、プログラミングのルールやコツのマスターに重きを置いてください。また、このことは、この後に学習する「メソッド」にも共通していえます。

VBAのキモであるオブジェクトをマスターしよう

コラム

「=」の両側の半角スペースは自動で挿入される

本節では、代入の「=」演算子を記述する際、両側に半角スペースを必ず入れると解説しました。これらの半角スペースはもし入れ忘れてしまっても、VBEの補完機能によって、自動で挿入されます。

たとえば画面1のように、Range("E4").Font.Colorの後ろで、「=」の両側に半角スペースを入れずにコードを記述したとします。

▼**画面1 「=」の両側に半角スペースを入れずに記述**

```
(General)                                    ∨    チェック

Sub チェック()
    Range("E4").Value = 98
    Range("E4").Font.Color=vbRed
End Sub
                                ┘————— 両側に半角スペースなし
```

矢印キーなどで別の行のコードにカーソルを移動すると、「=」の両側に半角スペースが自動で挿入されます（画面2）。

▼**画面2 半角スペースが自動で挿入される**

```
(General)                                    ∨    チェック

Sub チェック()
    Range("E4").Value = 98
    Range("E4").Font.Color = vbRed
End Sub
                             └┘————— 半角スペースが自動で挿入された
```

「=」以外にも、半角スペースが自動で挿入されるケースがあります。もし自動挿入されたら、それがVBAの文法・ルールとして正しいことになるので、そのまま従いましょう。

逆に、半角スペースを入れてはいけない箇所に入れると、自動で削除してくれるケースがあります。たとえば画面3のように、ピリオドの後ろにワザと半角スペースを入れて記述したとします。

▼**画面3　ピリオドの後ろに半角スペースを入れた**

```
(General)                               ∨    チェック
Sub チェック()
    Range("E4").Value = 98
    Range("E4").(Font.Color = vbRed|
End Sub
                              ——半角スペースを入れた
```

　矢印キーなどで別の行のコードにカーソルを移動すると、半角スペースが削除されます（画面4）。全角スペースでも同様に削除されます。

▼**画面4　半角スペースが自動で削除される**

```
(General)                               ∨    チェック
Sub チェック()
    Range("E4").Value = 98|
    Range("E4").Font.Color = vbRed
End Sub
                              ——半角スペースが自動で削除された
```

　注意してほしいのが、すべてのケースで自動で削除してくれるわけではないことです。たとえば画面5のように、ピリオドの前に半角スペースを入れたとします。この場合、別の行に移動すると、半角スペースは自動で削除されず、エラー（コンパイルエラー）になってしまいます。この場合は自分で削除しなければなりません。

▼**画面5　自動で削除されずエラーになる**

　この半角スペースを自動で削除する補完機能はあくまでも補助的なものとして、適宜利用してください。

3-3 メソッド

「メソッド」とは

　プロパティと並び、オブジェクトを扱う方法で重要なのが「**メソッド**」です。命令文の基本構造「[何を][どうする]」の[どうする]の部分の2つ目です（1つ目は前節で学んだプロパティでした）。メソッドとは、一言で表せば、「オブジェクトの動作」になります。では、「動作」とは、具体的にはどういうものでしょうか？

　たとえば「A1セル」というオブジェクトを考えてみます。A1セルに入力されている文字列や数値や数式は、右クリック→[数式と値のクリア]などで削除できます。また、値や書式をコピー＆貼り付けすることもできます。これらのようにA1セルに対する操作は、見方を変えればオブジェクトの"動作"であり、「A1セル」オブジェクトのメソッドになるのです。そう、メソッドとは簡単にいえば、みなさんが普段Excelを使っている中で、何度も利用している各種操作のことなのです（図1）。

図1　セルの各種メソッド

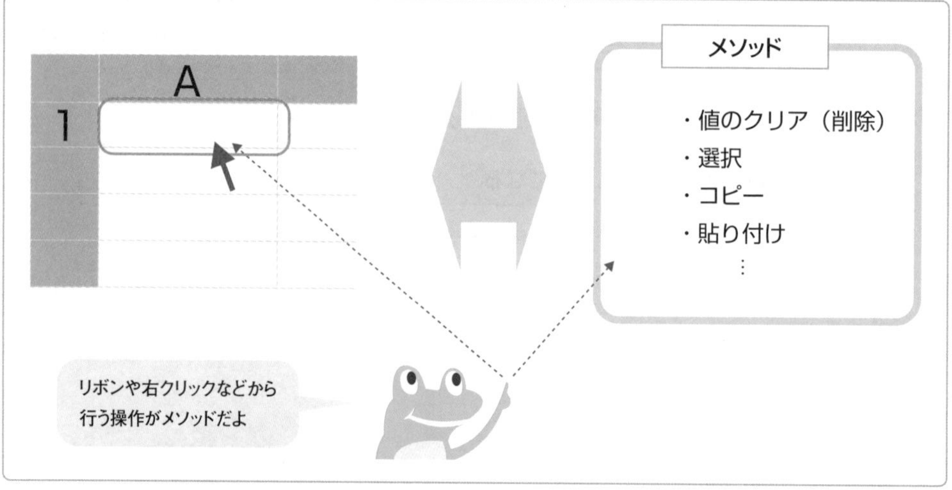

A
1

メソッド
・値のクリア（削除）
・選択
・コピー
・貼り付け
…

リボンや右クリックなどから
行う操作がメソッドだよ

　A1セルには他にもさまざまなメソッドがあります。そして、A1セル以外のセルも、同様のメソッドがあります。そして、ワークシートや図形などセル以外のオブジェクトも、そのオブジェクトごとに特有のメソッドを持ちます。

　VBAでは、VBE上でコードを記述することで、各オブジェクトの各メソッドを実行できます。メソッドを用いてオブジェクトを扱うことで、Excelのさまざまな操作を再現できるのです。前節までで学んだプロパティと組み合わせれば、ExcelのワークシートやブックでできることのほぼすべてがVBAで実現できます。

メソッドの使い方の基本

　メソッドはオブジェクトやプロパティと同様に、それぞれのメソッドに"名前"が割り振られています。メソッド名をVBE上にて、定められた書式に則って記述することで、そのメソッドを実行できます。VBAでオブジェクトのメソッドを実行するための書式は次の通りです。

書　式

オブジェクト名 . メソッド名

　オブジェクト名とメソッド名を半角の「.」(ピリオド) で結んで記述します。プロパティの書式と同じかたちになります。VBE上にてプロシージャの中に、このような書式で記述すれば、そのオブジェクトのメソッドを実行できるようになります。この書式は大事なので、ぜひおぼえてください。

　イメージとしては、たとえば「A1セル」というオブジェクトの「値のクリア (削除)」というメソッドなら、「A1セル.値のクリア」と記述することになります。これでA1セルの値をクリアできます。あくまでもこの書き方はイメージであり、実際には「A1セル」オブジェクトのオブジェクト名と、「値のクリア」メソッドのメソッド名で記述することになりますが、まずここではイメージとして、だいたいの感触を把握してください (図2)。

　また、「[何を][どうする]」の構造でいえば、[何を] の部分にオブジェクト名、[どうする]の部分にメソッド名を書き、その間を「.」で結ぶことになります。

図2　**オブジェクトとメソッドと「オブジェクト名.メソッド名」の関係**

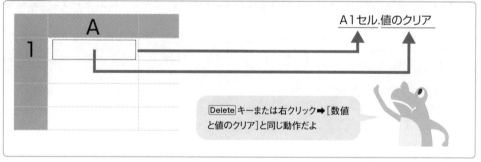

ポ　イ　ン　ト

・メソッドによって、そのオブジェクトの動作を操れる
・書式は、「オブジェクト名.メソッド名」

「計算ドリル」でメソッドを体感

それでは、前節で途中まで作成したアプリケーション「計算ドリル」を用いて、メソッドを体感してみましょう。

Excelファイル「計算ドリル.xlsm」を開いてください。続けて、VBEを開き、標準モジュール「Module1」をコードウィンドウに表示してください。

ここでは、回答欄のセルの値をクリアするというメソッドを体験していただきます。本来の「計算ドリル」の仕様とは多少異なりますが、［reset］ボタンをクリックするとE4セルの値がクリアされるという機能を試しに作ってみます。本来の「計算ドリル」の仕様はおいおい作り込んでいきますので、ここではメソッドの"お試し"をしてみましょう。

まずは新しいプロシージャを作成します。プロシージャ名は「リセット」とします。今ある「チェック」プロシージャの下に1行あけて、まずは「リセット」プロシージャの枠組みのみを次のように記述してください。

```
Sub リセット()

End Sub
```

では、この中にE4セルの値をクリアするというコードを記述します。セルの値をクリアするメソッドは「ClearContents」と決められています。目的のセルであるE4セルのオブジェクトは、前節までに学んだ内容から、「Range("E4")」と記述すればよいことがわかります。以上を踏まえ、先ほど学んだメソッドの書式に当てはめると、次のように記述することになります。

```
Sub リセット()
    Range("E4").ClearContents
End Sub
```

記述し終わったらワークシートに戻り、メニューバーの［ツール］→［マクロ］から「リセット」プロシージャを実行してみましょう（画面1、図3）。ちゃんとE4セルの値がクリアされたことが確認できたでしょうか？　もし、もともとE4セルに何も値が入っていなければ、適当な値を入力しておいてください。または、［check］ボタンをクリックすれば、「98」という数値が入力されるように作ってあるはずなので、それを利用してください。

▼画面1 「リセット」プロシージャを実行

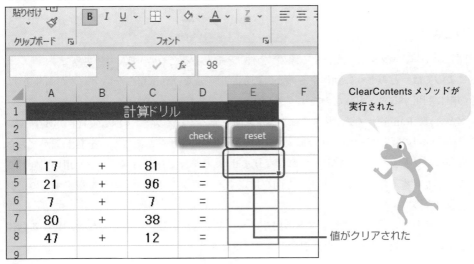

ClearContents メソッドが実行された

値がクリアされた

図3 「リセット」プロシージャ2行目でのメソッド図解：E4セルの値クリア

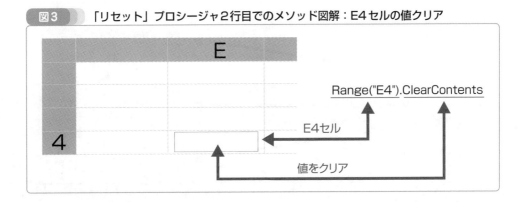

Range("E4").ClearContents

E4セル

値をクリア

　せっかくですから、この「リセット」プロシージャをワークシート上の［reset］ボタンに割り当ててみましょう。P58で解説した手順にしたがい、［reset］ボタンを右クリック→［マクロの登録］で登録してください。

　これまでで、［check］ボタンをクリックすれば「98」という数値が入力され文字色が赤に変わり、［reset］ボタンをクリックするとクリアされるという機能をVBAで作成したことになります。本来の「計算ドリル」の仕様にはまだほど遠いのですが、ボタンをクリックで動作するという何となくアプリケーションの卵のようなものができあがりました。自分の手でこのようなものをVBAで作成した感想はいかがでしょうか？　この調子でVBAの学習を進めていきましょう。

　さて、実は本節で学んだメソッドの使い方は基本的なものであり、さらに高度な使い方として、「**引数**」（ひきすう）と「**戻り値**」があります。以下、順に説明していきます。

VBAのキモであるオブジェクトをマスターしよう

引数

引数とは

「引数」とは、メソッドが実行する際の"条件"を指定するためのVBAの仕組みです。メソッドによっては、どのように動作するのか、細かく指定しなければならないケースがあります。その際に利用するのが引数なのです（図4）。

たとえば、Rangeオブジェクトには、セル範囲を挿入するメソッドの「Insert」があります。通常のExcelの操作でセル範囲を挿入する際、挿入先にもともとあるセルを右か下かどちらの方向にシフトするのか指定しなければなりません。VBAでInsertメソッドを用いて同じことをやろうとする際も、シフトする方向を指定する必要があります。それを指定するのが引数の役目なのです。

言い換えれば、同じオブジェクトの同じメソッドでも、引数によってそれぞれ異なる動作をさせることができます。これが引数のメリットになります。

図4　引数の概念図

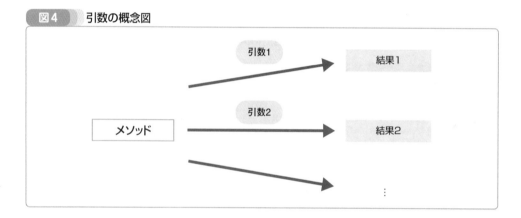

メソッドの種類によっては、引数が複数あるものがあります。引数が1つであろうと複数あろうと、引数にはそれぞれ名前がつけられており、どのような引数なのかがわかるようになっています。

Insertのように引数を利用できるメソッドがある一方で、前節でプログラミングに利用していただいた「ClearContents」のように、引数がないメソッドも多数あります。それらはメソッドの動作を条件によって細かく制御する必要のないものになります。

また、引数を省略できるメソッドもあります。Insertメソッドはまさにそうで、引数なしで記述しても動作します。ただし、挿入先にもともとあるセルは、セル範囲の形状に適しているとExcel側で自動的に判断された方向に移動します。引数を省略した場合、InsertのようにExcel側で自動的に動作の詳細を判断してくれるメソッドもあれば、あらかじめ決められたように動作をするメソッドもあります。

引数があるのかないのか、省略可能なのか、省略するとどうなるのかなどはメソッドによってまちまちです。すべておぼえる必要はないので、適宜調べて使いましょう。

・引数でメソッドの動作を細かく制御できる
・引数がないメソッド、省略できるメソッドもある

引数の使い方

引数の概念を把握したところで、引数の使い方を学びましょう。メソッドに引数を指定する基本的な書式は次の通りです。

書 式

オブジェクト名.メソッド名 引数名:=設定値

メソッド名の後ろに半角スペースに続けて引数名を記述します。そして「:=」(コロンとイコール)を記述し、その後ろに引数に指定する設定値を記述します。引数に数値や定数を指定する場合はそのまま記述しますが、文字列を直接指定する場合は文字列のルール通り「"」(ダブルクォーテーション)で囲んでください。また、「:=」の両側は半角スペースは不要です。もし入れると、自動で削除されます。

引数が複数ある場合は、「引数名:=設定値」を「,」(カンマ)で区切って並べていきます。「,」の後ろには半角スペースを入れます。入れ忘れても、自動で挿入されます。

オブジェクト名.メソッド名 引数名1:=設定値1,引数名2:=設定値2,引数名3:=設定値3,……

なお、引数名を省略し、設定値のみを「,」で区切って順番に並べるなど、引数の指定方法は他にもありますが、本節では引数名を記述する方法のみを取りあげます。その他の指定方法は、P 93を参照してください。

本節で学んだメソッドの引数は、第7章で実際にプログラミングしていただくので、ここでは概念と書式だけをおぼえてください。

戻り値

戻り値とは

メソッドの中には、実行後に実行結果の値を戻すものがあります。そのような値のことを「戻り値」と呼びます。メソッドの戻り値として得た値は、「=」演算子を使って他のプロパティに代入するなど、その後の処理に用います。

戻り値のイメージがつかめない方は、合計を求めるSUM関数など、普段お使いのワークシー

ト関数を思い浮かべてください。たとえばSUM関数は、A1セルに「=SUM(A2:A10)」と記述すると、A2セルからA10セルの合計の値がA1セルに表示されます。これはSUM関数の実行結果の値が得られ、A1セルに表示されたことになります。

このようにワークシート関数の実行結果の値が得られるということは、言い換えれば、ワークシート関数が実行結果の値を戻しているといえます。そして、ワークシート関数が実行結果の値を戻すように、メソッドも実行結果の値を戻すのです。メソッドの戻り値とは、このようなイメージで認識していただければOKです（図5）。

図5　戻り値の概念図

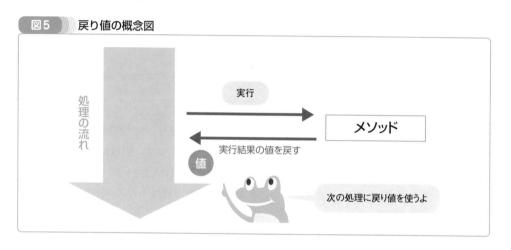

●オブジェクトを返す

また、オブジェクトによっては、値ではなく、オブジェクトを返すものもあります。「戻り値がオブジェクト」とは、初心者には非常にイメージしづらいのですが、戻り値として得られたものが、そのままオブジェクトとなっており、プロパティやメソッドが使えるということです（図6）。

図6　オブジェクトを戻すケースの概念図

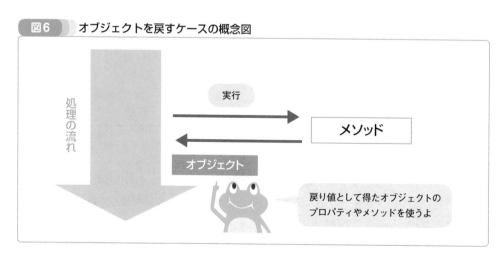

3-4 Withステートメント

オブジェクトの指定をまとめる

Excel の VBA のプログラミングでは、1つのオブジェクトに対して、さまざまなプロパティを設定したり、メソッドを実行したりするケースはよく登場します。

たとえば、A1セルに対して値の文字サイズやフォントやスタイルを設定し、コピーをするといったケースです。その場合、コードとしては「Range("A1")」という記述が何度も繰り返し登場することになります。

これはこれでVBAの文法上問題なく動作するのですが、コードがごちゃごちゃ見づらくなってしまいます。それに、何よりも処理の追加・変更をしたい場合、コードの書き換え作業が大変になってしまうでしょう。

先ほどの例の場合、対象セルをA1セルではなく、B2セルに変更したい場合、「Range("A1")」と記述されている部分をすべて「Range("B2")」に書き換えなければなりません。同じA1セルに対する処理が大量にあるとすると、書き換え作業に多くの手間がかかりますし、量が多いぶん記述ミスも生じやすくなります。

VBAには、ある1つのオブジェクトに対する処理をまとめて記述するために、**Withステートメント**という仕組みが用意されています。「ステートメント」とは、「命令文」といった理解で構いません。Withステートメントを利用すると、同じオブジェクトに対して複数の処理を行うコードの中で、そのオブジェクト名を記述する箇所を1つにまとめることができます。

先ほどの例の場合、A1セルに対する処理がいくつあろうと、「Range("B2")」に書き換えるのはたった1箇所で済むようになります。

Withステートメントは使わなくとも目的の操作を再現できますが、処理の追加・変更のしやすさやコードの見やすさを飛躍的に向上できるので、ぜひとも積極的に活用しましょう。

> **ポイント**
>
> ・Withステートメントを使えば、オブジェクト名の記述を1箇所にまとめられる
> ・処理の追加・変更のしやすさやコードの見やすさを向上できる

VBAのキモであるオブジェクトをマスターしよう

●Withステートメントの使い方の基本

それでは、Withステートメントの使い方を説明します。書式は次の通りです。

書 式

```
With オブジェクト名
     .プロパティ名
          :
     .メソッド名
          :

End With
```

「With」と記述した後、半角スペースを空けて、対象となるオブジェクト名を記述します。そして、最後は「End With」で閉じます。その間は、そのオブジェクトに対する処理と見なされます。プロパティやメソッドは、オブジェクト名を記述せず、いきなり「.」(ピリオド)から書き始めれば使うことができます。ちょうど通常の書式「オブジェクト名.プロパティ名」および「オブジェクト名.メソッド名」から「オブジェクト名」の部分を取り除いたかたちになります(図1)。通常は一段インデントして記述します。

図1 Withステートメントのメリット

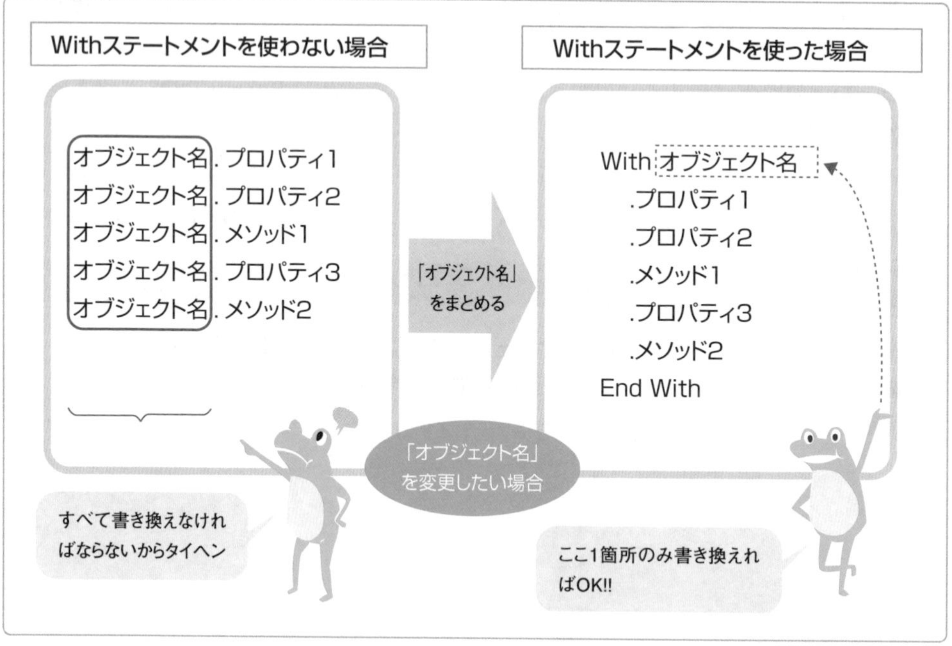

Withステートメントを使わない場合		Withステートメントを使った場合
オブジェクト名.プロパティ1 オブジェクト名.プロパティ2 オブジェクト名.メソッド1 オブジェクト名.プロパティ3 オブジェクト名.メソッド2	「オブジェクト名」 をまとめる →	With オブジェクト名 　.プロパティ1 　.プロパティ2 　.メソッド1 　.プロパティ3 　.メソッド2 End With

「オブジェクト名」
を変更したい場合

すべて書き換えなけれ
ばならないからタイヘン

ここ1箇所のみ書き換えれ
ばOK!!

Withステートメントを使う際は、「With」の後に記述した「オブジェクト名」の部分を省略するだけで、あとは通常通りにコードを記述してください。ですから、「With」の後に記述したオブジェクト名以外のオブジェクト名は省略せずに記述しなければならない点を注意してください。

Withステートメントを実際に使ってみよう

Withステートメントの練習として、「計算ドリル」の「チェック」プロシージャを書き換えてみましょう。現在、「チェック」プロシージャは以下のコードになっているかと思います。

```
Sub チェック()
    Range("E4").Value = 98
    Range("E4").Font.Color = vbRed
End Sub
```

現在は「Range("E4")」という記述が2回繰り返して登場しています。この「Range("E4")」をWithステートメントを用いて、まとめてみましょう。先ほど学習したWithステートメントの書式に則り、書き換えてみてください。

いかがですか？　うまく書き換えられたでしょうか？　正解は次の通りです。

```
Sub チェック()
    With Range("E4")
        .Value = 98
        .Font.Color = vbRed
    End With
End Sub
```

この例では、同じ「Range("E4")」オブジェクトに対する処理が2つしかないので、Withステートメントのありがたさがあまり感じられない方が少なくないかと思いますが、Withステートメントは1つのオブジェクトに対する処理が増えれば増えるほど、その威力が発揮される便利な仕組みなのです。

メソッドの引数のその他の指定方法

ここで、メソッドの補足をしておきます。メソッドの引数の指定方法は3-3節で解説した以外にもあります。3-3節でも少し触れましたが、引数名は書かずに設定値のみを「,」で区切って順番に並べる指定方法です。書式は以下です。「,」の後ろには半角スペースを入れます。入

VBAのキモであるオブジェクトをマスターしよう

れ忘れても、自動で挿入されます。

書　式

オブジェクト名.メソッド名　設定値1，設定値2，設定値3，……

　この場合、指定する引数の種類の順番がメソッドごとに決められており、必ずその順番通りに設定値を並べます。実は引数名を書く指定方法では、並びは任意に変えて記述できます。一方、上記書式では、並びは変えられません。この指定方法は引数名を記述する手間が省けるメリットがある反面、どの引数を指定しているのかわかりづらかったり、並びを間違える恐れがあったりするのがデメリットです。

　また、ややこしいのが、引数名を書かない指定方法で、省略する引数があり、なおかつ、その後ろに指定する引数がある場合、省略する引数のぶんだけ「,」のみを書かなければなりません。たとえば、引数が3つあるメソッドで、3つ目のみ指定し、残りは省略するなら、以下のような形式で記述することになります。1つ目と2つ目の引数の設定値を記述する箇所には何も書かず、「,」のみを記述します。

オブジェクト名.メソッド名　,，設定値3

　メソッドの引数の指定方法はさらにあります。引数全体を括弧で囲む指定方法です。非常にややこしいのですが、括弧で囲むのは、そのメソッドの戻り値を使う場合です。同じメソッドでも、戻り値を使うなら引数を括弧で囲み、使わないなら囲まないのです。また、さらにややこしいのが括弧で囲む場合でも、引数名あり/なしの両方で指定できます。

▼引数名ありの場合

オブジェクト名.メソッド名(引数名1:=設定値1，引数名2:=設定値2，引数名3:=設定値3，……)

▼引数名なしの場合

オブジェクト名.メソッド名(設定値1，設定値2，設定値3，……)

　引数名を書く/書かないは自分の好みなどに応じて自由に選べますが、括弧で囲む/囲まないは、戻り値を使う/使わないに応じて正しく使い分けないと、エラーになるので注意しましょう。

第4章

演算子と条件分岐

本章からは、ワンステップ上の学習内容に入ります。今までは「マクロの記録」機能で記録できる操作を単にVBAでゼロから記述するだけでしたが、本章からはVBAのプログラミングをしなければ実現できない機能を学習します。まずは手始めとして、本章で「演算子」と「条件分岐」を学びます。だんだん難しくなっていきますが、あきらめずジックリと取り組んでください。

4-1 演算子とは

◉ 演算子は全部で5種類ある

前章までに学んできた内容は、「マクロの記録」でも実現できる機能でした。本章からはいよいよ、自分の手でVBAのコードを入力してプログラミングしなければ実現できない機能を学んでいきます。そのための仕組みとして、まずは「演算子」から解説します。

「演算子」とは、演算するための仕組みであり、VBAではさまざまな演算ができるよう、さまざまな種類の演算子が用意されています。演算子というと、みなさんはこれまでに、代入に用いる「=」を使ってきましたが、これは正式には「**代入演算子**」と呼ばれます。VBAには他にも、「**算術演算子**」と「**文字列連結演算子**」、「**比較演算子**」、「**論理演算子**」という4種類の演算子が用意されています。「=」演算子と合わせて、計5種類の演算子があることになります。

それでは、順番に学んでいきましょう。本節では算術演算子と文字列連結演算子のみを学びます。残りの比較演算子と論理演算子は、次節で学ぶ「条件分岐」と呼ばれる仕組みとセットで使われますので、次節以降で説明していきます。これからたくさんの演算子を説明しますが、それらを一度にすべておぼえることは不可能です。そこで、まずは一読してどのような機能の演算子があるのか大枠のみを把握し、個々の演算子はその後徐々におぼえていってください。

◉ 「算術演算子」を学ぼう

「算術演算子」とは、足し算やかけ算など、文字通り計算に用いる演算子のことです。プロシージャ内で算術演算子を用いることで、さまざまな計算ができます。算術演算子は次の表1の通りです。

▼表1　算術演算子

演算子	意味	用法	例	結果
+	和	A + B　AとBを足す	5 + 2	7
-	差	A - B　AからBを引く	5 - 2	3
*	積	A * B　AとBをかける	5 * 2	10
/	商	A / B　AをBで割る	5 / 2	2.5
^	べき乗	A ^ B　AのB乗	5 ^ 2	25
¥	整数商	A ¥ B　AをBで割った値の整数部分	5 ¥ 2	2
mod	余剰	A mod B　AをBで割った余り	5 mod 2	1

上記表の「A」や「B」の部分には数値を直接用いたり、RangeオブジェクトとValueプロパティなどで取得した値などを用います。コードが見やすくなるよう、演算子の前後には半角スペースを記述するとよいでしょう。もっとも、半角スペースなしで記述しても、別の行に移動すると、VBEの方で自動的に半角スペースを挿入してくれます。また、誤って全角スペースを入力してしまっても、VBEの方で自動的に半角スペースに変換してくれますのでご安心を。

　また、一般的な数式と同様に「()」も利用できます。たとえば、「6と4を足した後、2をかける」という計算なら、次のように記述します。

```
(6 + 4) * 2
```

「文字列連結演算子」を学ぼう

　文字列連結演算子とは、その名の通り文字列を連結するための演算子です。VBAの文字列連結演算子は「&」になります。書式は次の通りです。

書 式

文字列A ＆ 文字列B

　たとえば「こんにちは。」という文字列と「お元気ですか？」という文字列があった場合、これら2つの文字列を「＆」で連結すると、「こんにちは。お元気ですか？」という1つの文字列を作成できます(図1)。なお、＆もVBEの方で前後に半角スペースを自動挿入してくれます。その他の演算子も同様です。

図1　"こんにちは。"と"お元気ですか？"を＆で連結

　＆は2つ以上の文字列を連結することも可能です。その際は「文字列A ＆ 文字列B ＆ 文字列C……」と続けて記述してください。
　また、RangeオブジェクトのValueプロパティや計算結果などで得た数値と文字列を＆で連結することも可能です。その際、数値は自動的に文字列に変換されます(図2)。

図2　Valueプロパティなどで得た数値を＆で連結すると、自動的に文字列に変換

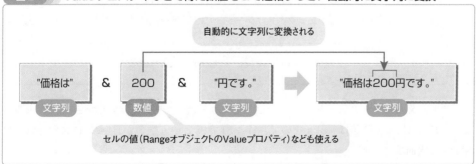

算術演算子を使ってみよう

それでは「計算ドリル」を用いて算術演算子を実際に使ってみましょう。算術演算子による計算結果をE4セルに表示してみます。まずは単純に数値のみを用いた計算結果を表示してみましょう。「チェック」プロシージャを3-4節の状態から、次のように書き換えてください。

```
Sub チェック()
    Range("E4").Value = (6 + 4) * 2
End Sub
```

変更し終えたらワークシートに戻り、[check]ボタンをクリックしてください。E4セルには「(6 + 4) * 2」の計算結果である「20」という数値が表示されるはずです。なお、前章で文字色を赤に設定した処理の関係で、E4セルの文字色は赤のままになっているため、「20」は赤で表示されます（画面1）。

▼**画面1　E4セルに計算結果が表示される**

	A	B	C	D	E	F
1			計算ドリル			
2				check	reset	
3						
4	17	+	81	=	20	
5	21	+	96	=		
6	7	+	7	=		
7	80	+	38	=		
8	47	+	12	=		
9						
10						

(6 + 4) * 2の計算結果だね

次にRangeオブジェクトのValueプロパティを利用して得たA4セルとC4セルの値の和をE4セルに表示してみましょう。「チェック」プロシージャの2行目を次のように書き換えてください。

```
Range("E4").Value = Range("A4").Value + Range("C4").Value
```

変更し終えたらワークシートに戻り、[check]ボタンをクリックしてください。A4セルの値は「17」、C4セルの値は「81」なので、17＋81で98という数値がE4セルに表示されるはずです（画面2）。

▼**画面2 98という数値がE4セルに表示される**

	A	B	C	D	E	F
1	計算ドリル					
2				check	reset	
3						
4	17	+	81	=	98	
5	21	+	96	=		
6	7	+	7	=		
7	80	+	38	=		
8	47	+	12	=		
9						
10						

A4セルとC4セルを足した値にちゃんとなっているね

文字列連結演算子を使ってみよう

　今度は文字列連結演算子を使ってみましょう。先ほどE4セルにA4セルとC4セルを足した結果を表示しましたが、その結果に「計算結果は」という文字列を連結して表示してみます。「チェック」プロシージャの2行目を次のように書き換えてください。

```
Range("E4").Value = "計算結果は" & Range("A4").Value + Range("C4").Value
```

　「=」の右辺の冒頭に「"計算結果は" &」というコードを追加しました。「"」で囲って文字列を指定し、&演算子で連結しています。変更し終わったら、ワークシートに戻り、[check]ボタンをクリックしてください。E4セルに「計算結果は98」と表示されるはずです（画面3）。算術演算の+演算子の処理が先に行われ、そのあとに&演算子で文字列連結が行われます。

▼**画面3 「計算結果は98」と表示される**

	A	B	C	D	E	F
1	計算ドリル					
2				check	reset	
3						
4	17	+	81	=	計算結果は98	
5	21	+	96	=		
6	7	+	7	=		
7	80	+	38	=		
8	47	+	12	=		
9						
10						
11						

足し算の結果と文字列と連結できたよ

さらに文字列を連結してみましょう。A4セルとC4セルを足した値の後ろに「です」という文字列を追加してみます。「チェック」プロシージャの2行目を次のように書き換えてください。

```
Range("E4").Value = "計算結果は" & Range("A4").Value + Range("C4").Value &
"です"
```

2行目の最後に「 & "です"」というコードを追加しました。なお、紙面の都合上コードは2行にわたって掲載されていますが、みなさんがVBE上にコードを入力する際は必ず1行で記述してください。途中で改行するとエラーになってしまいます。コードを途中で改行する方法は第7章7-6節で解説します。

上記のように2行目を書き換えた後、[check] ボタンをクリックすると次のように「計算結果は98です」と表示されます（画面4）。

▼**画面4 「計算結果は98です」と表示される**

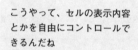

こうやって、セルの表示内容とかを自由にコントロールできるんだね

このように各種オブジェクトのプロパティやメソッドと算術演算子、文字列連結演算子を組み合わせることで、ワークシート上に表示される内容を自由にコントロールできるのです。これは「マクロの記録」では絶対にできないことです。いかがですか？ 単なるマクロの記録とは違う、VBAのプログラミングっぽくなってきましたね。

本節では演算子の中で算術演算子と文字列演算子を学びました。残りの演算子である比較演算子と論理演算子は、次節で学ぶ条件分岐とセットで用いることで、さらに複雑かつ実用的な機能をVBAで実現できるようになります。

コラム

「コンパイルエラー」が出てしまったら

コードの打ち漏らしや打ち間違えなどをしてしまうと、別の行のコードにカーソルを移動したタイミングで、VBEから「コンパイルエラー」というアラートが表示されます。次の画面では、「リセット」プロシージャの中で、Rangeの括弧内でE4セルを指定する箇所の文字列の「"」がないため、「コンパイルエラー」というアラートが表示されています。また、コードはエラーの行が赤文字で表示されています。

▼**画面 コンパイルエラーのアラートが表示される**

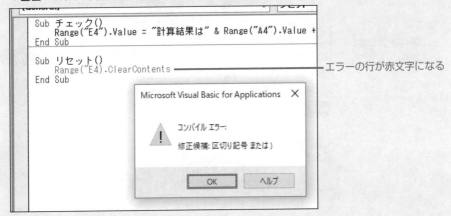

————エラーの行が赤文字になる

このようにコンパイルエラーが出たら、まずはアラートの内容を読み、エラーの原因を把握します。そして、[OK] をクリックしてアラートを閉じたら、アラートの内容を参考にコードを修正しましょう。

ただ、アラートの内容は初心者にとってはわかりやすいとは言えません。なぜコンパイルエラーが起こっているのか、わかるようになるには若干の慣れが必要です。この例のように「"」の入力し忘れをはじめ、ピリオドの入力し忘れや括弧の閉じ忘れ、不要な半角スペースなど、VBAの基本的な文法からチェックしていくとよいでしょう。

4-3 条件分岐「Ifステートメント」の基礎と比較演算子/論理演算子

条件分岐とは

条件分岐とは、条件に応じて実行する処理を変える仕組みのことです。「分岐」と呼ばれる場合もあります。たとえば、ユーザーが入力した数値によって、表示するメッセージの内容を変える、などの機能はこの条件分岐によって実現します（図1）。

図1 条件分岐の概念図

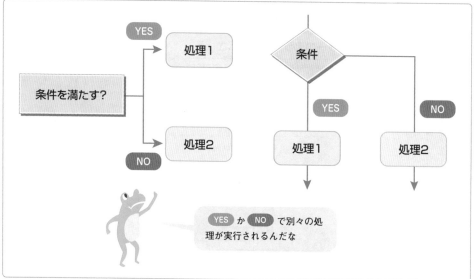

条件分岐はVBAに限らず、プログラミング言語全般にわたる大事な機能です。そして、この条件分岐は、単なるマクロの記録だけでは実現できません。自分の手でコードを入力していくからこそ可能となる機能なのです。

VBAでは条件分岐の仕組みとして、「Ifステートメント」と「Select Caseステートメント」が用意されています。これらのステートメントは、4-1節で名前だけ登場した「比較演算子」および「論理演算子」を組み合わせて使います。比較演算子および論理演算子を用いて各条件を設定し、IfステートメントまたはSelect Caseステートメントを用いてそれらの条件ごとの処理を実行していきます。

ポイント

・条件分岐によって、条件に応じた処理を実行できる
・条件分岐は比較演算子および論理演算子とセットで使う

■ Ifステートメントの基本的な使い方

　それでは、条件分岐の代表であるIfステートメントから学んでいきましょう。Ifステートメントは、みなさんが普段使っているワークシート関数のIF関数と本質的にはちょうど同じ機能を持っています。

　Ifステートメントの基本的な書式は次の通りです。

```
書式

If 条件式 Then
      処理
End If
```

　「If」の後に半角スペースを入力し、条件式を記述します。再び半角スペースを空けて「Then」と記述します。改行してから処理を記述します。この処理のコードは通常、一段インデントして記述します。どこからどこまでがThen以下の処理のコードなのか、ひと目でわかるようにするためです。最後に「End If」という1行で締めくくります。

　このような書式でコードを記述することで、条件式が満たされていれば（成立するなら）、「Then」から「End If」の間に記述された処理が実行されます。満たされていなければ（成立しないなら）、処理は実行されません。

　「If」を直訳すると「もし」という意味になります。そして、「Then」を「ならば」という日本語の言葉に置き換えてみると、上記書式の意味が浮かびあがってくるでしょう（図2）。

図2　Ifステートメントの概念図

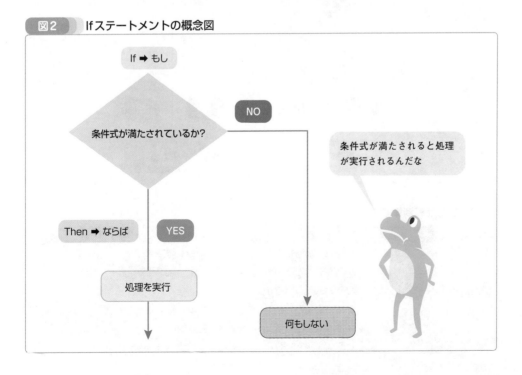

　そして、Ifステートメントの書式の「条件式」の記述になくてはならないものが「比較演算子」です。また、より複雑な条件での分岐を行うには、「論理演算子」も必要となります。以下、両者を説明していきます。

●「比較演算子」を学ぼう

　比較演算子とは、演算子の左辺と右辺を比較し、その結果を判定する演算子です。比較の種類は複数あり、それぞれ比較演算子が用意されています。主な比較演算子は表1になります。

　比較の結果の判定とは、比較演算子を用いて記述した式が満たされているかどうかになります。具体的には「>」という演算子の場合、「2 > 1」という式なら満たされていることになります。逆に「1 > 2」なら満たされていないことになります。

　VBAでは、満たしている場合は「True」という論理値を返します。満たしていない場合は「False」という論理値を返します。このTrueとFalseは、VBAにあらかじめ用意された定数です。「TrueはYES、FalseはNO」ぐらいの感覚で捉えればOKです。先ほど学んだIfステートメントの書式では、「条件式」の部分に比較演算子を用いて記述した式がTrueなら、その条件式は満たされているものとして、Then以下の処理が実行されます（図3）。

図3　比較演算子の概念図

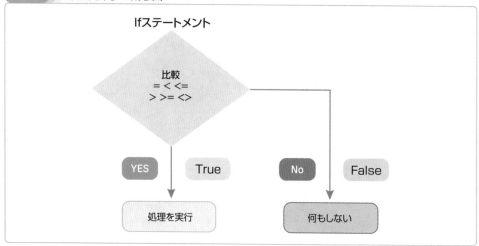

▼表1　主な比較演算子

演算子	機能
=	左辺と右辺が等しければTrue、そうでなければFalse
<	左辺が右辺より小さければTrue、そうでなければFalse
<=	左辺が右辺以下ならTrue、そうでなければFalse
>	左辺が右辺より大きければTrue、そうでなければFalse
>=	左辺が右辺以上ならTrue、そうでなければFalse
<>	左辺と右辺が等しくなければTrue、そうでなければFalse

「=」は代入演算子とまったく同じ記述になりますが、機能は異なりますので注意してください。条件分岐の条件式の中で使われている「=」は比較演算子であり、それ以外の場所で使われている「=」は代入演算子であると見分けるとよいでしょう。また、比較演算子も算術演算子と同様に、「()」でくくることで、比較の優先順位を設定できます。

それでは、本節で学んだIfステートメントと比較演算子を組み合わせたコードの例を紹介します。たとえば、「A1セルの値が10以上なら『OK』という文字列をメッセージボックスで表示する」という機能を実現したい場合は次のように記述します。

```
If Range("A1").Value >= 10 Then
    MsgBox "OK"
End If
```

Ifステートメントの書式の「条件式」にあたるのが「Range("A1").Value >= 10」という部分です。「Range("A1").Value」はA1セルの値を取得するコードです。比較演算子「>=」を用いて、A1セルの値と「10」という値を比較しています。このように記述することで、「A1セルの値が10以上ならば」という条件式になります。

そして、その条件式がTrueならば、Then以下の処理である「MsgBox "OK"」が実行されます。このように条件分岐と比較演算子の組み合わせによって、A1セルに入力された値に応じた処理を実行できるようになるのです（図4）。

図4 例の概念図

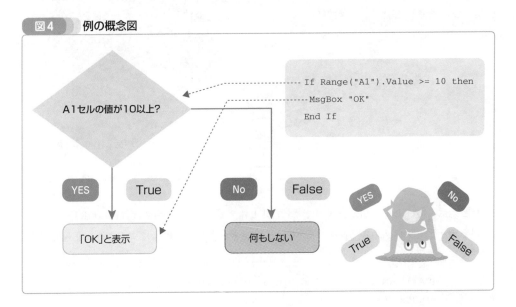

●「論理演算子」を学ぼう

　条件分岐の際は、1つの条件式だけでなく、複数の条件式を組み合わせて分岐させたいケースが登場します。たとえば、「A1セルの値が4以上で、かつ、B1セルの値が10以下である」といったパターンです。このような条件を設定する際に利用するのが論理演算子です。論理演算子は全部で6種類ありますが、本書では「And」と「Or」と「Not」の3種類を取りあげます。

　AndおよびOrは、左辺と右辺に記述された条件式を総合して結果を判定します。両者の違いは次の通りです（図5）。

And	左辺の条件式がTrue、かつ、右辺の条件式もTrueの場合のみTrue
Or	左辺の条件式、または右辺の条件式のうち、少なくともいずれかがTrueならTrue

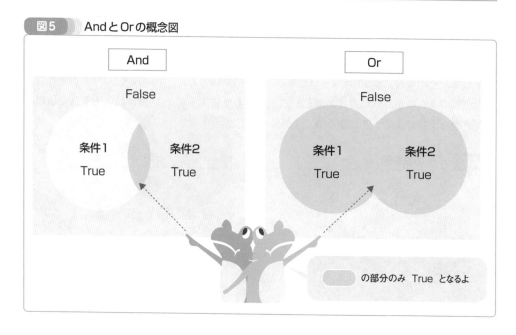

図5　AndとOrの概念図

　たとえば、「A1セルの値が10以上、かつB1セルの値が20より小さければ『OK』という文字列をメッセージボックスで表示する」という機能を実現したい場合は次のように記述します。

```
If Range("A1").Value >= 10 And Range("B1").Value < 20 Then
        MsgBox "OK"
End If
```

「A1セルの値が10以上」という条件を表す「Range("A1").Value >= 10」という式と、「B1セルの値が20より小さい」という条件を表す「Range("B1").Value < 20」という式を、論理演算子Andで結び、Ifステートメントの条件式としています。Andなので、両方の式がTrueの場合のみ、Then以下の処理である「MsgBox "OK"」が実行されます（図6）。

図6 例の概念図

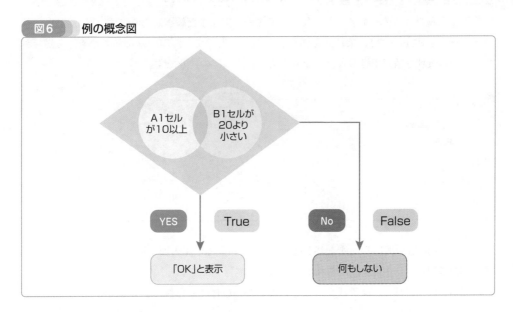

Notは「Not 条件式」という書式で、条件式の前に記述します。Notを記述することで、その条件式が返すTrue/Falseを反転できます。

3つの論理演算子を学びましたが、AndとOrは2つ以上同時に用いて、3つ以上の条件式でTrueかFalseを判定することもできます。また、これら論理演算子も「()」でくくることで、比較の優先順位を設定できます。

4-4 Ifステートメントを使いこなそう

「Else」で条件を満たさない場合に別の処理を実行

前節で学んだIfステートメントの使い方ですが、実はまだ続きがあります。「Else」という
キーワードを使うことで、条件式を満たした場合に実行する処理のみならず、条件を満たさ
ない場合の処理も指定できるようになります。書式は次の通りです。

書 式

```
If 条件式 Then
      処理1
Else
      処理2
End If
```

ThenとEnd Ifの間にElseを記述します。If〜ThenとElseの間（以下、「ブロック」）に記
述された処理は、条件式が満たされている場合に実行されます。一方、ElseとEnd Ifのブロッ
クに記述された処理は、条件式が満たされていない場合に実行されます（図1）。

図1　If 〜 Elseの図解

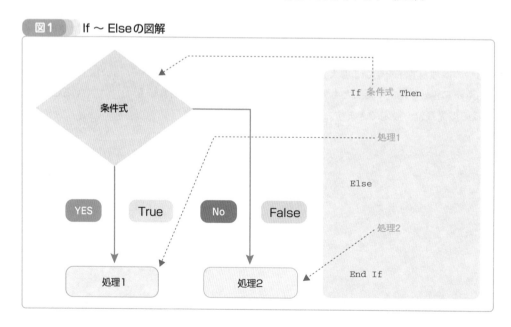

　前節で説明したElseを使わない書式は、条件式を満たしている場合のみ指定した処理を行いたい場合に利用します。言い換えると、条件式を満たしていないと、処理は何も行いません。ここで説明したElseを使う書式は、条件式を満たしている場合と満たしていない場合で別々の処理を行いたい場合に利用してください。

「ElseIf」で複数の条件式に応じた処理を実行

　Ifステートメントの使い方にはさらにバリエーションがあります。Elseに加え「ElseIf」というキーワードを用いるパターンです。Elseを用いる場合は条件式は1つしか指定できませんが、ElseIfを用いると条件式を複数指定できます。書式は次の通りです。

```
書 式
If 条件式1 Then
     処理1
ElseIf 条件式2 Then
     処理2
ElseIf 条件式3 Then
     処理3
       :
       :
ElseIf 条件式N Then
     処理N
Else
     処理(その他)
End If
```

　最初にIf〜Thenで条件式および処理を記述したら、次のブロックからはElseIfと記述してから条件式および処理を記述していきます。最後はElseのブロックを記述し、End Ifで締めくくります。

　このようなElseIfを用いたIfステートメントでは、まずは条件式1を判定して満たされているなら（つまり、Trueなら）処理1が実行され、Ifステートメント全体を抜けます。条件式1が満たされていなければ、ElseIfの行に記述された条件式2の判定に移ります。条件式2が満たされていれば、処理2が実行されて、Ifステートメントを抜けます。以下、ElseIfが記述された数だけ順番に条件式が判定され、満たされている時点で指定された処理が実行され、Ifステートメントを抜けます。どの条件式も満たされていなければ、最後のElse以下に記述された処理が実行されます（図2）。

図2 If ～ ElseIfの図解

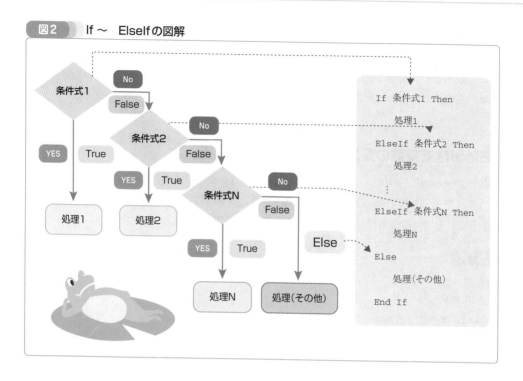

条件式は上に記述されたものから順番に判定されていきます。もし2つ以上の条件式を満たす場合は、より上の方に記述された条件式および処理から優先的に実行されその後Ifステートメントを抜ける点に注意してください。また、最後のElseのブロックは記述しなくても構いません（図3）。その場合、どの条件式も満たさなければ、処理は何も実行されません。

図3 上に記述されたブロックから優先的に処理。および最後のElseブロックは省略可

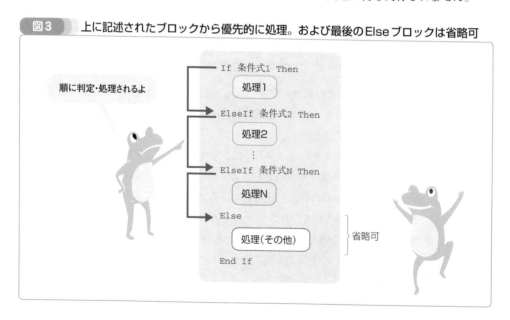

　たとえば、「A1セルの値が20以上なら『Very Good』とメッセージボックスに表示し、20未満10以上なら『Good』とメッセージボックスに表示し、10より小さければ『OK』と表示する」という機能は、次のようなコードになります（図4）。

```
If Range("A1").Value >= 20 Then
     MsgBox "Very Good"
ElseIf Range("A1").Value >= 10 Then
     MsgBox "Good"
Else
     MsgBox "OK"
End If
```

図4 例の概念図

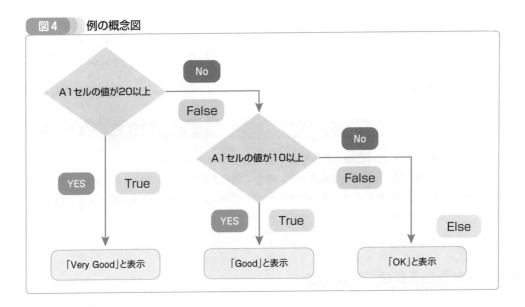

　このようにIfステートメントは、前節で学んだIf～Thenを基本に、ElseブロックやElseIfブロックを加えることで、条件分岐を細かく制御できるのです。

　たとえば、A1セルに「18」という値が入力されていたとします（図5）。実行した場合、まずは最初の条件式「Range("A1").Value >= 20」の判定が行われます。A1セルの値は「18」と20以上ではなく、この条件式は満たされないので、2つ目の条件式の判定に移ります。2つ目の条件式「Range("A1").Value >= 10」は満たされるので、Then以下の処理が実行され、「Good」とメッセージボックスに表示されます。

演算子と条件分岐

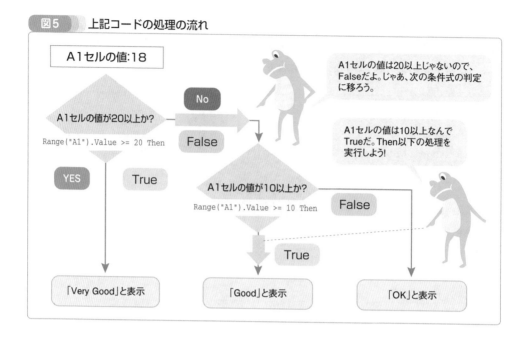

図5 上記コードの処理の流れ

ここまでにIfステートメントを3パターン解説しました。それらの使い分け方は以下です。

ポイント Ifステートメントの使い分け方

① 1つの条件式を満たした場合のみ処理を実行したい ➡ If～Then
② 1つの条件式を満たした場合と満たさない場合で別の処理を実行したい ➡ If～ThenとElse
③ 複数の条件式で別々の処理を実行したい ➡ If～Then と ElseIf（必要に応じて Else も）

ElseIf を使う時はここに注意！

先ほど、ElseIfを使う際の注意点として、「条件式は上に記述されたものから順番に判定されていく」と挙げましたが、この例を使って具体的に注意点を解説します。上記コードの場合、A1セルに「25」と入力されていたとします。すると、最初の条件式「If Range("A1").Value >= 20 Then」が満たされるので、「Very Good」とメッセージボックスに表示されます。

ここで、上記コードを次のように書き換えたとします。最初の条件式は「A1セルの値が10以上か」に、2つめの条件式は「A1セルの値が20以上か」にして条件式を入れ替え、それに伴い Trueの際の処理も入れ替えています。

```
If Range("A1").Value >= 10 Then
    MsgBox "Good"
ElseIf Range("A1").Value >= 20 Then
```

```
    MsgBox "Very Good"
Else
    MsgBox "OK"
End If
```

　このコードを実行した場合、A1セルに「25」という値が入力されているとすると、どうなるでしょうか？　最初の条件式「A1セルの値が10以上か」は満たされるので、そのままThen以下の処理が実行され、「Good」とメッセージボックスに表示されます。A1セルは20以上なので、2つめの条件式も満たすのですが、先に判定される最初の条件式を満たしているので、そのまま処理が実行されてしまいます。本来は「20未満10以上なら」という条件で判定したいのですが、上記のように記述すると、意図通り機能してくれません（図6）。

　このように「A1セルの値が20以上なら『Very Good』とメッセージボックスに表示し、20未満10以上なら『Good』とメッセージボックスに表示し、10より小さければ『OK』と表示する」という機能を記述したい際、各条件と処理を記述する順番が適切でないと、意図通りのプログラムはできないのです。ElseIfで複数の条件式を用いる場合は、各条件と処理を記述する順番に注意してください。

図6　　各条件式と処理を記述する順番に注意

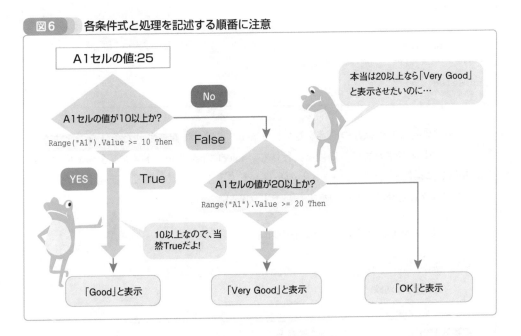

4-5 Select Case ステートメント

Select Caseステートメントの使い方の基本

　Select CaseステートメントはIfステートメントと並び、よく使われる条件分岐の仕組みです。書式は次の通りです。

書 式

```
Select Case 判断条件の対象
      Case 条件1
            処理1
      Case 条件2
            処理2
      Case 条件3
            処理3
              :
              :
      Case 条件N
            処理N
      Case Else
            処理 (その他)
End Select
```

　「判断条件の対象」の部分の内容を見て、「Case」に続けて記述された条件を満たすなら、そのブロックに記述されている処理を実行して、Select Caseステートメント全体を抜けます。上から順番に条件を判別していき、どの条件も満たさなければ、最後に記述された「Case Else」ブロックに記述された処理を実行します（図1）。

図1　　Select Caseステートメントの図解

　上記書式の「条件」の部分は、値を直接指定する以外に、比較演算子を用いることもできます。また、「,」(カンマ)で区切って指定すれば、とびとびの値を指定できます。さらには「To」を用いれば範囲で指定できます。これらの使用例を表1にまとめておきます。比較演算子の場合は、「Is」を比較演算子の前に記述しなければならない点に注意してください（本来の書式はIsを記述するのですが、比較演算子以外は省略可能になっています）。

▼**表1　Select Caseステートメントの例の条件**

条件の記述	意味
Case 5	「判断条件の対象」の値が5
Case 5,10,15	「判断条件の対象」の値が5または10または15
Case 5 To 15	「判断条件の対象」の値が5から15の間
Case Is <= 5	「判断条件の対象」の値が5以下

　たとえば、A1セルの値から次の条件に応じてメッセージボックスに表示するとします（表2）。

▼**表2　Select Caseステートメントの例の条件**

A1セルの値	表示内容
7	「大当たり」
10または20または30または40または50	「当たり」
それ以外	「ハズレ」
50より大きい	「対象外の数値です」
0または負の値または空欄	「入力エラー」

　このような条件にもとづく処理は、Select Caseステートメントを使って次のように記述します。

```
Select Case Range("A1").Value
    Case 7
        MsgBox "大当たり"
    Case 10, 20, 30, 40, 50
        MsgBox "当たり"
    Case 1 To 50
        MsgBox "ハズレ"
    Case Is > 50
        MsgBox "対象外の数値です"
    Case Else
        MsgBox "入力エラー"
End Select
```

演算子と条件分岐

Select CaseステートメントもIfステートメントでElseIfを用いる場合と同じく、条件と処理を記述する順番に注意が必要です。たとえば上記のサンプルで、条件と処理を次のように、「Case 1 To 50」を最初に記述したとします。

```
Select Case Range("A1").Value
    Case 1 To 50
        MsgBox "ハズレ"
    Case 7
        MsgBox "大当たり"
    Case 10, 20, 30, 40, 50
        MsgBox "当たり"
    Case Is > 50
        MsgBox "対象外の数値です"
    Case Else
        MsgBox "入力エラー"
End Select
```

この場合、最初にある条件「Case 1 To 50」がまっさきに判別されます。そのため、たとえA1セルに「7」と入力されていても「大当たり」と表示されず、「ハズレ」と表示されてしまいます。同様に、たとえA1セルに「10」と入力されていても「当たり」と表示されず、「ハズレ」と表示されてしまいます。

Ifステートメントと Select Case ステートメントの使い分け

Select Caseステートメントの書式を見ればおわかりの通り、判断条件の対象は1行目にしか記述されません。同じような条件分岐をIfステートメントでやろうとすると、ElseIfブロックそれぞれに判断条件の対象を記述しなければなりません。そのため、Select Caseステートメントならシンプルでわかりやすいコードが記述できます。

しかも、Select Caseステートメントでは、「,」でとびとびの値を指定できたり、「To」で範囲を指定できます。Ifステートメントでは「,」や「To」は使えないので、同じようにとびとびの値や範囲を指定するには、記述が複雑になってしまいます。

一方、複数のセルの値から同時に判断するなど、判断条件の対象が複数に及ぶ場合の条件分岐は、Select Caseステートメントではできません。ElseIfブロックで複数の条件式を記述できるIfステートメントなら可能なのです。

このようにIfステートメントとSelect Caseステートメントでは、できること／できないこと、得意／不得意が異なります。両者の使い分けの基本は、少々強引なくくり方かもしれませんが、判断条件の対象が1つであり、条件にとびとびの値や範囲を指定したい場合はSelect Caseステートメントを利用し、判断条件の対象が複数に及ぶ場合はIfステートメントを利用

する、と捉えるとよいでしょう。

> **ポ イ ン ト** IfステートメントとSelect Caseステートメントの使い分け
>
> ・Ifステートメントを用いた方がよいケース
> 判断条件の対象が複数に及ぶ場合
> ・Select Caseステートメントを用いた方がよいケース
> 判断条件の対象が1つの場合
> とびとびの値や範囲を条件に指定したい場合

コ ラ ム

「Selection」プロパティについて

　第1章で「マクロの記録」機能を使い記録していただいたマクロ「Macro1」には「Selection」というコードが登場します。7行目で「With Selection.Font」というかたちで用いられています。このSelectionは、現在選択されているセル範囲のオブジェクトを取得するプロパティです。

　「Macro1」ではSelectionによって、「現在選択しているセル」を指定しています。よって、FontオブジェクトのColorプロパティと組み合わせることで、「現在選択しているセル範囲のフォントの色」を設定できるのです。

　Selectionは本来、対象となるオブジェクトの後に指定するのですが、「Macro1」のように省略可能です。省略すると、アクティブなワークシート上の選択範囲となります。このようにSelectionは、第3章で説明した「流動的なオブジェクト」の一種（厳密には「流動的なオブジェクト」を参照するプロパティ）になります。

　なお、Selectionはセル範囲のみならず、選択中の図形なども参照できます。つまり、現在選択されているオブジェクトを参照するプロパティになるのです。

演算子と条件分岐

4-6 「計算ドリル」で演算子と 条件分岐を使ってみよう

正誤チェック機能を作成

　本章で学んだ演算子と条件分岐を使って、「計算ドリル」の作成を進めましょう。ここでは、第1章1-6節で提示した仕様（P41参照）の中で——

計算の答えを回答欄に入力後、[check] ボタンをクリックすると正誤チェックが行われ、正解なら回答欄の文字色が青に変わり、不正解なら赤に変わる。

　——という機能を作成してみます。ただし、ここでは段階的な作成ということで、いきなりすべての行について作成せず、「計算ドリル」のワークシートの4行目にある「17　＋　81」という問題（1問目）のみを作成の対象とします。5行目から8行目のぶん（残りの4問）の機能は次章で作成します。

　それでは、さっそく作成に取りかかりましょう。計算の対象となる値は、A4セルの「17」とC4セルの「81」です。これら2つの値を足した結果が、E4セルに入力された値と等しければ正解です。正解ならE4セルの文字色を青に、不正解なら赤に変更します。これまで学習した内容を踏まえ、どのようなコードを記述すればよいか、一緒に考えていきましょう。

　A4セルの値は、RangeオブジェクトのValueプロパティを用いて、「Range("A4").Value」と記述すれば得られます。同様にC4セルの値は「Range("C4").Value」、E4セルの値は「Range("E4").Value」で得られます。

　A4セルの値とC4セルの値を足した結果がE4セルに入力された値で正解なのか判断するには、次のような方法を使います（図1）。

❶A4セルの値とC4セルの値を足した結果を算術演算子「＋」で取得する。

❷❶で得た値とE4セルの値が等しいかどうか、比較演算子「＝」とIfステートメントで判断する。

❸等しい場合——つまり正解の場合は、RangeオブジェクトのFontオブジェクトのColorプロパティで文字色を青に設定する。

❹等しくない場合——つまり不正解の場合は同じくRangeオブジェクトのFontオブジェクトのColorプロパティで文字色を赤に設定する。

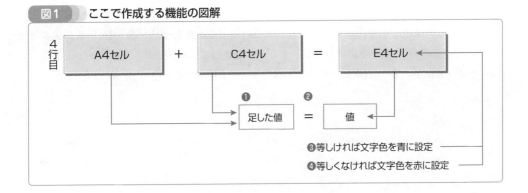

図1 ここで作成する機能の図解

このような機能を「チェック」プロシージャに記述していきます。

いかがでしょうか？ 目的の機能を実現するために、どのオブジェクトやプロパティ、演算子、ステートメントなどをどう組み合わせればよいか、イメージできたでしょうか？ VBAを学習し始めた頃はなかなかイメージできないものですが、場数を踏むことでスムーズに頭に浮かぶようになってきますので、根気よく取り組んでください。

また、紙に手書きでも構いませんので、図1のように、作りたい機能を整理して"見える化"し、オブジェクトをはじめVBAの何を使って、どう組み合わせるかを考えていくことをオススメします。

では、実際にコードを記述していきましょう。❶はRangeオブジェクトのValueプロパティ、および算術演算子「+」を用いて次のように記述します。

```
Range("A4").Value + Range("C4").Value ─────────────── ❶
```

この演算結果とE4セルの値が等しいか判断するIfステートメント（❷）は次のようになります。条件式は比較演算子「=」を使い、等しいかを判断します。等しくない場合の処理も行うので、Elseブロックも用意します。

```
If Range("A4").Value + Range("C4").Value = Range("E4").Value Then──── ❷


Else


End If
```

演算子と条件分岐

あとは、等しい場合と等しくない場合の処理として、RangeオブジェクトのFontオブジェクトのColorプロパティを青および赤に設定するコードを記述します（❸、❹）。青の定数は「vbBlue」、赤の定数は「vbRed」です。すると、最終的に「チェック」プロシージャは次のようなコードになります（図2）。では、次のように書き換えてください。

```
Sub チェック()
    If Range("A4").Value + Range("C4").Value = Range("E4").Value Then
        Range("E4").Font.Color = vbBlue  ──────────────────── ❸
    Else
        Range("E4").Font.Color = vbRed  ───────────────────── ❹
    End If
End Sub
```

図2 完成コードの図解

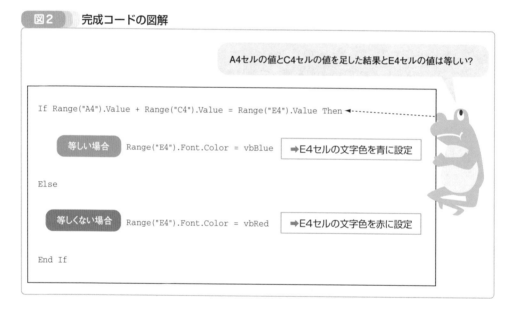

A4セルの値とC4セルの値を足した結果とE4セルの値は等しい?

```
If Range("A4").Value + Range("C4").Value = Range("E4").Value Then
```
等しい場合 `Range("E4").Font.Color = vbBlue` ➡E4セルの文字色を青に設定
```
Else
```
等しくない場合 `Range("E4").Font.Color = vbRed` ➡E4セルの文字色を赤に設定
```
End If
```

コードが記述できたらワークシートに戻り、E4セルに値を入力してから［check］ボタンを押してみてください（画面1、2）。正解である「98」と入力した場合のみ文字色が青になり、それ以外の値を入力した場合は赤になることが確認できたでしょうか?

▼**画面1　正解だとE4セルの文字色が青に変わる**

正解なら青に変わるよ

▼**画面2　不正解だとE4セルの文字色が赤に変わる**

不正解だと赤に変わるよ

● 回答欄をクリアする機能を作成

　続けて、[reset]ボタンで回答欄をクリアする機能を作成しましょう。すでに3-3節（P88）で、「リセット」プロシージャの中に、回答欄（現時点ではE4セルのみ）をクリアするコードを記述しました。セルの値をクリアするメソッドは「ClearContents」でした。よって、「リセット」プロシージャは次のように記述したのでした。

```
Sub リセット()
    Range("E4").ClearContents
End Sub
```

　[reset] ボタンの機能をもう少々強化しましょう。現時点では、一度 [check] ボタンで正誤を判定した後、[reset] ボタンをクリックしてから再び回答欄に入力すると、前回の正誤の結果設定された文字色のままになってしまいます。

　そこで、[reset] ボタンをクリックした際、文字色を元の黒に戻す処理も加えてやります。その処理は、RangeオブジェクトのFontオブジェクトのColorプロパティに黒色の定数である「vbBlack」を代入します。コードは「Range("E4").Font.Color = vbBlack」になります。では、このコードを以下のように「リセット」プロシージャに追加してください。

```
Sub リセット()
    Range("E4").ClearContents
    Range("E4").Font.Color = vbBlack
End Sub
```

　これで文字色を黒に戻す処理を追加できました。さっそく動作確認してみましょう。まずは [reset] ボタンをクリックしてください。E4セルがクリアされます。次に、E4セルに適当な数値を入力してください。すると、文字色が黒で入力されます（画面3）。

▼**画面3　クリア後は文字色が黒に戻る**

ちゃんと黒に戻ったね

　これで文字色を黒に戻す機能が正しく動作することを確認できました。念のため、再び [check] ボタンをクリックして、正解／不正解に応じて文字色が青／赤に変わるのか、[reset] ボタンをクリックしたら、クリアされて文字色が黒に戻るのか、改めて動作確認するとよいでしょう。

　本章で作成する「計算ドリル」の機能は以上です。4行目のみとはいえ、「計算ドリル」の仕様がVBAでほぼ実現できたことになります（[reset] ボタンをクリックしたら、新しい問題を作る機能は、現時点では未着手です）。本章で学んだ演算子と条件分岐の具体的な使い方が把握できたでしょうか？　次章では「計算ドリル」の作成をさらに進めていく中で、VBAの学習も進めていきます。

また、本書では、1-6節で紹介したノウハウ「段階的に作り上げていく」にしたがい、コードを記述したら、その都度動作確認してきました。本節で［reset］ボタンの動作確認をした際、回答欄が前回の正誤の結果設定された文字色のままであることに気づきました。文字色を元の黒に戻した方がよいことは、仕様を決める時点では気づかなかったことです。

このように段階的に作り上げていくと、追加で必要な機能に早い時点で気づいて対処できるメリットも得られます。もし、段階的に作り上げず、すべてのコードを記述してから動作確認すると、そもそも仕様にモレがあったのか、それともプログラムに誤りがあったのかがすぐにわからず、原因究明や対処に苦労してしまうでしょう。

コラム

「実行時エラー」が出てしまったら

コードの打ち漏らしや打ち間違えなどをしてしまうと、「コンパイルエラー」というアラート（P103のコラム参照）以外に、VBEから「実行時エラー」というアラートが表示されるケースもあります。

たとえば、「計算ドリル」の「チェック」プロシージャにて、Ifステートメントの条件式の「Range("E4")」に続けて本来はValueと記述すべきところを、最後の「e」を「r」と入力ミスして、「Valur」と記述してしまったとします。その状態で実行した場合に表示される実行時エラーのアラートが画面1です。Rangeオブジェクトには「Valur」というプロパティはないので、このような内容のアラートが表示されるのです。

▼**画面1 ミスタイプによる実行時エラー**

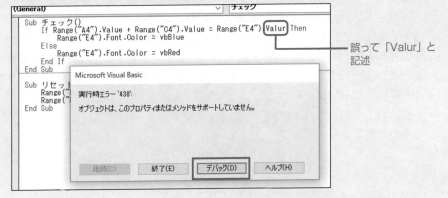

このような実行時エラーのアラートが表示されたら、まずはアラート内の［デバッグ］ボタンをクリックしてください。すると、コードウィンドウに表示が切り替わり、エラーの発生した行が黄色でハイライト表示されます（画面2）。かつ、行の冒頭部分に黄色のブロック矢印も表示されます。

このように表示されたら、その行にある間違えた部分を修正してください。

修正し終わったら、そのままプロシージャの実行を継続するか、一旦終了するか選びます。継続するなら、VBEのツールバーの［継続］ボタン（通常時は［Sub/ユーザーフォームの実行］ボタンですが、エラー発生時は［継続］ボタンと名前が変わります）をクリックすれば、修正したコードでプロシージャが引き続き実行されます。もし、修正が適切に行われず、再び「実行時エラー」が表示されたり、意図通りの処理が行われなかったりしたら、再度修正しましょう。

プロシージャを一旦終了するなら、VBEのツールバーの［リセット］ボタンをクリックしてください。また、画面1のアラート内の［終了］をクリックすれば、その時点でプロシージャの実行を終了できます。

▼**画面2　エラーが発生した行は黄色でハイライトされる**

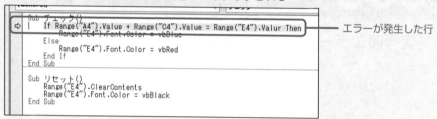

注意していただきたいのは、画面2の画面のように、黄色でハイライトされた状態のままだと、たとえ誤った箇所を修正した後でも、「マクロ」ダイアログボックスやプロシージャ登録した図形などからプロシージャを実行できないということです。この状態はいわば、プログラムの実行が一時停止された状態です。そこで、［継続］ボタンをクリックして修正後すぐに実行するか、［終了］ボタンまたは［リセット］ボタンをクリックして、プロシージャの実行を一旦終了してから実行するようにしてください。

［継続］ボタンか、［終了］または［リセット］ボタンのいずれかをクリックするかはケースバイケースですが、初心者のうちは後者をオススメします。

また、実行時エラーとコンパイルエラーの違いは、エラーが発生するタイミングです。コンパイルエラーは原則、コードの記述中に発生します（厳密には、別の行に移動した際に発生）。実行時エラーはプログラムを実行した際に発生するエラーであり、コードを記述中には発生しません。

第 **5** 章

ループと変数

・・・・・・・・・・・・・・・・・・・・・・・・

　本章では、第4章に引き続きVBAのプログラミングでなければ不可能な機能を実現するための仕組みとして、「ループ」と「変数」を学びます。その中で、みなさんに作成していただいているアプリケーション「計算ドリル」も完成へと近づいていきます。「ループ」と「変数」はVBA初心者、プログラミング初心者にはわかりにくい内容かと思いますが、理解しやすいよう図を多く使って解説していますので、がんばってついてきてください。

5-1 「ループ」が必要となるケース

●「計算ドリル」での問題

　「計算ドリル」は第4章までに、[check] ボタンをクリックした際の正誤チェック機能と、[reset] ボタンをクリックした際のリセット機能を、ワークシートの4行目の問題のみについて完成させました。続けて、5行から8行目についても完成させましょう。

　5行から8行目は4行目とまったく同じ機能なので、「チェック」プロシージャは次のように記述したくなります。

```
Sub チェック()
    If Range("A4").Value + Range("C4").Value = Range("E4").Value Then
        Range("E4").Font.Color = vbBlue
    Else
        Range("E4").Font.Color = vbRed
    End If

    If Range("A5").Value + Range("C5").Value = Range("E5").Value Then     ┐
        Range("E5").Font.Color = vbBlue                                    │5行目の処理
    Else                                                                   │
        Range("E5").Font.Color = vbRed                                     │
    End If                                                                ┘

    If Range("A6").Value + Range("C6").Value = Range("E6").Value Then     ┐
        Range("E6").Font.Color = vbBlue                                    │6行目の処理
    Else                                                                   │
        Range("E6").Font.Color = vbRed                                     │
    End If                                                                ┘

        :    ※ワークシートの7～8行目も同様
        :

End Sub
```

　ワークシートの4行目の処理では、「Range("A4")」などセルのオブジェクトで4行目のセル番地を指定していたコードを、たとえば5行目の処理なら、「Range("A5")」など5行目のセル番地を指定するよう変更したコードを追加しています。6～8行目も同様です。

同様に「リセット」プロシージャも次のように記述したくなります。

```
Range("E4").ClearContents
Range("E4").Font.Color = vbBlack

Range("E5").ClearContents          ]
Range("E5").Font.Color = vbBlack   ] 5行目の処理

Range("E6").ClearContents          ]
Range("E6").Font.Color = vbBlack   ] 6行目の処理

            :
            :
```

両プロシージャとも、これはこれで間違いではなく、ちゃんと「計算ドリル」の仕様を満たしています。しかし、「チェック」プロシージャは行ごとにIfステートメントを記述しているので、コードが膨大になり見づらくなってしまいます。「計算ドリル」は問題数が5つなので、このようにそれぞれIfステートメントを記述しても何とかなりますが、もし問題数が20などと多くなると、記述の作業が大変になり、記述ミスも起こりやすくなります。

また、仕様変更への対応も難しくなります。たとえば仕様が「正解なら文字色を緑に変える」と変更された場合、すべてのIfステートメントで色を指定している箇所の記述を変更しなければなりません（図1）。このような不都合は「リセット」プロシージャについても同様に言えることです。

VBAにはこのような場合、膨大なコードを書かずともシンプルな記述に済ますことができ、さらには変更にも対応しやすくできる仕組みとして、「**ループ**」という仕組みが用意されています。ループとは文字通り、同じような処理を繰り返し実行するための仕組みです。本章ではこのループについて学んでいきます。なお、ループは「反復」や「繰り返し」と呼ばれることも多々あります。

ループと変数

図1 現状の問題をループで解決

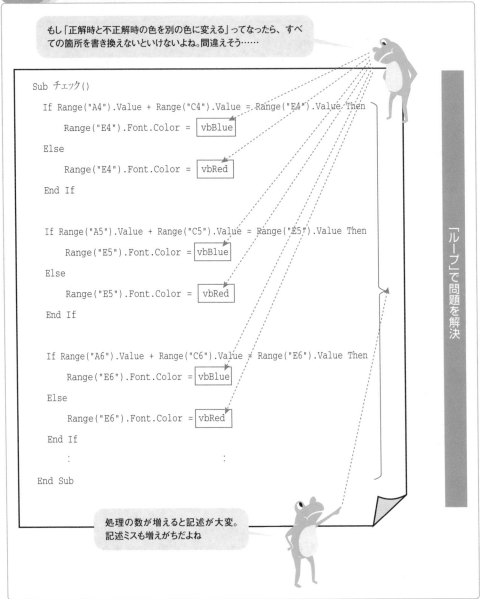

もし「正解時と不正解時の色を別の色に変える」ってなったら、すべての箇所を書き換えないといけないよね。間違えそう……

```
Sub チェック()

    If Range("A4").Value + Range("C4").Value = Range("E4").Value Then

        Range("E4").Font.Color =  vbBlue

    Else

        Range("E4").Font.Color =  vbRed

    End If


    If Range("A5").Value + Range("C5").Value = Range("E5").Value Then

        Range("E5").Font.Color =  vbBlue

    Else

        Range("E5").Font.Color =  vbRed

    End If


    If Range("A6").Value + Range("C6").Value = Range("E6").Value Then

        Range("E6").Font.Color =  vbBlue

    Else

        Range("E6").Font.Color =  vbRed

    End If
        :                    :
End Sub
```

「ループ」で問題を解決

処理の数が増えると記述が大変。記述ミスも増えがちだよね

さっそくループの学習を始めたいところですが、その前に、ループを学ぶ上で**変数**というVBAの仕組みの知識が必要になりますので、まずはこの「変数」について次節で学びます。

5-2 変数の基本

●「変数」とは

「変数」とは、データを入れておくための“箱”のようなものです（図1）。

数値や文字列、各種オブジェクトの各種プロパティの値などを入れておきます。そして、必要に応じて、いつでもデータを取り出して使えます。また、各種演算子による演算も可能です。

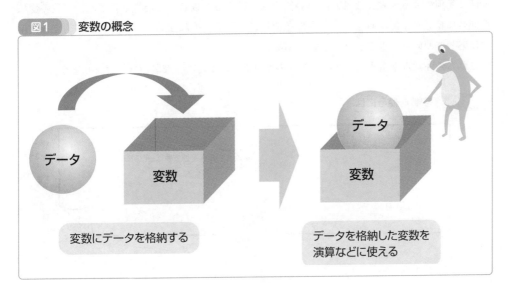

図1　変数の概念

変数にデータを格納する

データを格納した変数を演算などに使える

VBAのプログラムでこの変数を使うと、より複雑な処理が可能となります。「マクロの記録」機能では、変数は使われません。言い換えれば、変数をうまく活用すれば、「マクロの記録」では不可能なより高度な機能を実現できるのです。

ポイント

・「変数」とは、データを入れておくための“箱”
・変数を使えば、より高度な機能が実現できる

ループと変数

変数の使い方の基本

　VBAでは、変数に名前を付け、その名前をコードとして記述することで変数を使っていきます。"箱"に名前を付けて使うイメージです。変数の名前のことを「**変数名**」と呼びます。変数はコードウィンドウに変数名を直接記述すれば、そのまま変数として使えます（図2）。

　変数名は好きな名前を付けられます。アルファベット以外に日本語も使えます。ただし、いくつかの制限があります。VBAにあらかじめ用意されたオブジェクト／プロパティ／メソッド／ステートメント／キーワードと同じ名前は不可です。また、数字や記号が先頭になったり、スペースや「.」（ピリオド）を使っている変数名も不可です。さらには、同じプロシージャ内で同じ名前の変数は使えません。言い換えれば異なる変数名を利用することで、複数の変数を同時に使えます。プログラムの中で各変数には、それぞれ独立したデータを格納でき、用途に応じて使い分けることができます（図3）。

　これらの注意点を踏まえ、何の変数なのか意味がわかるような名前を付けましょう。

図2 変数を使うには

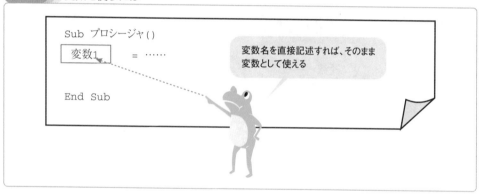

図3 変数に名前を付けて使う

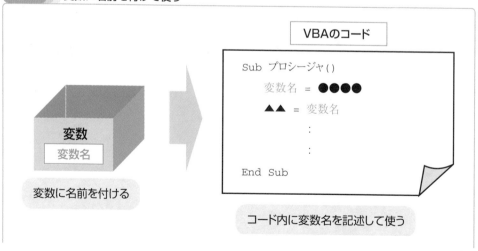

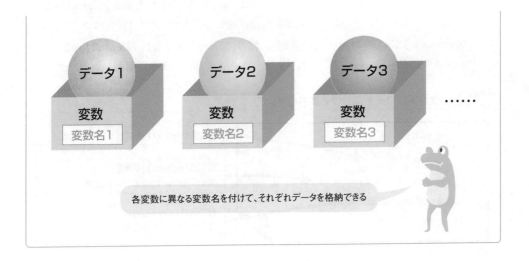

各変数に異なる変数名を付けて、それぞれデータを格納できる

　変数には数値や文字列を「＝」で代入したり、オブジェクトのプロパティの値を代入したりして使えます（❶）。その変数を別の変数に代入することもできます（❷）。さらには、メソッドの引数などに直接指定することも可能です（❸）。

変数の使い方

変数名1 ＝ 数値または文字列またはオブジェクトのプロパティなど ――――――――❶
変数名2 ＝ 変数名1 ――――――――――――――――――――――――❷
オブジェクト名 . メソッド名　引数名 := 変数名1 ―――――――――――――❸

　変数を使えば、たとえば次のようなコードを記述できます（余裕があれば、計算ドリル.xlsmのModule1の「リセット」プロシージャの下に、この「変数テスト」プロシージャを実際に記述して実行するとよいでしょう）。

```
Sub 変数テスト()
    Hensu1 = 15
    Hensu2 = Hensu1 * 2
    MsgBox Hensu2
End Sub
```

　このコードでは、2行目にて、変数「Hensu1」に数値の「15」を代入しています。変数は変数「Hensu1」のように、使用したい箇所に変数名を直接記述すれば、その時点でその名前の"箱"が用意され、変数として使うことができます。2行目は、用意した変数「Hensu1」に、代入演算子「＝」を使って、数値の15を代入するコードになります。

ループと変数

　3行目では、変数「Hensu2」を用意し、変数「Hensu1」に2をかけた値を代入しています。変数「Hensu2」も同様に、使用したい箇所に直接記述しています。この3行目のコードによって、変数「Hensu2」には30が入ります（図4）。4行目でMsgBoxで変数「Hensu2」の値をメッセージボックスに表示しています。実行すると「30」と表示されます（画面1）。

図4　サンプルコードにおける変数の使い方

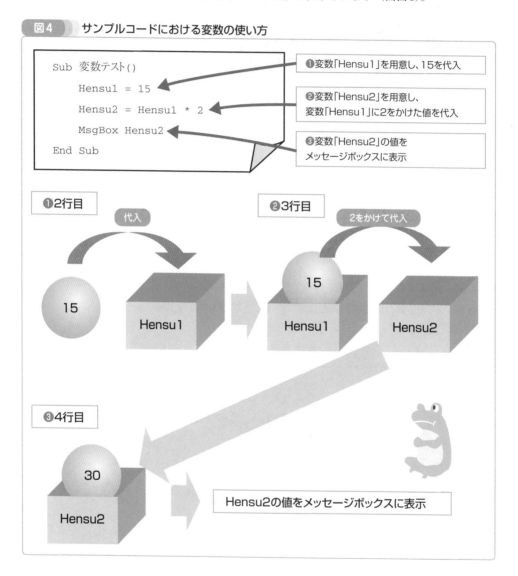

```
Sub  変数テスト()
      Hensu1 = 15
      Hensu2 = Hensu1 * 2
      MsgBox Hensu2
End Sub
```

❶変数「Hensu1」を用意し、15を代入

❷変数「Hensu2」を用意し、変数「Hensu1」に2をかけた値を代入

❸変数「Hensu2」の値をメッセージボックスに表示

❶2行目　代入　15　Hensu1

❷3行目　2をかけて代入　15　Hensu1　Hensu2

❸4行目　30　Hensu2

Hensu2の値をメッセージボックスに表示

▼**画面1 「30」と表示される**

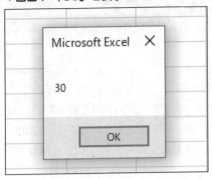

「Hensu2」の値が表示されたんだね

　この例は変数を使ったごくごくシンプルな処理ですが、変数のイメージはつかめたでしょうか？　実はこの例では、わざわざ変数を使う意味がほとんど感じられない使い方になっています。変数を使う意味がある例は次節でループを学ぶ際にあわせて説明します。

　以上はVBAで変数を使う上での必要最小限の知識です。変数には他にもおぼえなければならない使い方や約束事がいくつかあるのですが、本節ではここまでにしておきます。それらは次節でループを学んだ後に、改めて段階的に説明します。

　また、先ほど変数名について、いくつかの制限があると解説しましたが、多岐にわたるため、なかなかおぼえられないでしょう。今すぐ無理におぼえる必要はまったくありません。実際にプログラミングしていく際に、もしルールに反した変数名を付けてしまったら、VBEがエラーを出して教えてくれるので、都度修正すればOKです。その繰り返しのなかで、自然におぼえていけばよいのです。

1
2
3
4
5
6
7

ループと変数

5-3 ループの基本 For...Nextステートメント

●「ループ」とは

ループとは5-1節で少々触れましたが、同じような処理を繰り返して行うための仕組みです。5-1節のように、同じような処理を連続して行う際、コードを並べていくつも書かなくとも、一つにまとめて記述できるようになります。そのため、コードの記述が楽になることに加え、見た目がシンプルになり、記述間違えなどのミスが起こりにくくなります。また、「計算ドリル」なら正解時のフォント色の変更など、仕様の変更にも対応しやすくなります（図1）。

図1　ループの概念図およびメリット

同じような処理

メリット
・記述がラク
・コードが見やすくなる
・記述ミスを減らせる
・コードの変更がラク

VBAにはループのためのステートメントが何種類か用意されています。ここではまず、基本といえる「For...Nextステートメント」の使い方から学んでいきましょう。

● For...Nextステートメントの使い方の基本

For...Nextステートメントは、処理したい回数があらかじめわかっている際に便利なループです。基本的な書式は次の通りです。

書　式

```
For 変数名 = 初期値 To 最終値
        処理
Next
```

「For」の後、半角スペースに続けて変数名を記述します。この変数はループの回数を数えるために使います。そのため、「**カウンタ変数**」と呼ばれます。カウンタ変数の後、「 = 」に続けてカウンタ変数の初期値を記述します。その後、「 To 」の後にカウンタ変数の最終値を記述します。そして、次の行からインデントして繰り返して行いたい処理を記述します。最後に「Next」と記述します。なお、厳密には「Next 変数名」ですが、「変数名」の部分は省

略可能であり、本書では省略した書式を用いるとします。

このように記述することで、繰り返す度にカウンタ変数が初期値から1ずつ自動で増えて、最終値に達するまでの間、「処理」の部分に記述されたコードが繰り返し毎回実行されます（図2）。

図2 For...Nextステートメント

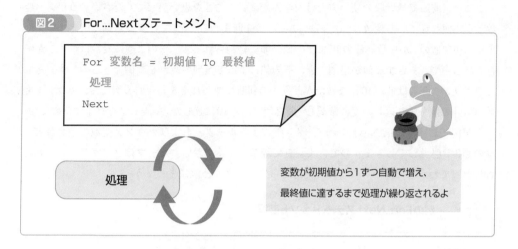

カウンタ変数と初期値、最終値の役割のイメージは、「**ループで繰り返す回数は、初期値と最終値で決める。カウンタ変数は、現在ループの何回目かを管理する**」です。このイメージがつかみやすいよう、例を紹介します。下記のコードは、「こんにちは」というメッセージボックスを10回表示するプロシージャになります（画面1）。

```
Sub ループ()
    For Cnt = 1 To 10
        MsgBox "こんにちは"
    Next
End Sub
```

▼**画面1** 「こんにちは」を繰り返し10回表示

余裕がある方は、「計算ドリル」の標準モジュール「Module1」の中にこの「ループ」プロシー

ジャを記述し、VBEの実行ボタンやExcelの「マクロの実行」などから実行してみましょう。

カウンタ変数として「Cnt」を用意し、初期値を1、最終値を10に設定しています。これで、「MsgBox "こんにちは"」というコードの処理が10回繰り返して行われます。

ここで、前節で最低限の使い方だけを学んだ変数のことを思い出してください。カウンタ変数として使われている変数「Cnt」は、ループが1回まわるごとに、1ずつ自動で増えます。つまり、初期値の1から最終値の10までの値が順に格納されます。このように変数はコードが実行される中でさまざまな値が格納でき、その値によって処理の流れを制御できるのです。そして、カウンタ変数は値が10になったかどうかの判断に使われます。今回の例なら、カウンタ変数「Cnt」の値を繰り返しの度に確認し、最終値である10に達したら、ループを終了するのです。

上記例におけるFor...Nextステートメントによるループ、およびカウンタ変数の使われ方を次の図3で解説しておきますので、よく見て理解してください。ループはプログラミング初心者にとってわかりにくいものなので、あせらずジックリと学びましょう。

図3　例のFor...Nextステートメント図解

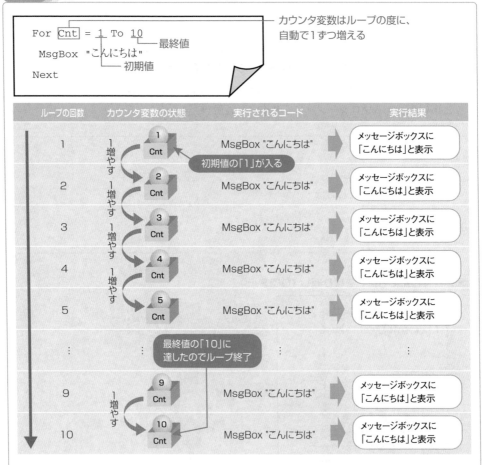

　For...Nextステートメントによるループで使うカウンタ変数は、ループ内の処理にも使えます。そのように使うことで、ループの回数に応じて処理を変化させることができます。

　次の例は、現在ループの何回目かをメッセージボックスに表示するコードです。先ほどの例の3行目を「MsgBox "こんにちは"」から「MsgBox Cnt」に変更しただけです。

```
Sub ループ()
    For Cnt = 1 To 10
        MsgBox Cnt
    Next
End Sub
```

　カウンタ変数がループの中でどう変化するのかは図3と同じですが、それがループ内の処理にどう使われているか、図4を見てしっかり把握してください。

図4　例のFor...Nextステートメント図解

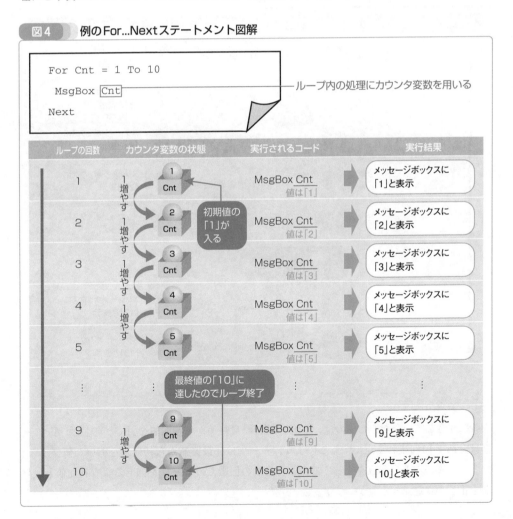

ループと変数

●For...Nextステートメントの注意点

For...Nextステートメントによるループの基本を学んだところで、使う際の注意点、および
For...Nextステートメントのもう一歩進んだ使い方を紹介します。

まずは注意点として、初期値と最終値、およびループの回数の関係を説明します。ここで
「ループ」プロシージャの2行目を「For Cnt = 4 To 13」と書き換えるとします。すると、最
初のループで「4」とメッセージボックスに表示され、以降1ずつ増えた値が表示され、10回
目のループで「13」と表示されてプログラムを終了します（図5）。

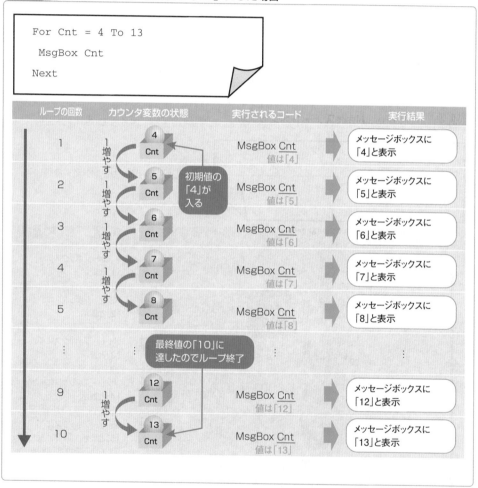

図5　　初期値を「4」、最終値を「13」にした場合

```
For Cnt = 4 To 13
 MsgBox Cnt
Next
```

特に注意していただきたいのは、この例の場合、最終値から初期値を引くと「9」ですが、ルー
プは全部で10回まわる点です。このようにループは「最終値から初期値を引いた値プラス1
回」だけまわるという点を正しく認識し、目的の回数だけループを回せるよう初期値と最終
値を正しく設定できるようになりましょう。

・ループがまわる回数は「最終値-初期値＋1」

そして、ループ内の処理にカウンタ変数を使う際、初期値に1でない値を指定した場合は、何回目のループでカウンタ変数がどの値を取るのか、間違えないようにしてください。たとえば、同じ10回だけループを回すにしても、「初期値」と「最終値」は①「1」と「10」、②「2」と「11」、③「3」と「12」…と何パターンも設定可能です。その際、たとえば同じ3回目のループでも、カウンタ変数の値は①は3、②は4、③は5になります。

このように設定した初期値と最終値に応じて、ループの各回におけるカウンタ変数の値を正しく把握できるようになるのが、ループを使いこなすためのコツです。もしコードを記述していてループの回数とカウンタ変数の値の関係がわからなくなったら、先ほどの図5などのようなかたちで、ループの回数とカウンタ変数の値を紙に書き出すとよいでしょう。

また、同じ10回繰り返すのに、図3～4では初期値が1で最終値が10でしたが、図5では初期値4で最終値が13でした。初期値と最終値の設定は図3～4の方がわかりやすいのに、図5のようにもできます。このことに何の意味やメリットがあるのかは、次節で改めて解説します。

カウンタ変数の増加値の指定

次はFor...Nextステートメントのもう一歩進んだ使い方を解説します。

For...Nextステートメントでは通常、カウンタ変数は1ずつ増えますが、「Step」キーワードを用いれば、1回のループでカウンタ変数が増える値を指定できます。そのような値を「**増加値**」と呼びます。たとえば、初期値を1、最終値を10とし、カウンタ変数を2ずつ増やしたい場合は次のように指定します。カウンタ変数は「Cnt」とします。

```
For Cnt = 1 To 10 Step 2
```

このように初期値と最終値と増加値を指定した場合、ループが回るごとにカウンタ変数を表示するよう、次のようなプロシージャを作成したとします。

```
Sub ループ()
    For Cnt = 1 To 10 Step 2
        MsgBox Cnt
    Next
End Sub
```

このプロシージャを実行すると、「1」、「3」、「5」、「7」、「9」と順番にメッセージボックスに表示されます。図6を参考に、ループの回数とカウンタ変数の値の関係を把握しましょう。

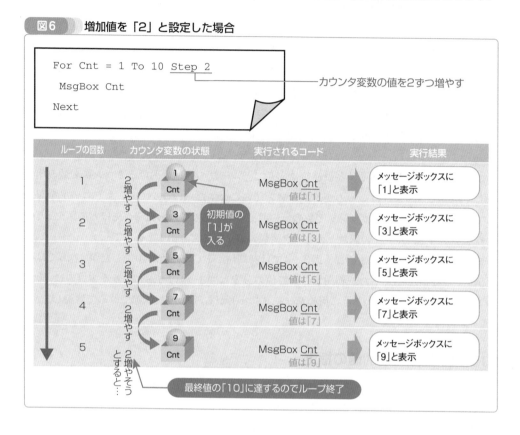

図6　増加値を「2」と設定した場合

また、「Step」にマイナスの値を設定することで、ループがまわるごとにカウンタ変数を減らすことも可能です。下の例は、カウンタ変数の値を1ずつ減らしながら10回ループを回し、その都度カウンタ変数の値をメッセージボックスに表示するプロシージャです。

```
Sub ループ()
    For Cnt = 10 To 1 Step -1
        MsgBox Cnt
    Next
End Sub
```

このプロシージャを実行すると、「10」、「9」、「8」、「7」、「6」、「5」、「4」、「3」、「2」、「1」と順番にメッセージボックスに数が表示されます。次の図7を参考に、ループの回数とカウンタ変数の値の関係を把握しましょう。

図7 初期値を「10」、最終値を「1」、増加値を「－1」と設定した場合

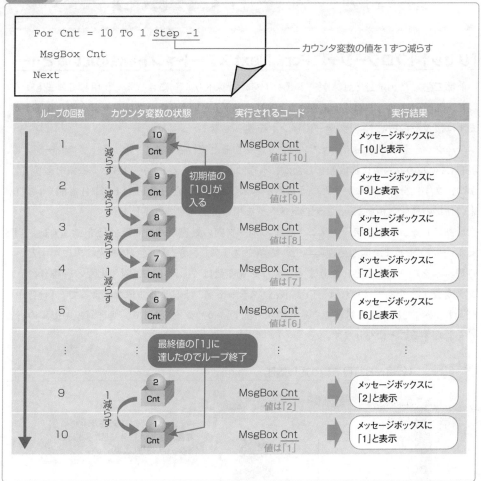

5-4 「計算ドリル」で繰り返しを使ってみよう

●「リセット」プロシージャにFor...Nextステートメントを使いたいけど……

前節で学んだFor...Nextステートメントを「計算ドリル」にさっそく利用してみましょう。現在、「計算ドリル」には「チェック」と「リセット」という2つのプロシージャがありますが、まずは後者からFor...Nextステートメントを使ってみます。

ワークシート上の［reset］ボタンをクリックすると実行される「リセット」プロシージャは、現在E4セルのみ対象に作成しましたが、本来は回答欄であるE4からE8セルの値をクリアし、かつ、文字色を元の黒に戻すという機能が本来の仕様でした（第1章1-6節 P41参照）。この本来の仕様の機能をFor...Nextステートメントを用いて記述してみましょう。

最初にFor...Nextステートメントによるループ内の処理以外の部分を記述してみます。E4セルからE8セルまで同じ処理——セルの値をクリアし、かつ、文字色を元の黒に戻すという処理——を繰り返すことになります。カウンタ変数は「i」として、対象となる行番号にカウンタ変数「i」をあてはめれば、For...Nextステートメントによるループによって、4行目から8行目にかけて繰り返し処理できそうです（図1）。カウンタ変数iで、処理対象のセルの行番号を管理することになります。

図1　4行目〜8行目を繰り返し処理

この場合、For...Nextステートメントの初期値と最終値はどう指定したらよいでしょうか？具体的には、For...Nextステートメントによるループの"外枠"は次のように記述すればよいことになります。

```
For i = 4 To 8
    処理
Next
```

カウンタ変数の初期値と最終値に、処理対象のセルの開始行の「4」と最終行の「8」を指定します。ループの回数は初期値が4、最終値が8なので5回です。確かに初期値は1、最終

値は5を指定しても5回繰り返せます。しかし、ここでは4〜8行目を処理したいので、初期値と最終値には開始行と終了行の行番号をそのまま指定した方がわかりやすいでしょう。カウンタ変数「i」には、ループの1回目は初期値の「4」が入ります。この「4」は開始行の行番号でした。そして、カウンタ変数「i」は繰り返しの度に5、6、7、8と増えていきます。4行目から8行目までを順に処理したいので、カウンタ変数「i」を行番号に使えば、まさにピッタリです。これが前節図5で解説した指定方法の意味とメリットです。

　For...Nextステートメントによるループの"外枠"はこれでOKです。あとは「処理」の部分に、カウンタ変数「i」を使い、E4セルからE8セルに対して、セルの値をクリアして文字色を黒にするという処理をループで順番に実行できるように記述すれば、目的の機能は完成です（図2）。

図2　E4セルからE8セルをループで処理

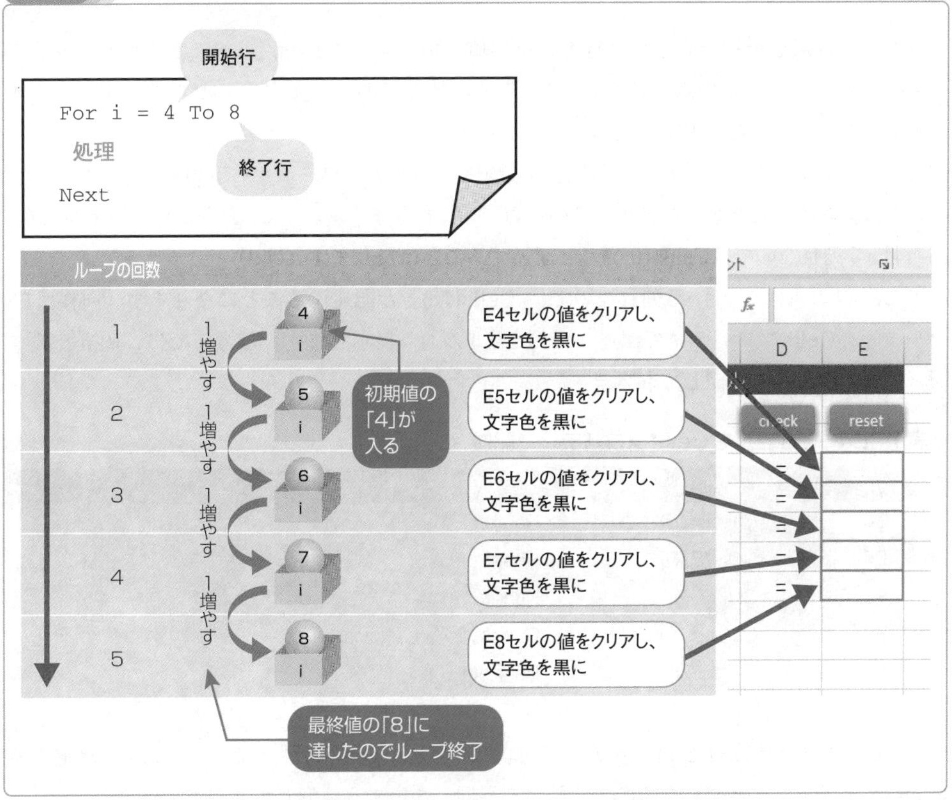

　ではさっそく、「処理」の部分を記述してみましょう……と言いたいところですが、ここで壁にぶつかってしまいます。みなさんが今まで学んだセルのオブジェクトである「Range」は、たとえば「Range("A1")」などとセル番地を文字列として指定して記述するため、どこにカウンタ変数「i」を使えばよいのかわかりません。無理矢理「Range("Ei")」などと記述しても、Rangeの括弧内に「Ei」という文字列を指定することになり、カウンタ変数iが使えなくなってしまいます。すると、「Ei」という存在しないセル番地を指定する結果となり、エラーとなっ

てうまく動作してくれません。どうすればよいのでしょうか？

　実はこの問題は、みなさんが今まで学んだRangeオブジェクトでは解決できませんので、新しいVBAの仕組みを学ぶ必要があります。いくつか解決方法があるのですが、ここでは今後もよく使うであろう「Cellsプロパティ」を用いた解決方法を紹介します。

● Cellsプロパティでセルの処理にカウンタ変数を使う

　CellsプロパティはRangeオブジェクトと同様に、指定したセルのオブジェクトを扱えます。セルの指定方法はRangeオブジェクトとは異なり、次のように行と列で指定します。

書 式

```
Cells(行, 列)
```

　行と列には数値を指定します。行と列を数値で指定することで、目的のセルのオブジェクトを扱えるのです。この点がCellsプロパティの特徴であり、文字列でセル番地を指定するRangeオブジェクトとの大きな違いです。

　行はワークシートの行番号と同じ数値を指定します。列はワークシートの列番号「A」を「1」とする数値で指定します。たとえばG列なら「7」になります。よって、たとえばG16セルなら、16行目・7列目なので「Cells(16, 7)」と記述することになります（図3）。

　また、E4セルは4行目・5列目なので、「Cells(4,5)」と記述することになります。同様にE8セルまでをCellsプロパティで記述した例を表1の通り提示します。参考までに、Rangeオブジェクトでの記述も併記しておきます。

▼表1　E4〜E8セルをCellsプロパティで記述

セル	Cellsプロパティ	Rangeオブジェクト
E4	Cells(4, 5)	Range("E4")
E5	Cells(5, 5)	Range("E5")
E6	Cells(6, 5)	Range("E6")
E7	Cells(7, 5)	Range("E7")
E8	Cells(8, 5)	Range("E8")

　Cellsプロパティは行と列を指定する順番が、「Range("列行")」という形式で指定するRangeオブジェクトと逆になるので、両者を混同しないよう注意してください。

　参考までに、非常にややこしい話ですが、実はこのRangeは厳密には、Cellsと同じくプロパティです。両者ともに「セルのオブジェクト（Rangeオブジェクト）を取得するプロパティ」という位置づけです。Rangeはプロパティ名とオブジェクト名が同じなのですが、このような関係にあります。とはいえ、何がプロパティで何がオブジェクトなのかは意識しなくても、ＶＢＡでセルを操作するコードは書けますので、あまり難しく考えず、何となく頭の隅に置

いておく程度で全く問題ありません。RangeまたはCellsを使えばセルを操作できることと、両者の指定方法の違いだけを把握していればOKです。また、本書ではわかりやすさを優先して、以降も引き続き、厳密には「Rangeプロパティ」である箇所を「Rangeオブジェクト」と呼ぶとします。

図3　Cellsプロパティの仕組みとG16セルでの例

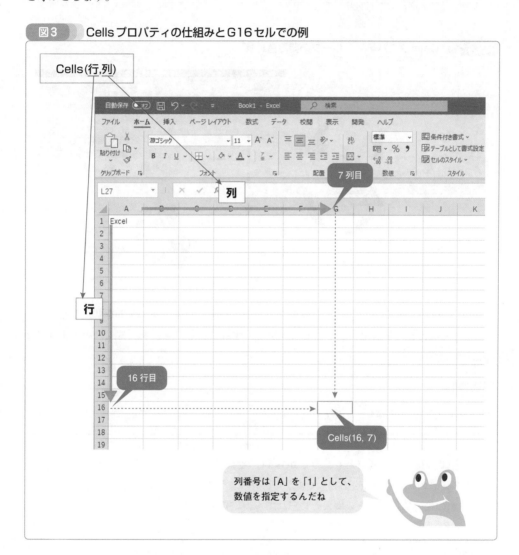

Cellsプロパティで行と列の指定に使えるのは数値だけではなく、変数も使えます。そのため、Cellsプロパティを用いれば、行や列の指定にループのカウンタ変数を使って、複数のセルに対して同じような処理を繰り返し実行できるのです（図4）。

ポイント

・Cellsプロパティとループを組み合わせれば、連続する複数のセルに対してカウンタ変数を利用しつつ、同じような処理を繰り返し実行できる

図4 Cellsプロパティとループの組み合わせ

Cellsプロパティの応用的な使い方も紹介します。指定したオブジェクトを基点とし、そこから相対的に行と列を指定することでセルを指定することもできます。書式は次のようになります。

書式

オブジェクト名.Cells(行, 列)

たとえば、B3セルを基点とし、そこから4行、2列離れたセルを指定するとします。B3セルのオブジェクトは「Range("B3")」ですから、次のように記述することになります。なお、「,」（カンマ）の後の半角スペースは入力し忘れても、VBEの方で自動的に補完してくれます。

```
Range("B3").Cells(4, 2)
```

このように記述すると、B3セルから見た4行目、2列目のセルということで、C6セルを示すことになります。B列を「1」とするので、「2」列目はC列になります。同様に3行目を「1」とするので、そこから見た「4」行目は6行目になります。（図5）。

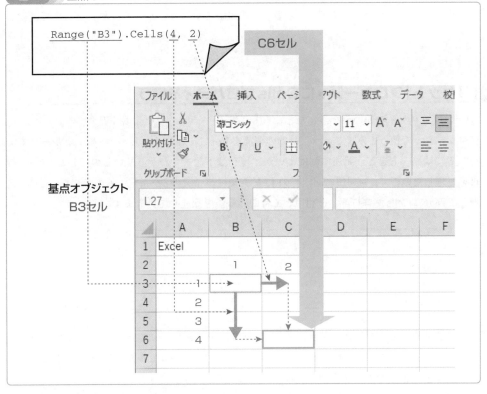

図5　基点オブジェクトからCellsプロパティで指定

　なお、上記書式の「オブジェクト」の部分はセルだけでなく、ワークシートなどのオブジェクトも指定できます（ワークシートのオブジェクトについては第7章で説明します）。

　さて、ここでオブジェクトとプロパティの基本を思い出していただきたいのですが、プロパティは本来、「オブジェクト名.プロパティ名」といった書式にて、オブジェクトとセットで記述するものでした。しかし、本節で最初に学んだCellsプロパティの書式「Cells(行, 列)」は、プロパティのみで記述されます。「なんでいきなりプロパティを記述するんだろう？」と疑問を抱かれた方もいるかと思います。

　実はこれは基点となるオブジェクトの記述を省略した形式になります。このことを厳密に説明しようとすると少々長くなるので、みなさんは「Cellsプロパティは基点となるオブジェクトの記述を省略すると、自動的に現在のワークシートのA1セルが基点となる」とだけおぼえておけば実用上問題ありません。

　このように便利なCellsプロパティですが、Rangeオブジェクトと違い、セル範囲は指定できません。単一のセルか、ワークシート上のセルすべてしか指定できないので注意してください。RangeオブジェクトとCellsプロパティの両者の違い、得意/不得意を把握し、目的に応じて使い分けましょう。

　なお、Cellsプロパティは実は「Cells(行, 列)」で行/列に数値を指定するという書式以外に

も、列の部分を「"A"」などと文字列で指定することもできます。また、「Cells(セル番号)」という形式でも指定できますが、みなさんが混乱しないよう、本書では解説をあえて割愛します。

「リセット」プロシージャにCellsプロパティを使う

　Cellsプロパティの使い方を学んだところで、さっそくサンプル「計算ドリル」の「リセット」プロシージャで使ってみましょう。目的の機能をFor...Nextステートメントによるループで実現するにはコードをどう記述すればよいか、現在は下記までわかっているのでした。4〜8行目を処理したいので、初期値に開始行の4、最終値に終了業の8を指定するのでした。この「処理」の部分にCellsプロパティを利用して目的の機能を記述していきます。

```
For i = 4 To 8
     処理
Next
```

　ここで目的の機能を改めて提示しますが、「E4セルからE8セルにかけて、セルの値をクリアし、文字色を黒に設定する」というものです。この中の「E4セルからE8セルにかけて」という部分をCellsプロパティを使ってループ内に記述します。

　E列はずっと同じまま、行だけが4行から8行へと増えていきます。この増える行の部分にカウンタ変数「i」を当てはめます。Cellsプロパティの列に指定する数値は、A列が「1」なので、E列は「5」になります。以上を踏まえ、Cellsプロパティの書式「Cells(行, 列)」にあてはめると、「Cells(i, 5)」と記述すればよいことになります。本節の最初で考えたFor...Nextステートメントと合わせると、次のように記述することになります（この時点ではまだ正しく動作しないので、まだ記述および実行しないでください）。

```
For i = 4 To 8
     Cells(i, 5)
Next
```

　このようにループ内に記述することで、カウンタ変数の値に合わせて、処理の対象となるセルが順番にE列の4行から8行へと移っていきます（図6）。

図6　E4セル〜E8セルの値のクリアをループで処理

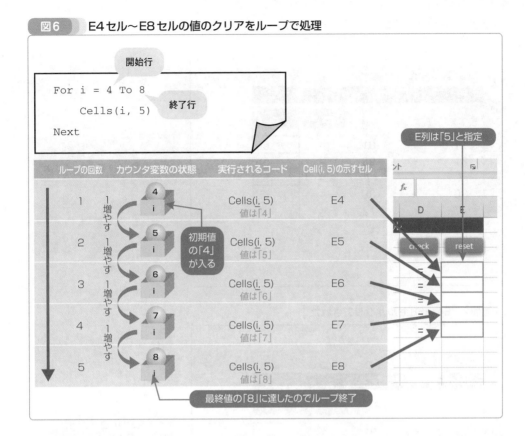

あとはこの「Cells(i, 5)」を用いて、「セルの値をクリアし、文字色を黒に設定する」という処理を加えてやればOKです。よって、「リセット」プロシージャは次のように記述すればよことになります。

では、記述してください。4-6節の状態のコードから、全体をFor...Nextステートメントで囲み、2箇所の「Range（"E4"）」を「Cells（i, 5）」に置き換えることになります。

```
Sub リセット()
    For i = 4 To 8
        Cells(i, 5).ClearContents ─────────── セルの値をクリア
        Cells(i, 5).Font.Color = vbBlack ─────────── 文字色を黒に設定
    Next
End Sub
```

上記コードを記述できたら、ワークシートに戻り、E4〜E8セルの回答欄に適当な数値を入力し、ツールバーの［フォントの色］などから適当な文字色に変更した後、［reset］ボタンをクリックし、動作を確認してみましょう（画面1、2）。いかがでしたか？　意図通りにきちんと動作しましたか？

ループと変数

▼**画面1** ［reset］ボタンをクリックすると……

	A	B	C	D	E	F
					E4 ▾ ⋮ ✕ ✓ *fx* 55	
1			計算ドリル			
2				check	reset	
3						
4	17	+	81	=	55	
5	21	+	96	=	55	
6	7	+	7	=	55	
7	80	+	38	=	55	
8	47	+	12	=	55	
9						
10						
11						
12						

E4 〜 E8 セルには、適当に数値を入れて、色も変えておいてね

▼**画面2** E4〜E8 セルがクリアされた！

	A	B	C	D	E	F
					E4 ▾ ⋮ ✕ ✓ *fx*	
1			計算ドリル			
2				check	reset	
3						
4	17	+	81	=		
5	21	+	96	=		
6	7	+	7	=		
7	80	+	38	=		
8	47	+	12	=		
9						
10						
11						
12						

文字色が黒に戻ったかどうかも、適当な値を入力して確認しておいてね

　本来の仕様では、「リセット」プロシージャは本節で作成した機能に加え、問題をランダムに作成する機能がありますが、その機能は次章で作成します。

「チェック」プロシージャを作成しよう

　続けて「チェック」プロシージャもFor...NextステートメントとCellsプロパティを使って作成しましょう。Ifステートメントがあるのでコードは少々複雑になりますが、For...NextステートメントとCellsプロパティの使い方は基本的には「リセット」プロシージャと同じです。

　第4章では4行目のぶんのみを対象に、回答の正誤をチェックする機能として、「チェック」プロシージャは下記まで作成しました。

```
Sub チェック()
    If Range("A4").Value + Range("C4").Value = Range("E4").Value Then
        Range("E4").Font.Color = vbBlue
    Else
        Range("E4").Font.Color = vbRed
    End If
End Sub
```

　このコードを順を追ってループ化していきますので、みなさんは本書の流れに沿ってコードを書き換えていってください。まずはこの処理をFor...Nextステートメントによるループの中に今のまま丸ごと組み込んでみます。処理の対象となる行は「リセット」プロシージャ同様に4行目から8行目になりますので、ループのカウンタ変数は「リセット」プロシージャ同様に、初期値は「4」、最終値は「8」になります。

　以上を踏まえ、とりあえず「チェック」プロシージャを次のようにFor...Nextステートメントで書き換えてください。カウンタ変数には「i」を用います。もともとあったIfステートメントは変更せず、丸ごとそのまま1段インデントし、「For i = 4 To 8」と「Next」で囲むかたちになります。

```
Sub チェック()
    For i = 4 To 8
        If Range("A4").Value + Range("C4").Value = Range("E4").Value Then
            Range("E4").Font.Color = vbBlue
        Else
            Range("E4").Font.Color = vbRed
        End If
    Next
End Sub
```

　この時点では、単にもともとあったIfステートメントをFor...Nextステートメントで囲っただけです。では、ループで順番に処理できるように、現在4行目のみを対象としているこのIfステートメントを、Cellsプロパティとカウンタ変数「i」を使って書き換えてみましょう。

　現時点でのIfステートメントで登場するセルはA4セル、C4セル、E4セルであり、Rangeオブジェクトが用いられています。Cellsプロパティで書き換えるには、まずは列番号を確認しておきましょう。A列、C列、E列は、Cellsプロパティの使い方に則りA列を1とすると、A列は「1」、C列は「3」、E列は「5」という数値で指定することになります。

　一方、行の指定については、4行目から8行目をループで処理するため、そのままカウンタ

153

変数「i」を指定すればよいことになります。

　以上を踏まえると、もともとのコードで「Range("A4")」と記述されていた箇所は、「Cells(i, 1)」と書き換えることになります。同様に考えると、それぞれ次のように書き換えればよいことがわかります。

```
Range("A4")        →        Cells(i, 1)
Range("C4")        →        Cells(i, 3)
Range("E4")        →        Cells(i, 5)
```

　よって、「チェック」プロシージャは次のように書き換えます。

```
Sub チェック()
    For i = 4 To 8
        If Cells(i, 1).Value + Cells(i, 3).Value = Cells(i, 5).Value Then
            Cells(i, 5).Font.Color = vbBlue
        Else
            Cells(i, 5).Font.Color = vbRed
        End If
    Next
End Sub
```

Range オブジェクトを Cells プロパティに置き換え、ループに対応できた

　これで、回答欄に入力された答えが正しければ、回答欄の文字色を青に、間違っていれば赤にするという処理が、4行目から8行目にかけてFor...Nextステートメントによるループで順番に実行されることになります（図7）。

図7 E4セル〜E8セルの正誤チェックをループで処理

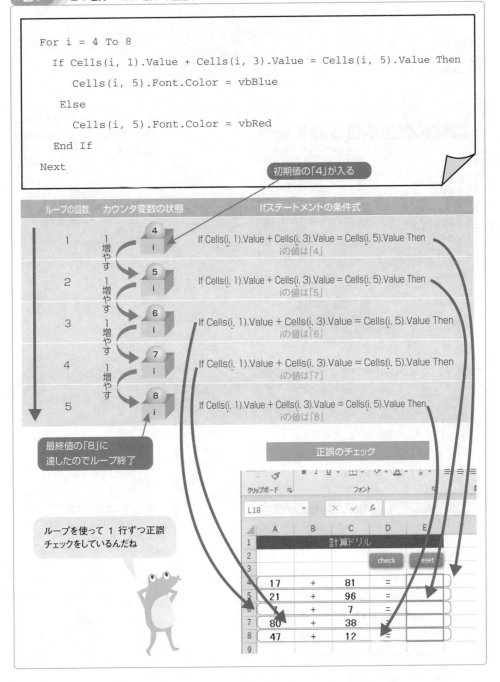

```
For i = 4 To 8
    If Cells(i, 1).Value + Cells(i, 3).Value = Cells(i, 5).Value Then
        Cells(i, 5).Font.Color = vbBlue
    Else
        Cells(i, 5).Font.Color = vbRed
    End If
Next
```

初期値の「4」が入る

ループの回数	カウンタ変数の状態	Ifステートメントの条件式
1	4 i	If Cells(i, 1).Value + Cells(i, 3).Value = Cells(i, 5).Value Then / iの値は「4」
2	5 i	If Cells(i, 1).Value + Cells(i, 3).Value = Cells(i, 5).Value Then / iの値は「5」
3	6 i	If Cells(i, 1).Value + Cells(i, 3).Value = Cells(i, 5).Value Then / iの値は「6」
4	7 i	If Cells(i, 1).Value + Cells(i, 3).Value = Cells(i, 5).Value Then / iの値は「7」
5	8 i	If Cells(i, 1).Value + Cells(i, 3).Value = Cells(i, 5).Value Then / iの値は「8」

1増やす

最終値の「8」に達したのでループ終了

正誤のチェック

ループを使って1行ずつ正誤チェックをしているんだね

ループと変数

　これで「チェック」プロシージャは完成です。ワークシートに戻り、実際に回答欄に計算の答えを入力して［check］ボタンをクリックし、仕様通り動作するか確認してください。［reset］ボタンを使ってクリアしつつ、何度か試してみましょう（画面3、4）。

▼**画面3** E列の回答欄に計算の答えを入力し、[check]ボタンをクリック

E4セルだけでなく、E5〜E8
セルもちゃんと意図どおり動作
するかな…?

	A	B	C	D	E	F	G
1			計算ドリル				
2							
3							
4	17	+	81	=	98		
5	21	+	96	=	117		
6	7	+	7	=	14		
7	80	+	38	=	108		
8	47	+	12	=	59		
9							
10							

▼**画面4** [check]ボタンをクリック後の画面

E5〜E8セルも正解のセルは
文字色が青になり、不正解のセ
ルは赤になったぞ

	A	B	C	D	E	F	G
1			計算ドリル				
2							
3							
4	17	+	81	=	98		
5	21	+	96	=	117		
6	7	+	7	=	14		
7	80	+	38	=	108		
8	47	+	12	=	59		
9							
10							

「計算ドリル」のループ作成を通じて学ぶプログラミングのコツ

● 初心者がコードを記述していく上でオススメのアプローチ

　さて、本書ではこれまで「計算ドリル」を作成するにあたり、「チェック」プロシージャや「リセット」プロシージャを作成する際、最初にワークシートの4行目のみを対象に作成し、その後For...Nextステートメントによるループを用いて、4行目から8行目を処理するよう変更するという流れで段階的に作成しました。

　最初からループを使って作成するのではなく、わざわざ段階的に作成したのは目的が2つあります。第1の目的は、条件分岐や変数、ループなどを順番に説明することでした。第2の目的は、このように段階的に作成するアプローチは、みなさんが今後実際にコードを記述する際にも非常に有効だからです。

　いきなりCellsプロパティとループを用いると、ループ内の処理でカウンタ変数をどこにどう使えばよいか、わからなくなりがちです。そうではなく、最初はRangeオブジェクトを用い、単一の行のみを対象にした機能を作り、正しく動作するか確認します。その後、「じゃあループ化すると、どの部分をCellsプロパティに置き換えればよいのか、カウンタ変数に置き換えればよいのか」と、紙に書き出すなどして1つ1つ検証しながらループ化していけば、比較的間違いも少なくスムーズにコードを記述できるでしょう。

　特に、まだループに慣れていないプログラミング初心者である間は、図1のように、4行目のみを対象にRangeオブジェクトからCellsプロパティに書き換え、その次にカウンタ変数iを用いてループ化するという、3段階で作成するとよいでしょう。先ほどの「チェック」プロシージャは2段階で作成しましたが、図1のような3段階の方がよりわかりやすいと言えます。

図1　「リセット」プロシージャのループのコードを3段階で作成する例

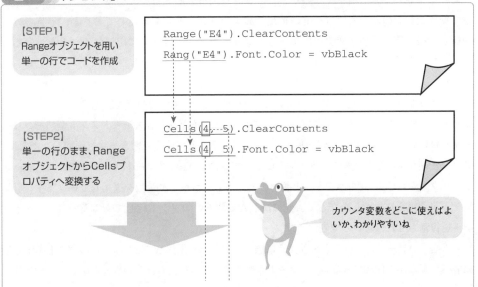

【STEP1】
Rangeオブジェクトを用い単一の行でコードを作成

```
Range("E4").ClearContents
Rang("E4").Font.Color = vbBlack
```

【STEP2】
単一の行のまま、RangeオブジェクトからCellsプロパティへ変換する

```
Cells(4, 5).ClearContents
Cells(4, 5).Font.Color = vbBlack
```

カウンタ変数をどこに使えばよいか、わかりやすいね

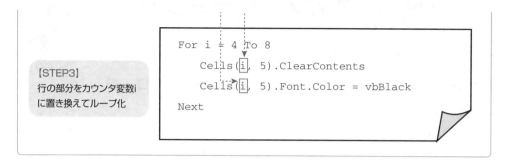

【STEP3】
行の部分をカウンタ変数i
に置き換えてループ化

```
For i = 4 To 8
    Cells(i, 5).ClearContents
    Cells(i, 5).Font.Color = vbBlack
Next
```

　また、最初に単一の行/列を対象としたコードを作成した後、ループ化する際、最初に作成したコードを直接変更してしまうと、もしうまくいかなかった時に元に戻そうとしても、簡単には戻せなくなってしまいます。万が一の際、いつでも元のコードを復元できるよう、元のコードを「**コメント**」にしておくとよいでしょう。

　「コメント」とは、ステートメントとは無関係なコード内の文字列です。ステートメントと見なされないので、プログラム（プロシージャ）の動作には一切影響を及ぼしません。書式ですが、冒頭に「'」（シングルクォーテーション）を記述すれば、その行の以降はコメントとなります。1行すべてをコメントにできる他、ステートメントと同じ行の後ろにもコメントを記述することができます。コメントはコードウィンドウ上で緑文字で表示されます。

書　式

```
'コメント ──────────────────────── 1行すべてをコメントにする
ステートメントなど   'コメント ──────── ステートメントの後ろにコメントを記入
```

　コメントに書くべき内容ですが、一般的にはコードに関する"メモ"です。たとえば、どのような機能のプロシージャなのか、どのような条件分岐を行っているのか、どのような用途で使う変数なのかなど、コードの補足情報をコメントとして記述しておくと、不具合の原因探しや後の機能追加・変更の際に役立ちます。コメントはマメに記述するクセをつけるとよいでしょう。

　このようなコメント機能を、コードの段階的な作成に活用するのです。先ほどみなさんに作成していただいた「チェック」プロシージャの場合、もともとあるIfステートメント全部をコピー&貼り付けした後、元のIfステートメントをコメント化して残しておきます（画面1）。そして、コピー&貼り付けしたIfステートメントに対して、For…Nextステートメントで囲み、Rangeオブジェクトから Cellsプロパティへと書き換え、さらにカウンタ変数を適用していきます。もしコード書き換えに失敗したなどで、元に戻したい場合、コメント化してある元のIfステートメントを復活させればよいので安心です。

　しかも、コピーしたコードを書き換える際は、コメント化した"ビフォー"のコードをすぐ上に並べて見ながら作業できるので、よりわかりやすく書き換えられるのも大きなメリットです。

▼**画面1　元のIfステートメントをコメント化**

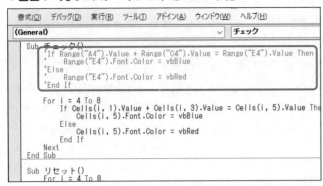

元のコードをコメント化して、イザとなったら元に戻せるようにとっておくといいよ

コピーしたコードに変更を加えていてね

「チェック」プロシージャのIfステートメントのように、複数行にわたるコードをコメント化する際、すべての行の冒頭に手作業で「'」を入力してもよいのですが、非常に手間がかかります。また、コメント化を解除する際にも非常に手間がかかります。

コメント化にはVBEの［コメントブロック］機能を利用するのがお勧めです（画面2）。①コメント化したいコードの範囲をドラッグして選択し、［編集］ツールバーにある②［コメントブロック］をクリックすれば、その範囲がコメント化されます。［編集］ツールバーが表示されていなければ、メニューバーの［表示］→［ツールバー］→［編集］をクリックしてください。

コメント化を解除するには、解除したい行を選択した後、同ツールバーの［非コメントブロック］をクリックしてください。

▼**画面2　［コメントブロック］を利用**

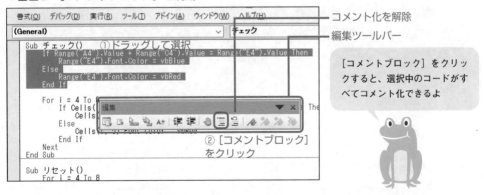

コメント化を解除

編集ツールバー

［コメントブロック］をクリックすると、選択中のコードがすべてコメント化できるよ

［編集］ツールバーには他にも、ワンクリックで選択範囲を1段階インデントできる［インデント］や、ワンクリックで選択範囲のインデントを1段階戻せる［インデントを戻す］など、便利な機能が用意されていますので、有効活用しましょう。

ここで紹介した段階的な作成やコメントの活用は、VBAに限らず、プログラミング言語全般に共通するコツなので、ぜひともマスターしましょう。

1
2
3
4
5
6
7

ループと変数

● Cellsプロパティ以外に行/列を数値/変数で指定する方法

　以下は余談的な内容なので、余裕がある方だけお読みください。余裕がない方は後回しにして、次の5-6節へ進んでください。

　「計算ドリル」ではループ内でカウンタ変数の値に応じて処理する行を移動するため、Cellsプロパティを利用しました。実はVBAにはCellsプロパティ以外にも行/列を数値または変数で指定できる方法として、「Offset」プロパティが用意されています。書式は次の通りです。

> **書 式**
>
> 基点となるセルのオブジェクト.Offset(行方向への移動, 列方向への移動)

　「行方向への移動」は数値で指定します。下方向なら正の値、上方向なら負の値になります。同様に「列方向の移動」は右方向なら正の値、左方向なら負の値で指定します。
　たとえば、「C5セルから3行下に、2列左に移動したセル」なら次のように記述します（図2）。

```
Range("C5").Offset(3, -2)
```

図2 基点オブジェクトからOffsetプロパティで指定

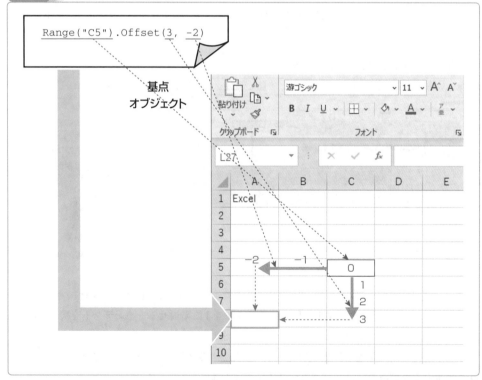

　行／列の指定で注意しなければならないのが、基点セルの行／列の位置が「0」（ゼロ）になることです。

　あとは通常のセルのオブジェクトと同様に、各種プロパティやメソッドが利用できます。ちなみに、「計算ドリル」の「リセット」プロシージャをCellsプロパティではなく、Offsetプロパティで記述すると次のようになります。

```
Sub リセット()
    For i = 0 To 4
        Range("E4").Offset(i, 0).ClearContents
        Range("E4").Offset(i, 0).Font.Color = vbBlack
    Next
End Sub
```

　E4セルを基点のセルとしているため、E列を指定するにはOffsetプロパティの「列方向への移動」に「0」を指定します。また、E4セルを基点のセルとすると、対象の行の範囲は0行目から4行目になります。そのため、For...Nextステートメントの初期値は「0」、最終値は「4」と指定します。

　このようにOffsetプロパティで記述すると、もし対象の行をズラしたい場合でも、基点のセルの番地を書き換えるだけで済むようになります。

　Cellsプロパティでも同じように基点のセルを用いて記述することができます。ただし、Offsetプロパティは行／列を指定する数値のとらえ方が、Cellsプロパティと異なる点に注意してください。Offsetプロパティは基点セルを0としますので、基点セルを1とするCellsプロパティで指定する場合に比べて、指定する数値が1少なくなります。たとえばA1セルを基点のセルとすると、B2セルを示す場合、両者では次のようになります。

```
Cells プロパティの場合          Range("A1").Cells(2,2)
Offset プロパティの場合         Range("A1").Offset(1,1)
```

　この違いを混同しないよう気をつけつつ、両者を使ってください。たとえば、For...Nextステートメントのループ内に両者を記述する際、同じセル範囲を繰り返し処理する場合でも、初期値と最終値は両者で1ずれることになります。たとえば、E4セルを基点としてCellsプロパティを用いてリセットプロシージャを記述すると、次のようになります。

```
Sub リセット()
    For i = 1 To 5
        Range("E4").Cells(i, 1).ClearContents
        Range("E4").Cells(i, 1).Font.Color = vbBlack
    Next
End Sub
```

Offsetプロパティを用い
た場合と比べて行・列や
ループの初期値・最終値が
1ズレるから注意してね

Offsetプロパティを用いた場合のコードと比較して、For...Nextステートメントの初期値と最終値、列を指定する数値が異なる点を理解しましょう。

コラム

Rangeオブジェクトでも行にカウンタ変数を使える

「チェック」プロシージャと「リセット」プロシージャは、Rangeオブジェクトでも記述しようと思えば記述できます。セル番地の文字列は、文字列連結演算子「&」を用いて、「Range("A" & i)」となど記述します。1回目のループでiの値が4の場合、「Range("A" & i)」は「Range("A4")」となります。

以下、この方法で「リセット」プロシージャを書き換えたコードを提示しておきます。

```
Sub リセット()
    For i = 4 To 8
        Range("E" & i).ClearContents
        Range("E" & i).Font.Color = vbBlack
    Next
End Sub
```

カウンタ変数「i」は4から8に変化するので、「Range("E" & i)」の部分は「Range("E4")」、「Range("E5")」・・・「Range("E8")」と変化していきます。

このようにVBAでは、同じ機能を実現するのに複数の方法が使えるケースがあります。コードの見やすさや後々の仕様の追加・変更への対応しやすさなどを考慮して、ベストな方法を選びましょう。

再び変数を学ぶ

変数は宣言して使うべし

　本書ではこれまで変数の使用例として、For…Nextステートメントによるループのカウンタ変数を取りあげました。もちろん、変数はループのためだけに用意されているものではなく、さまざまな用途に使える大変便利な仕組みです。前節までは変数を使う上での必要最小限の知識しか学びませんでしたが、実際に変数を使いこなしていく上では、実はそれだけではいろいろ不都合が生じてしまいます。そのような事態を防ぐために、本節では変数の使い方をより深く学んでいきます。学んでいただくのは、変数の「**宣言**」と「**データ型**」です。

　5-2節ですでに学んだとおり、変数はコードの中で変数名を直接記述すれば、いきなり使えます。しかし、その変数を再びコード内に記述しようとした際、タイプミスして同じ変数名にならなかった場合、VBA上では別の変数と見なされてしまいます。そうなると当然、プログラムは思った通りに動いてくれません。もしタイプミスに気づかなかった場合、どうして思い通りに動かないのか、悩んでしまうでしょう。変数名を記述していきなり使えると、手軽な反面、このような危険があるのです。

　VBAにはそのような事態を防ぐための仕組みが用意されています。具体的には、①変数を宣言し、②宣言した変数しか使えないようにする、という仕組みです。

　①変数の宣言とは、プロシージャの冒頭で「これからこのような名前の変数を使いますよ」と明示することです。そして、②と組み合わせると、もしタイプミスなどで宣言してない変数を記述してしまっても、VBEの方でエラーを出してくれます。そのため、タイプミスなどによって身におぼえのない変数が紛れ込むトラブルを防げるのです。

　①変数を宣言するには「Dim」ステートメントを使います。書式は下記の通りです。

> **書 式**
>
> ```
> Dim 変数名
> ```

　②宣言した変数しか使えないようにするには、「Option Explicit」というステートメントを標準モジュールの冒頭に記述します。プロシージャ内ではなく、外に記述することになります。これで、Dimステートメントによって宣言された変数以外は使えなくなります。もし宣言していない変数を記述すると、「コンパイルエラー」というメッセージが表示され、エラーになります（図1）。

図1　変数の宣言とOption Explicitステートメント

```
Option Explicit          ❷Option Explicitステートメント

Sub プロシージャ()        ❶Dimステートメントで変数「Hensu1」を宣言
    Dim Hensu1

                          宣言済みの変数なのでコンパイルエ
                          ラーは出ない

    Hensu1 = 10
    Hensu2 = 20           宣言していない変数なのでコンパイル
エラー                     エラーが出る!
End Sub
```

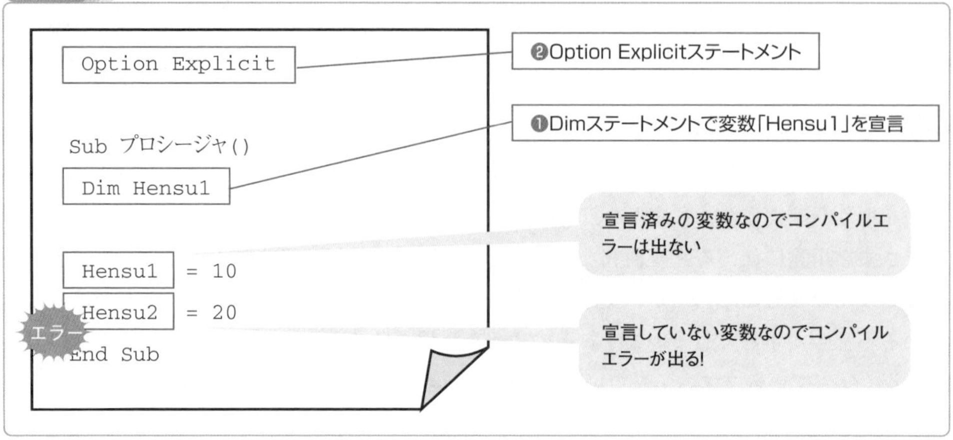

　変数を使う際は必ずDimステートメントで宣言し、Option Explicitステートメントで宣言していない変数の使用を防止するようにしましょう。そうすることが、タイプミスなどによる不具合の防止に直結します。

変数は宣言時にデータ型も定義すべし

　変数はデータを入れて使う箱のようなものですが、入れるデータにはさまざまな種類があります。数値であったり文字列であったり、同じ数値でも整数や小数など異なるタイプのデータがあります。もし整数が格納されている変数に、誤って文字列を代入してしまうと、プログラムの動作はおかしくなってしまいます。

　「データ型」とは、変数に格納できるデータの種類を指定する仕組みです。たとえば、整数しか格納できない変数、文字列しか格納できない変数などです。このデータ型は、変数の宣言時にあわせて定義できます。データ型を定義すれば、他の型のデータを代入しようとすると、エラーになります。そのため、変数に不適切なデータを代入することで起こる不具合を未然に防げるのです。

　変数のデータ型の定義には「As」キーワードを用います。書式は次の通りです。変数宣言の書式の後ろに「As データ型」を加えるかたちです。

書　式

```
Dim 変数名 As データ型
```

　この書式にしたがって、変数を1つ1つ宣言していきます。また、複数の変数の宣言を次のように1行で記述することも可能です。変数名とそのデータ型を「,」(カンマ) で区切って並べて記述します。

```
Dim 変数名1 As データ型1,変数名2 As データ型2
```

　データ型の種類は、VBAでは次の主に表1の通り用意されています。これらすべてのデータ型をいきなりおぼえるのは無理なので、とりあえずは使用頻度の高い文字列のString、長整数型のLongの2種類だけをおぼえるとよいでしょう。残りのデータ型は必要になったらその都度調べて使えばOKです。ただ、「小数や日付は、それ用のデータ型がある」とだけは認識しておいてください。

▼表1　主な変数の型と取り得る値

データ型の名称	データ型	取り得る値
ブール型	Boolean	TrueまたはFalse
長整数型	Long	−2,147,483,648〜2,147,483,647の整数
倍精度浮動 小数点数型	Double	負の値:−1.79769313486232×10の308乗〜 　　　　−4.94065645841247×10の−324乗 正の値:4.94065645841247×10の−324乗〜 　　　　1.79769313486232×10の308乗
文字列型	String	文字列
日付型	Date	西暦100年1月1日〜西暦9999年12月31日の日付および時刻
オブジェクト型	Object	オブジェクト
バリアント型	Variant	あらゆる種類の値

　なお、整数にはさらに「Integer」や「Byte」、小数には「Single」といった種類もあります。また、通貨型の「Currency」もあります。

　Variant型はどのようなデータでも格納できる特殊なデータ型です。データ型をすべてVariant型にするのも決して誤りではありませんが、本来は整数を入れて使う変数なのに、文字列を代入してしまうなどの恐れが生じることを念頭に置いて使いましょう。一方、本書では取り上げませんが、Variant型ならではの柔軟性を活かしたコードが書けるメリットがあります。なお、型を省略して宣言した変数は、自動的にVariant型と見なされます。

　Object型は文字通りオブジェクトを格納するためのデータ型です。オブジェクト型に値を代入する際は、「Set」ステートメントを必ず使わなければならない点に注意してください。書式は次の通りです。

書　式

```
Set オブジェクト型の変数名 = 値
```

　また、セルのオブジェクトを入れる変数なら「Range」、ワークシートのオブジェクトを入れる変数なら「Worksheet」など、特定のオブジェクトに特化したデータ型も何種類かあり

ます。本書では取り上げませんが、よく使われるデータ型です。

　以上が変数の定義とデータ型の基本です。変数を使う際は必ず最初に宣言し、データ型を定義してください。

> **ポイント**
>
> ・変数は必ず宣言し、データ型も定義してから使おう

「計算ドリル」で変数の宣言、データ型を使う

　本節で学んだ変数の宣言、データ型をさっそく「計算ドリル」で使ってみましょう。「チェック」プロシージャと「リセット」プロシージャの両方を書き換えてみます。両プロシージャとも使っている変数はカウンタ変数の「i」のみです。iはループの回数のカウント、それに応じた行数の管理に使っています。行数は整数なので、データ型は長整数型のLong型が最適でしょう。すると変数の宣言は次の通りに記述します。

```
Dim i As Long
```

　この1行を両プロシージャの冒頭に記述してください。そして、Dimステートメントで宣言していない変数を使えなくするよう、標準モジュールの先頭にOption Explicitステートメントを記述します。すると、コードは次のようになります。

```
Option Explicit ──────────────── 新たに追加したコード

Sub チェック()
    Dim i As Long ──────────────── 新たに追加したコード

    For i = 4 To 8
        If Cells(i, 1).Value + Cells(i, 3).Value = Cells(i, 5).Value Then
            Cells(i, 5).Font.Color = vbBlue
        Else
            Cells(i, 5).Font.Color = vbRed
        End If
    Next
End Sub


Sub リセット()
```

```
    Dim i As Long ─────────────────────────── 新たに追加したコード

    For i = 4 To 8
        Cells(i, 5).ClearContents
        Cells(i, 5).Font.Color = vbBlack
    Next
End Sub
```

　コードを変更後ワークシートに戻り、[check]ボタンや[reset]ボタンを使ってみると、機能はまったく変わらないことが確認できます。しかし、変数の宣言とデータ型の定義によって、より安全なプログラムとなったのです。

　また、このように得られる実行結果は同じ場合でも、コードを変更したなら、ちゃんと同じ実行結果が得られるのか、必ず動作確認しましょう。

「変数 = 変数 + 数値」というコード

　ここで「計算ドリル」とは直接関係ありませんが、変数のよくある使い方について説明しておきます。VBAでは、変数と代入演算子と算術演算子を使って、「変数 = 変数 + 数値」という形式のコードがよく使われます。これは、「変数」の現在の値に対して「数値」を足した値を「変数」に再び代入する、という意味になります。理屈だけではわかりづらいかと思いますので、例をあげて説明します。

　たとえばLong型変数「cnt」を宣言し、最初に5を代入します。続けて、「cnt = cnt + 1」と記述したとします。そして、MsgBoxでcntの値を表示するとします。

```
Dim cnt As Long
cnt = 5
cnt = cnt + 1
MsgBox cnt
```

　さて、メッセージボックスに表示される値は何になるでしょうか？　2行目の段階では、cntの値は5です。3行目では、右辺にてcntの現在の値である5に対して1を足しています。その結果を「=」でcntに再び代入しています。よって、cntの値は6となります。4行目によって、メッセージボックスには「6」と表示されます（図2）。

ループと変数

167

図2 「変数 = 変数 + 数値」の意味

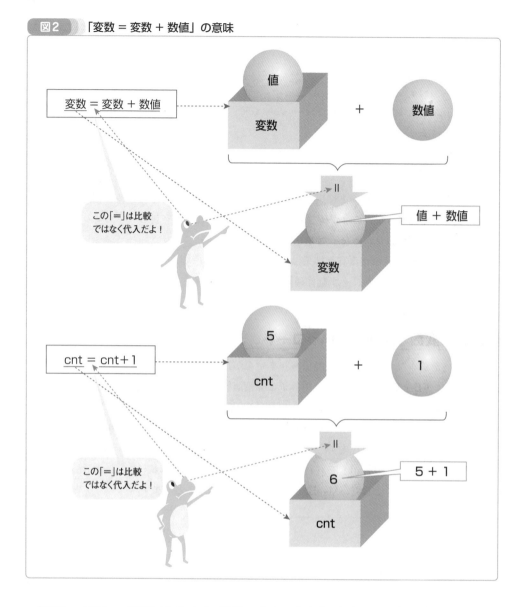

「変数 = 変数 + 数値」は「=」を「等しい」という意味で捉えてしまうと違和感があります が、「=」はあくまでも代入するための演算子と捉えれば、すんなり頭に入ってくるでしょう。 処理の流れとしては、先に代入演算子「=」の右辺で、算術演算子による計算が行われ、そ の結果が代入演算子「=」の左辺の変数に代入されるという流れです。この処理の流れで、右 辺と左辺に同じ変数が使われたかたちになります。

　このような「変数 = 変数 + 数値」というコードは、変数の値を一定の割合で徐々に増やし たいなどの場合に頻繁に登場しますので、ここでしっかりと理解して使えるようになってく ださい。

5-7 変数の有効範囲と有効期限

変数の有効範囲

　「計算ドリル」の標準モジュール「Module1」には現在、「チェック」プロシージャと「リセット」プロシージャが記述されてます。これら2つのプロシージャをよく見ると、同じ名前の変数「i」が使われています。5-2節でも触れましたが、同じプロシージャ内では同じ名前の変数は使えないのでした（P132参照）。しかし、プロシージャの中で宣言された変数でも、プロシージャが違えば同じ名前の変数を使うことができるのです。

　同じ名前の変数でも、格納される値はプロシージャごとに別々になります。「チェック」プロシージャと「リセット」プロシージャの場合、「チェック」プロシージャの変数iに格納されている値と、「リセット」プロシージャの変数iに格納されている値はそれぞれ独立しています。

　このようにプロシージャ内で宣言され、そのプロシージャ内だけで有効な変数を「**プロシージャレベル変数**」と呼びます（図1）。

図1　プロシージャレベル変数の有効範囲

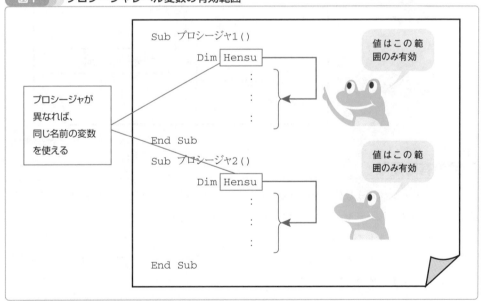

　一方、変数はプロシージャ内だけでなく、外でも宣言することができます。Option Explicitステートメントと同様に、標準モジュールの冒頭に記述します。このような場所で宣言された変数を「**モジュールレベル変数**」と呼びます（モジュールレベル変数は、標準モジュール以外のモジュールでも使えます。標準モジュール以外のモジュールについては第7章のP260を参照してください）。

ループと変数

　モジュールレベル変数は、そのモジュール内に記述されている各プロシージャ内で使用できます。そして、格納される値は、モジュール内で共通する1つの値となります。あるプロシージャでモジュールレベル変数に格納されている値を変更すると、他のプロシージャで使われている同じモジュールレベル変数に格納されている値にも反映されます。

　プロシージャレベル変数とモジュールレベル変数の有効範囲を混同しないよう注意してください（図2）。

図2　プロシージャレベル変数とモジュールレベル変数の有効範囲

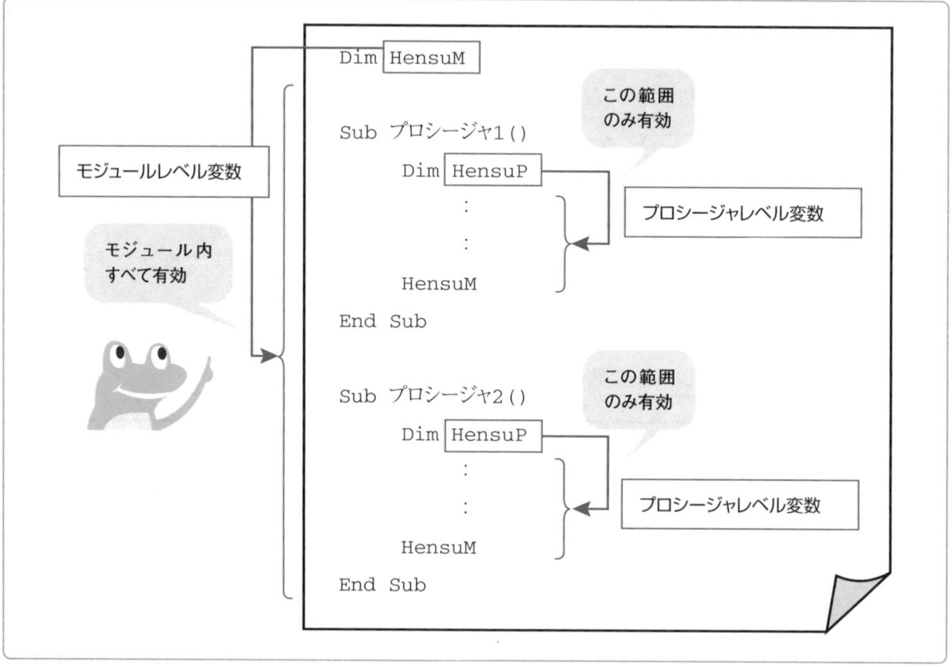

変数の有効期限

　プロシージャレベル変数は、そのプロシージャが実行されるごとに「0」に初期化されます。そして、そのプロシージャが実行されている間のみ値が保持されます。

　一方、モジュールレベル変数はブックを閉じるまで値が保持されます。プロシージャ内にあるモジュールレベル変数の値は、そのプロシージャを繰り返し実行しても初期化されることなく、ずっと値は保持されます（図3）。

ポイント

・プロシージャレベル変数の有効範囲　：プロシージャ内のみ
・プロシージャレベル変数の有効期限　：プロシージャ実行中のみ
・モジュールレベル変数の有効範囲　：モジュール内すべて
・モジュールレベル変数の有効期限　：ブックを開いている間

図3 プロシージャレベル変数とモジュールレベル変数の有効期限

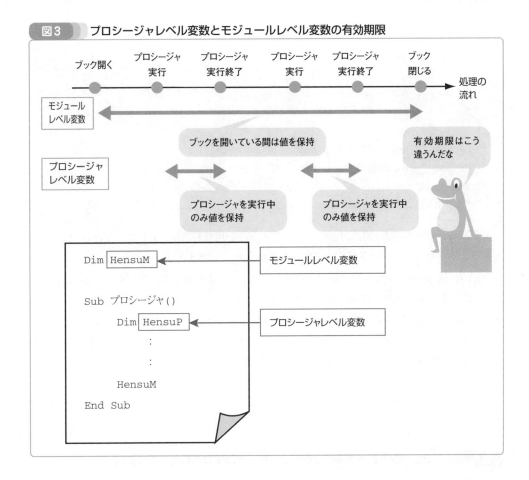

変数の有効範囲と有効期限は理屈だけの説明ではよくわからない読者の方も多いかと思いますので、サンプルコードを下記の通り用意しました。

```
Option Explicit
Dim m_num As Long


Sub Prc1()
    Dim p_num As Long

    p_num = p_num + 1
    m_num = m_num + 1

    MsgBox "p_numの値は" & p_num
    MsgBox "m_numの値は" & m_num
End Sub

```

```
Sub Prc2()
    Dim p_num As Long

    p_num = p_num + 2
    m_num = m_num + 1

    MsgBox "p_numの値は " & p_num
    MsgBox "m_numの値は " & m_num
End Sub
```

　モジュールレベル変数としてLong型の「m_num」を用意します。そして、「Prc1」と「Prc2」という2つのプロシージャを用意します。各プロシージャではプロシージャレベル変数としてLong型の「p_num」をそれぞれ用意します。「Prc1」ではp_numに1を加算し、m_numにも1を加算してから、それぞれMsgBoxで値を表示しています。一方、「Prc2」ではp_numに2を加算し、m_numにも1を加算してから、それぞれMsgBoxで値を表示しています。

　ここで、Prc1 → Prc2 → Prc1 → Prc2という順番で各プロシージャを実行してみます。その際のメッセージボックスに表示される値、および各変数の値の推移を図4にまとめておきました。各プロシージャを実行する度に、モジュールレベル変数m_numとプロシージャレベル変数p_numがどう変化するか確認する中で、変数の有効範囲と有効期限を理解してください。

図4 プロシージャレベル変数とモジュールレベル変数の有効期限（実例）

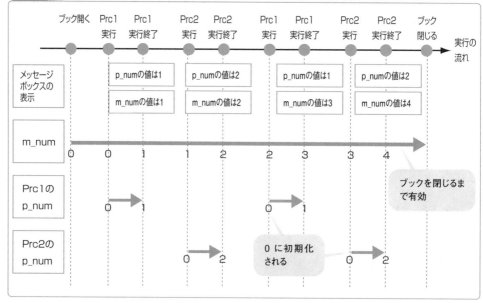

5-8 定数を自分で定義して使う

改めて「定数」とは

「定数」とは、第3章の3-2節（P81参照）でも触れましたが、ある決められた値を持つ文字列のことです。変数はプログラムの中でさまざまな値を代入できますが、定数は値を代入できないので、永久に同じ値を保持します。

本書ではこれまでに、赤色を表す定数「vbRed」など色に関する定数を扱ってきました。これらの定数はVBAにあらかじめ用意されたものであり、コード内にいきなり記述して使えるものでした。

定数はVBAにあらかじめ用意されたもの以外に、オリジナルの定数を自分で定義して使うことができます。定数を定義するには、「Const」ステートメントを使い、下記の書式で記述します。

書 式

```
Const 定数名 As データ型 = 値
```

変数の宣言とほぼ同じ書式です。違うのはDimステートメントの代わりにConstステートメントを用い、「＝ 値」とつけることです。ここで指定した値が、その定数の値になります（図1）。定数名は好きな名前を付けられますが、変数名と同様の制限（P132参照）があります。どのような定数なのか、意味がわかるような定数名をつけましょう。

また、変数と同様に、プロシージャ内で宣言すればその定数はそのプロシージャ内のみ有効になり、モジュールの冒頭で宣言すればそのモジュール内のどのプロシージャでも使えます。

図1　ユーザー定義の定数

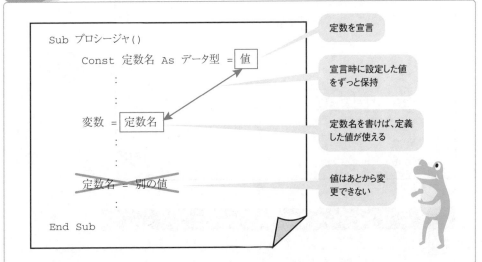

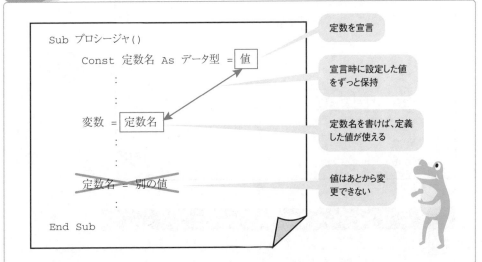 の内容:

```
Sub プロシージャ()

    Const 定数名 As データ型 = 値

        :
        :
        :
    変数 = 定数名
        :
        :
        :
    定数名 = 別の値
        :
        :
End Sub
```

- 定数を宣言
- 宣言時に設定した値をずっと保持
- 定数名を書けば、定義した値が使える
- 値はあとから変更できない

 側注:

1, 2, 3, 4, 5, 6, 7

ループと変数

173

定数を使うメリット

定数は具体的にどのような用途で使えばよいのでしょうか？　たとえば、プログラムの中である決まった数値を何箇所に用いるとします。もし、コード内にその数値を直接記載したとすると、その数値を変更したい場合、コード内のすべての該当箇所を変更しなければならず、大変手間がかかります。一方、その数値をあらかじめ定数として用意しておけば、もし後から数値を変更することになっても、冒頭で定数を定義している部分の数値だけを変更すれば済みます（図2の①）。

同じことを変数でもやれないことはありません。冒頭で変数を宣言して値を代入しておけば、定数と同じように使えます。しかし、変数ではコードの記述ミスなどによって、うっかり別の値を代入してしまい、値が変更されてしまう可能性があります。その点、定数なら値は絶対に変更されません。このようにプログラムで用いる数値で、絶対に途中で変更されたくない数値は定数を用いるとより確実です。

また、コードの中にさまざまな数値を直接記述すると、後で見直した際、それぞれが何のための数値なのかわからなくなってしまいます。最も危険なのは、違う用途の数値なのに、偶然一緒の値であった場合、数値を直接記述すると区別がつかなくなります（図2の②）。

たとえば、「処理したいセルの列番号が10（J列）で、1〜10行目まで繰り返し処理したい」といったケースです。そのような場合、後から変更しようとした際、同じ「10」という数値を直接記述したコードゆえに混同してしまい、不具合の原因となってしまいます。定数を使えば、たとえ同じ値でも違う定数としてコード内には記述されるので、何の数値なのか意味がわかりコード自体が見やすくなり、変更の際に間違える危険も減らせます。

図2　数値を直接指定すると生ずる問題は定数で解決！

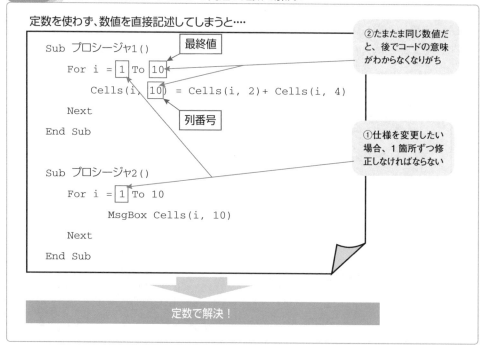

「計算ドリル」で定数を使う

　それでは「計算ドリル」にて、自分で定義した定数を使ってみましょう。「チェック」プロシージャと「リセット」プロシージャの両方にFor...Nextステートメントによるループを使っていますが、両者とも初期値は「4」で終了値は「8」となっています。もし初期値や終了値を変更するとなった場合、個々に書き換えなければなりません。そこで、定数に置き換えてやりましょう。

　2つのプロシージャで共通して使う定数なので、プロシージャ内ではなくモジュールの冒頭に宣言します。ここでは、初期値に用いる定数名は「ORG_RW」、終了値に用いる定数名は「DST_RW」とします。これらの定数を定義するには、モジュール冒頭に次のように記述します。

```
Const ORG_RW As Long = 4
Const DST_RW As Long = 8
```

　定数を定義したところで、次は「チェック」プロシージャと「リセット」プロシージャのFor...Nextステートメントにて、「4」をORG_RWに、「8」をDST_RWに置き換えてください。すると、コードを次のようになります。

```
Option Explicit

Const ORG_RW As Long = 4 ─────────────────── 定数を定義
Const DST_RW As Long = 8 ─────────────────── 定数を定義

Sub チェック()
    Dim i As Long


    For i = ORG_RW To DST_RW──────────────── 定数で置き換え
        If Cells(i, 1).Value + Cells(i, 3).Value = Cells(i, 5).Value Then
            Cells(i, 5).Font.Color = vbBlue
        Else
            Cells(i, 5).Font.Color = vbRed
        End If
    Next
End Sub


Sub リセット()
    Dim i As Long


    For i = ORG_RW To DST_RW──────────────── 定数で置き換え
        Cells(i, 5).ClearContents
```

```
        Cells(i, 5).Font.Color = vbBlack
    Next
End Sub
```

　このようにコードを変更しても、［check］ボタンや［reset］ボタンの機能は何ら変わりません。しかし、定数を用いたことで、変更に強く、見やすいコードになったのです。

　他にもCellsプロパティ内で「1」や「3」や「5」といった列を指定する数値が直接記述されています。これらも両プロシージャで共通する決まった値なので、定数化しておくとよいでしょう。

　A列を示す「1」には「NUM1_CLM」、C列を示す「3」には「NUM2_CLM」、E列を示す「5」には「ANSW_CLM」という定数を定義して、置き換えるとします。すると、コードは次のようになります。

```
Option Explicit

Const ORG_RW As Long = 4
Const DST_RW As Long = 8
Const NUM1_CLM As Long = 1
Const NUM2_CLM As Long = 3
Const ANSW_CLM As Long = 5

Sub チェック()
    Dim i As Long

    For i = ORG_RW To DST_RW
        If Cells(i, NUM1_CLM).Value + Cells(i, NUM2_CLM).Value = Cells(i, ANSW_CLM).Value Then
            Cells(i, ANSW_CLM).Font.Color = vbBlue
        Else
            Cells(i, ANSW_CLM).Font.Color = vbRed
        End If
    Next
End Sub

Sub リセット()
    Dim i As Long

    For i = ORG_RW To DST_RW
        Cells(i, ANSW_CLM).ClearContents
```

```
            Cells(i, ANSW_CLM).Font.Color = vbBlack
        Next
End Sub
```

　上記のように定数化しておけば、もし問題と回答欄の列をA、C、E列からB、D、F列に変更したい場合でも、定数の宣言部分だけを書き換えれば済むようになります。これが定数を使わず数値を直接記述したままなら、該当箇所すべてを書き換えなければなりません。

　このように定数を使って、コード内に直接数値を記述する箇所を極力なくすのが理想です。コードを記述する際、いちいち定数を宣言するのは確かに面倒なので、ついつい数を直接記述したくなります。また、定数を使うと、コードの分量が増えてしまいます。しかし、本節であげた定数のメリットを思い出し、「後々の大きな手間やトラブルを避けるため、今ガマンしてちょっとだけ手間をかけよう」と、なるべく定数を利用するよう心がけてください。このことは文字列にもあてはまります。さらには、本節で説明した定数の活用は、VBAに限らず、プログラミング言語全般に共通する大切なコツなのです。

　また、先ほど定数名は大文字アルファベットと「_」（アンダースコア）だけで命名しました。一方、変数名には小文字アルファベットも用いています。VBAの文法・ルールではありませんが、自分で定義した定数は変数と区別しやすいよう、このような基準で命名することをオススメします。もちろん、区別がつけば他の基準でもよいのですが、なかばVBAの慣例となっていることもあり、特にこだわりなければ、この基準で命名するとよいでしょう。

ポイント

・プログラム内で使う決まった数値はなるべく定数化しておくと、あとあと大変楽になる

コメントはマメに記述しておこう

　定数がたくさん登場してきたので、各定数がどのような意味の数値なのかわかるよう、コメントを入れてやりましょう。ついでに変数や処理内容、条件分岐の条件なども、意味や役割などの情報をコメントとして残しておくと、あとから機能の追加・変更したい場合などに役立つでしょう。計算ドリルでコメントをつけたコードの一例を下記に提示しておきます。コメントの文言はわかりやすければ、どのような文言でも構いません。

```
Option Explicit

Const ORG_RW As Long = 4        '問題の開始行
Const DST_RW As Long = 8        '問題の終了行
Const NUM1_CLM As Long = 1      '問題の数値1の列
```

```
Const NUM2_CLM As Long = 3       '問題の数値2の列
Const ANSW_CLM As Long = 5       '回答欄の列

Sub チェック()
    Dim i As Long                 'カウンタ変数

    For i = ORG_RW To DST_RW
        'A列の値とC列の値の和がE列に入力された答えと正しいか判定
        If Cells(i, NUM1_CLM).Value + Cells(i, NUM2_CLM).Value = Cells(i,
ANSW_CLM).Value Then
            Cells(i, ANSW_CLM).Font.Color = vbBlue   '正解なら文字色を青に
        Else
            Cells(i, ANSW_CLM).Font.Color = vbRed    '不正解なら文字色を赤に
        End If
    Next
End Sub

Sub リセット()
    Dim i As Long                 'カウンタ変数

    For i = ORG_RW To DST_RW
        Cells(i, ANSW_CLM).ClearContents          '値をクリア
        Cells(i, ANSW_CLM).Font.Color = vbBlack   '文字色を黒に
    Next
End Sub
```

　新規にコードを作成した際のみならず、追加・変更した際も、いつ誰がどのような追加・変更をしたのかわかるよう、コメントも追加・変更したり、変更履歴を記述したりしておくとよいでしょう。コメントも定数同様、記述するのは確かに面倒ですが、後々のことを考えると極力マメに記述しておきたいものです。このことも、VBAに限らず、プログラミング言語全般に共通する大切なコツです。

ポ イ ン ト

・コメントはマメに記述しておこう。追加・変更時は忘れずにコメントを更新

5-9 その他の繰り返し

● 条件を満たしている間処理を繰り返す

　VBAにはFor...Nextステートメント以外にもループを作成するためのステートメントがいくつか用意されています。本節では代表的なものを説明します。

　まずは「条件を満たしている間処理を繰り返す」というループを作成する「Do While...Loop」ステートメントです。書式は次の通りです。

<hr>

書　式

```
Do While 条件式
      処理
Loop
```

<hr>

　同ステートメントは「条件式」を満たしている限り、「処理」が繰り返し実行されます。

　たとえば、次のようにセルにデータが入力されている場合（画面1）の処理を考えます。

▼画面1　コードに用いるセル

	A	B	C
1	あ		
2	あ		
3	あ		
4	あ		
5	あ		
6	い		
7	い		
8	い		
9			
10			
11			
12			

値が「あ」であるセルだけ文字色を赤にしたい!!

　A列の1〜5行目までは「あ」、6〜8行目には「い」が入力されています。「あ」が入力されている行の範囲のセルだけ、文字色を赤にしたいとします。そのコードは次のようになります。

```
Dim i As Long

i = 1

Do While Cells(i, 1).Value = "あ"
    Cells(i, 1).Font.Color = vbRed
    i = i + 1
Loop
```

　Long型変数の「i」を、行を管理する変数として用意し、ループが1回まわるごとに「i = i + 1」というコードで1を加算し、対象セルの行を進めています。A1セルから行方向へセルを順番に見ていくため、2行目でiに1を代入して初期化し、「Cells(i, 1)」とセルを指定して、iに1を加算しつつループをまわしています（図1）。

図1　Do While...Loopステートメントの例の仕組み

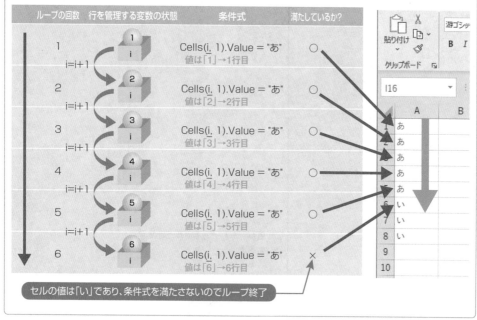

　For...Nextステートメントのカウンタ変数の使い方と大きく異なるのは、For...Nextステートメントは最終値を設定するのに対して、Do While...Loopでは最終値そのものがありません。ループの終了は、カウンタ変数が最終値に達したかどうかではなく、条件式を満たしている

かどうかで決まります。つまり、Do While...Loopステートメントは、ループをまわす回数が決まっていない繰り返し処理に最適なのです。

なお、Do While...Loopステートメントは次のような書式でも記述できます。

書 式

```
Do
      処理
Loop While 条件式
```

このように記述すると、1回ループをまわしてから条件式を判別するようになります。少なくとも1回は処理を実行したいループの場合はこの書式で記述しましょう。

条件を満たすまでの間処理を繰り返す

Do While...Loopステートメントが条件を満たしている間処理を繰り返すのに対し、条件を満たすまで処理を繰り返すのが「Do Until...Loop」ステートメントです。書式は次の通りです。

書 式

```
Do Until 条件式
      処理
Loop
```

たとえば、Do While...Loopステートメントの例と同様にセルにデータが入力されている場合（画面1）、「あ」だけ文字色を赤にするコードは次のようになります。

```
Dim i As Long

i = 1

Do Until Cells(i, 1).Value = "い"
    Cells(i, 1).Font.Color = vbRed
    i = i + 1
Loop
```

セルを行方向に順番に見ていき、「い」という文字が出てきたところでループを止めています。つまり、セルの値が「い」であるという条件を満たすまでループをまわしています（図2）。これで「あ」というセルはすべて処理が実行され、文字色が赤に設定されます。

図2 Do Until...Loopステートメントの例の仕組み

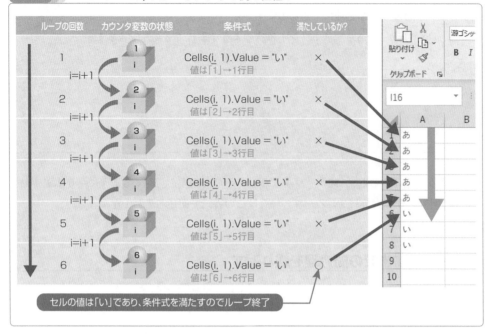

Do Until...Loopステートメントもループをまわす上限が決まっていない繰り返し処理に最適です。Do While...Loopステートメントとループがまわる条件の違いをしっかりと認識してください。

また、Do Until...Loopステートメントも次のように記述することで、少なくとも1回は処理を実行するループにできます。

書式

```
Do
    処理
Loop Until 条件式
```

指定したオブジェクトの集合内のすべてのオブジェクトに対して処理を繰り返す

指定したオブジェクトの集合内のすべてのオブジェクトに対して処理を繰り返すループが、「For Each...Next」ステートメントです。書式は次の通りです。

書式

```
For Each 変数 In オブジェクトの集合
    処理
Next
```

　For Each...Nextステートメントは初心者にとって非常にわかりにくい仕組みです。概念的な説明よりも、サンプルを見ながらの方がよりわかりやすいかと思いますので、下記に用意しました。D2セルからF6セルの範囲のすべてのセルに「あ」という文字を入力するコードになります。実行結果は画面2になります。

```
Dim myRange As Range

For Each myRange In Range("D2:F6")
     myRange.Value = "あ"
Next myRange
```

▼**画面2　上のコードを実行すると…**

D2〜F6に「あ」が入力された

　書式の「オブジェクトの集合」には、セルというオブジェクトの集合ということで、Rangeオブジェクトを使って「Range("D2:F6")」とセル範囲を指定しています。書式の「変数」には、「オブジェクトの集合」に指定するオブジェクトと同じ種類の変数を用意します。サンプルでは「オブジェクトの集合」にセル範囲を指定しているので、「変数」として1行目でRangeオブジェクトの変数「myRange」を宣言して用意しています。データ型はセルを入れる変数なので、「Range」を指定します。

　ループが1回まわるごとに、「オブジェクトの集合」に指定したD2セルからF6セルの範囲のセルが順番に変数「myRange」に格納されます。その変数「myRange」を使って、ループ内で「あ」を入力するという処理を行っています（図3）。D2〜F6セル範囲をちょうど「Z字」のかたちで順に移動し、各セルが順に変数「myRange」に格納されることになります。

　For Each...Nextステートメントはこのような仕組みによって、指定したオブジェクトの集合内のすべてのオブジェクトに対して処理を繰り返し実行できるのです。

ループと変数

図3　**For Each...Nextステートメントの例の仕組み**

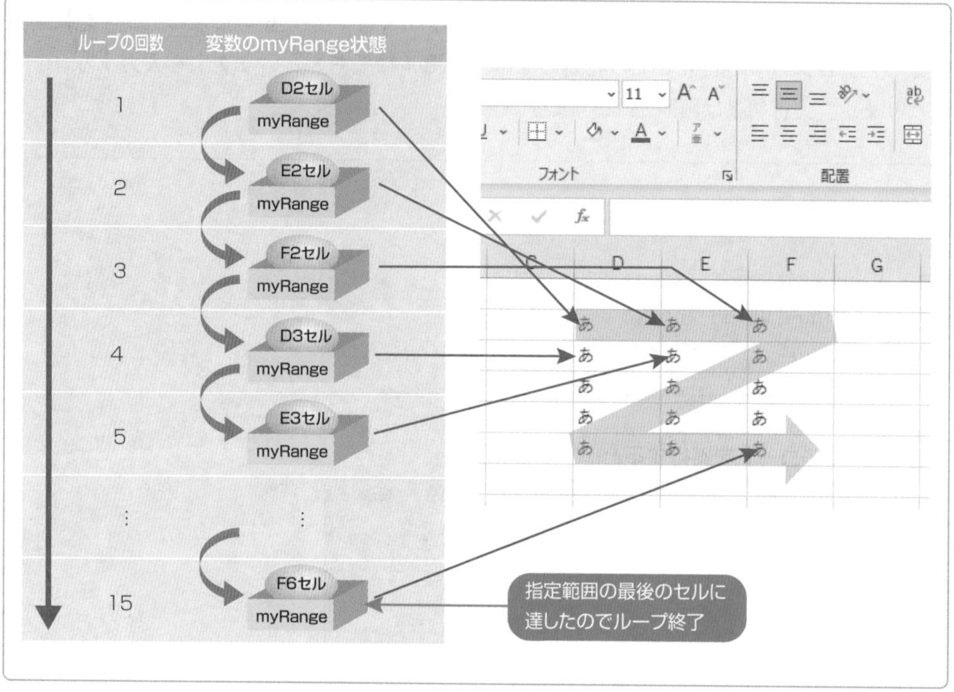

ループの回数	変数のmyRange状態
1	D2セル myRange
2	E2セル myRange
3	F2セル myRange
4	D3セル myRange
5	E3セル myRange
⋮	⋮
15	F6セル myRange

指定範囲の最後のセルに
達したのでループ終了

　For Each...Nextステートメントはマスターすれば非常に便利な仕組みなので、最初は理解できなくとも、あせらずジックリと理解していってください。

　なお、ここで「オブジェクトの集合」と表現したものは、VBAでは「コレクション」と呼ばれます。コレクションの詳細は第7章で改めて説明します。

ループを強制的に抜ける

　VBAにはループを強制的に抜けるためのステートメントが用意されています。Forループでは「Exit For」、Doループでは「Exit Do」とループ内に記述すると、強制的にループを終了して抜けることができます。たとえば、ループ内にIfステートメントを記述し、ある条件を満たしたらExit For/Exit Doステートメントを実行する、といった使い方をします。

第 **6** 章

VBA関数〜
VBA専用の関数を使おう

・・・・・・・・・・・・・・・・・

　Excelで「関数」といえば、SUMなどセル内に入力して使う機能を思いうかべる方が多いかと思いますが、実はExcelにはもう一種類の関数があります。それは、「VBA関数」と呼ばれる関数です。本章ではこのVBA関数の使い方を中心に学習します。そして、今まで作成に取り組んできたアプリケーション「計算ドリル」が本章で完成を迎えます。

VBAの「関数」とは

みなさんは「関数」と聞くと、普段ワークシート上のセル内に記述しているSUM関数やVLOOKUP関数やIF関数などを思い浮かべることでしょう。これら「関数」は引数を指定して記述してやれば、何かしらの処理を実行したり、実行結果の値（戻り値）を返したりする機能になります。

実はVBAでも「関数」が使えるのです。ただし、みなさんにおなじみのSUM関数やVLOOKUP関数のような関数とは別の系統の関数になります。SUM関数やVLOOKUP関数のような関数は、セルに入力して使うなどワークシート上で利用することから、「**ワークシート関数**」と呼びます。一方、VBAの関数は「**VBA関数**」と呼ばれます。VBA関数はVBE上にて、VBAのコード内に記述して使う関数です。プロシージャの中にVBA関数を引数を指定して記述し、何らかの処理を実行したり、実行結果の値（戻り値）を得てその後の処理に使ったりします。

みなさんは本書でこれまでにMsgBoxという命令文を利用してきましたが、実はこのMsgBoxはVBA関数の1つになります。他にも、VBAには、さまざまな種類のVBA関数が用意されています。中には、ワークシート関数と名前も機能も使い方もそっくりなものがあります。しかし、あくまでもVBA関数はVBAのコード内に記述するものであり、ワークシート上のセル内に記述するワークシート関数とはまったくの別モノです。両者を混同しないように注意してください（図1）。

図1 VBA関数とワークシート関数の違い

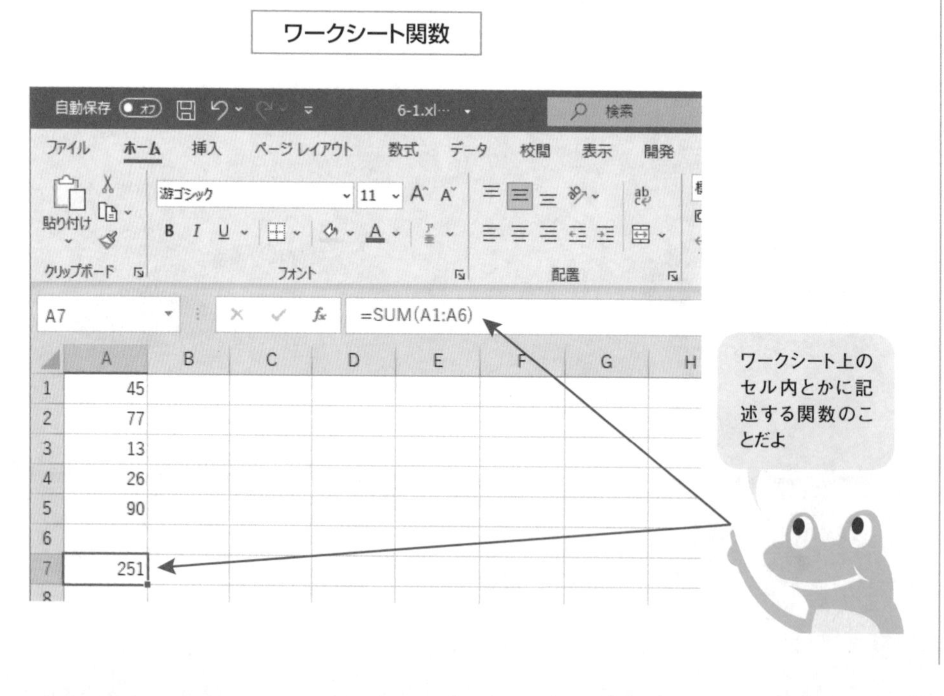

ワークシート関数

ワークシート上の
セル内とかに記
述する関数のこ
とだよ

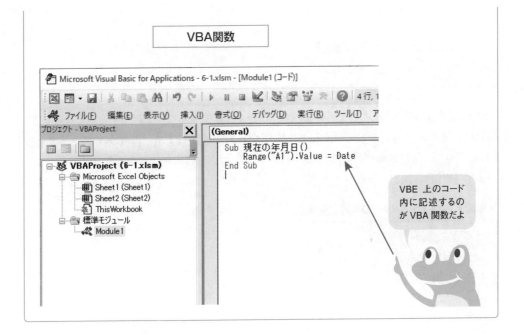

関数の使い方の基本

VBA関数を使うには、コード内に次の書式で記述します。

書 式

VBA関数名 (引数)

　オブジェクトのメソッドの書式と似ています。前に「オブジェクト名.」と記述しないだけで、後半の部分は同じ書式になります。関数によっては引数が必要なかったり（あるいは引数が省略可能）、逆に複数あったりします。引数が必要ない関数は「()」は記述する必要なく、単に関数名だけを記述すればOKです。引数が複数ある場合は「,」（カンマ）で区切って、並べて指定します。

　この書式にしたがい、単にコード内に「関数名(引数)」と記述すれば、そのVBA関数が実行されます。また、「変数 = 関数名(引数)」といった形式で記述すれば、そのVBA関数を実行後、その変数にそのVBA関数の戻り値を代入できます。さらには、「MsgBox 関数名(引数)」や「オブジェクト名.メソッド名(関数名(引数))」などと、そのVBA関数の戻り値をメソッドや他のVBA関数の引数に指定することも可能です。

　たとえば、現在の年月日を取得し文字列として返すVBA関数「Date」を使い、A1セルに現在の年月日を提示するなら、コードは次のようになります。ここではプロシージャ名を「現在の年月日」とします。

```
Sub 現在の年月日()
    Range("A1").Value = Date
End Sub
```

Date関数は引数なしのVBA関数なので、このように関数名だけを記述することなります。括弧は記述しません。もし記述すると、VBEが自動で削除します。Rangeオブジェクトの Valueプロパティに Date 関数の戻り値を代入することで、A1セルに現在の年月日を表示しています（画面1、図2）。

▼**画面1　A1セルに現在の年月日を表示**

	A	B
1	2021/6/28	
2		
3		

図2　Date関数をRangeオブジェクトのValueプロパティに代入

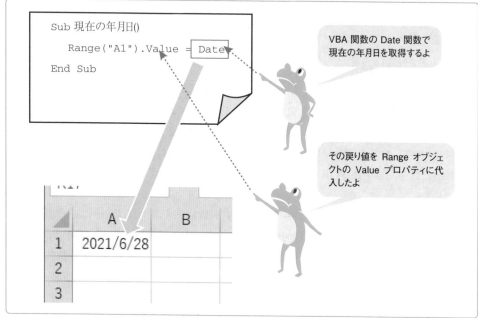

```
Sub 現在の年月日()
    Range("A1").Value = Date
End Sub
```

VBA 関数の Date 関数で現在の年月日を取得するよ

その戻り値を Range オブジェクトの Value プロパティに代入したよ

	A	B
1	2021/6/28	
2		
3		

さまざまな種類のVBA関数が使える

先述した通り、VBA関数にはさまざまな種類があります。大まかなカテゴリに分類すると、代表的なものは次の通りになります（表1）。

▼**表1　VBA関数の代表的なカテゴリ**

カテゴリ	関数例	機能
文字列操作	Len	文字列の文字数を返す
	UCase	アルファベットの小文字を大文字に変換する
日付/時刻操作	Date	現在の日付を返す
	Time	現在の時刻を返す
数値/操作	Rnd	0〜1のランダムな値を返す
	Int	数値の整数部分を返す
その他	MsgBox	メッセージボックスに文字列を表示
	InputBox	文字列を入力するダイアログボックスを表示し、入力された値を返す

ここにあげたVBA関数はほんの一部であり、他にもさまざまなVBA関数が用意されています。本書では、「計算ドリル」にて「Rnd」関数と「Int」関数の使い方を解説するのみにとどめます。他のVBA関数については割愛しますので、他の参考書やWebサイトなどを参考にしてください。

無論、すべてのVBA関数をおぼえることは不可能ですし、あまり意味がありません。まずは上記のカテゴリだけを把握しておき、VBAでプログラミングしていく中で、たとえば文字列操作が必要になった際は、「そういえば文字列操作ができるVBA関数がいくつかあるはずだよな。ほしい機能を持った関数がないか、調べてみよう」と、毎回必要に応じて調べていけばよいでしょう。日付/時刻や数値の操作が必要になった際も同様です。その繰り返しの中で、自分がよく使う関数を徐々におぼえていけばよいのです。

なお、VBA関数の中にはワークシート関数と同じような名前・機能の関数が少なくありません。ですから、VBAでプログラミングしていく中で、ワークシート関数と同じような機能が欲しくなったら、該当するVBA関数がないかまずは探してみましょう。ただし、Date関数のように、VBA関数とワークシート関数で同じ名前でも、機能が異なるものもあるので注意してください。ちなみに、VBA関数のDate関数と同じ機能を持つワークシート関数はTODAY関数になります。

コラム

VBAでワークシート関数を使うには

VBAでは「WorksheetFunction」オブジェクトを使えば、ワークシート関数を VBAで使うことができます。書式は次の通りです。

書式

```
WorksheetFunction.ワークシート関数名(引数)
```

注意していただきたいのは、上記書式でワークシート関数の引数にセルを指定する場合、通常のワークシート関数を使う際のようにセル番地を直接記述するのではなく、Rangeオブジェクトとして記述しなければならないことです。たとえば、A1セルから A4セルの合計値をワークシート関数のSUM関数を使って求めるVBAのコードは次のようになります。

```
WorksheetFunction.Sum(Range("A1:A4"))
```

また、どのワークシート関数が使えるのかを知るには、ヘルプなどを参照する以外の方法として、VBE上で「WorksheetFunction.」まで記述した際に候補として表示されるワークシート関数のリストを参照するとよいでしょう（画面）。

▼**画面** 「WorksheetsFunction」で使えるワークシート関数の候補リストが表示される

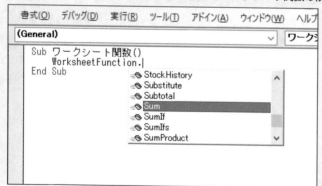

「計算ドリル」で関数を使ってみよう

 関数を利用してランダムな数値を生成する

　「計算ドリル」の仕様の中で、[reset] ボタンをクリックすると、A列とC列に最大2桁（0〜99）のランダムな整数が自動的に入力され、問題が作成されるという機能（第1章1-6節 P41参照）のみ、まだ作成していませんでした。ここでVBA関数を使って、その機能を作成してみましょう。

　VBA関数にはランダムな数値を生成するRnd関数があります。生成した数値はVBA関数の戻り値として得られます。「計算ドリル」の目的の機能は、このRnd関数を軸に用いて実現します。ただし、Rnd関数は0以上1未満の小数を返すという機能のVBA関数になります。たとえば次のようなプロシージャなら、実行する度に「0.301948010921478」などのランダムな小数がA1セルに表示されます。

```
Sub Rnd関数テスト()
    Range("A1").Value = Rnd
End Sub
```

　「計算ドリル」では問題に0〜99の整数を用いるので、Rnd関数で得た小数をそのような整数にするために一工夫が必要です。そこで登場するのが、同じくVBA関数のInt関数です。同関数は引数に指定した数値の整数部分のみを返します。このInt関数とRnd関数を組み合わせて、最大2桁（0〜99）のランダムな整数を生成するコードを記述します。プログラミング初心者には少々ややこしく感じるかと思いますが、次の仕組みになります。

❶Rnd関数でランダムな小数を生成
❷❶に100を掛けて0以上100未満の範囲の数値にする
❸Int関数で❷の整数部分のみを取り出す

　これで0以上100未満のランダムな整数を生成できます。❷で100倍するのは、整数部分を2桁にするためです。❶〜❸をコードに記述すると次のようになります（図1）。

```
❶Rnd
❷Rnd * 100
❸Int(Rnd * 100)
```

図1 Int(Rnd * 100) の仕組み

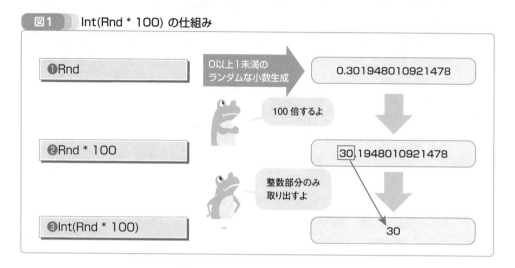

❸のようにコードを記述すれば、仕様通り0〜99のランダムな整数を生成できます。この仕組みがどうしても理解できない方は、「コードの中でVBA関数のRndとIntを上記のように組み合わせれば、0〜99のランダムな整数を生成できる」とだけ認識し、先に進んでください。

このコードをさっそく「リセット」プロシージャに組み込んでみましょう。仕様では、計算問題として、A列およびC列の4〜8行目にランダムな数値を入力します。すでにE列の4〜8行目の値をクリアする処理を作成しましたが、同じ4〜8行目を処理するということで、そのループの中にA4〜A8セルおよびC4〜C8セルにランダムな整数を入力する処理を追加してやります。すると、コードは次の通りになります。

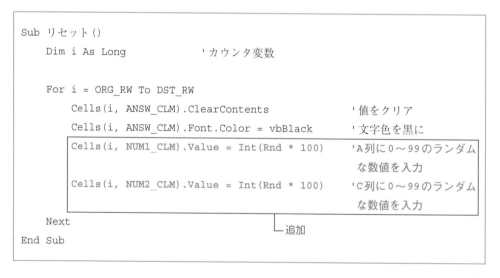

```
Sub リセット()
    Dim i As Long                    'カウンタ変数

    For i = ORG_RW To DST_RW
        Cells(i, ANSW_CLM).ClearContents            '値をクリア
        Cells(i, ANSW_CLM).Font.Color = vbBlack     '文字色を黒に
        Cells(i, NUM1_CLM).Value = Int(Rnd * 100)   'A列に0〜99のランダム
                                                    な数値を入力
        Cells(i, NUM2_CLM).Value = Int(Rnd * 100)   'C列に0〜99のランダム
                                                    な数値を入力
    Next                            └ 追加
End Sub
```

7行目がA列に、8行目がC列に0〜99までのランダムな整数を入力するコードです。7行目にも8行目にもコメントも記述しておきました（誌面上では2行にわたっていますが、1行で記述してください）。これで［reset］ボタンをクリックするごとに、計算ドリルの問題がラ

ンダムに作成されます。みなさんもお手本の「計算ドリル」の「リセット」プロシージャを上のように追記した後、実際に［reset］ボタンをクリックして、ちゃんと仕様通り0～99の整数が入力されるか試してみてください。［reset］ボタンをクリックする毎に、入力される整数は更新されます（画面1、2）。

▼**画面1**　**［reset］ボタンをクリックする度に新たな問題が作成される**

	A	B	C	D	E	F
1	計算ドリル					
2				check	reset	
3						
4	17	+	81	=		
5	21	+	96	=		
6	7	+	7	=		
7	80	+	38	=		
8	47	+	12	=		
9						
10						

▼**画面2**　**新たな問題が生成される**

	A	B	C	D	E	F
1	計算ドリル					
2				check	reset	
3						
4	70	+	53	=		
5	57	+	28	=		
6	30	+	77	=		
7	1	+	76	=		
8	81	+	70	=		
9						
10						

問題が更新された

　もちろん［reset］ボタンをクリックした際は、第5章までに作成してセルの色をクリアし、文字色を黒に設定するという処理もあわせて実行されます。

　これで「計算ドリル」は完成です。長い間おつかれさまでした。いかがでしょうか？　この「計算ドリル」で学習したVBAのプログラミングの内容は必要最小限であり、ボリューム的には少ないコードですが、VBAのプログラミングの基本とコツはマスターできましたでしょうか？　次章では、いよいよ"本命"のアプリケーション「販売管理」を作成します。本章までに学んだ知識を活かし、かつ、新たな知識も学びつつ、より実践的なVBAのプログラミングを学んでいきましょう。

コラム

ユーザー定義関数を作成・利用する

本章ではVBA関数を学びましたが、VBAでは、VBAにあらかじめ用意されたVBA関数の他に、ユーザーが自分でオリジナルの関数を定義して使うこともできます。そのような関数は「ユーザー定義関数」などと呼ばれます。

ユーザー定義関数を定義するには、第2章で名前だけ紹介した「Function」プロシージャを利用します。基本となる書式は次の通りです。ユーザー定義関数を定義するコードを記述する場所は、標準モジュールなどSubプロシージャと同じ場所になります。

書 式

```
Function 関数名()
    処理
End Function
```

このように定義したユーザー定義関数は、他のSubプロシージャ内で呼び出して使えるようになります。呼び出し方は本章で学んだVBA関数と同じになります。Subプロシージャ内でユーザー定義関数を呼び出すと、上記書式の「処理」に記述された処理が実行されます。

また、ユーザー定義関数は引数を設けることも可能です。メソッドなどの引数と同様に、引数に渡す値に応じて実行結果を変えることができます。引数ありの場合の書式は次の通りです。

書 式

```
Function 関数名(引数名 As 引数のデータ型)
    処理
End Function
```

引数を複数設けたい場合は、「,」（カンマ）で区切って並べてください。Subプロシージャ内でユーザー定義関数を呼び出す際は当然、引数に渡す値や変数を指定してやる必要があります。

さらには、戻り値を設けることもできます。戻り値ありの場合の書式は次の通りです。

> **書 式**
>
> ```
> Function 関数名 ( 引数名 As 引数のデータ型 ) As 戻り値のデータ型
>     処理
>       :
>       :
>     関数名 = 戻り値
> End Function
> ```

　引数の括弧の後ろに、「As」に続けて戻り値のデータ型を指定します。そして、戻り値はFunctionプロシージャ内の最後に、「関数名＝戻り値」と指定します。このように関数名に戻り値を代入することで、関数実行後にその戻り値が返されます。

　なお、引数なしで戻り値のみありというユーザー定義関数も定義できます。書式は、上記書式にて、括弧内で引数を指定している部分を取り除き、ただ「()」とすればOKです。

　では、Functionプロシージャによるユーザー定義関数の簡単な例を見てみましょう。ユーザー定義関数名は「Tax」とします。機能は、引数に受け取った金額の消費税（10%）込み価格を求めるというものです。具体的な処理の内容は、引数として受け取った金額の数値に1.1を掛けた値を戻り値として返すとします。引数名は「Price」とし、Long型とします。戻り値もLong型とします。すると、コードは次のようになります。

> **書 式**
>
> ```
> Function Tax(Price As Long) As Long
>     Tax = Price * 1.1
> End Function
> ```

　関数名である「Tax」に対して、引数のPriceに1.1を掛けた結果を代入しています。これで、引数として受け取った金額の数値を1.1倍した値が戻り値として返されることになります。

　このTax関数をSubプロシージャ内で利用する例は次の通りです。

> **書 式**
>
> ```
> Sub Prc()
>     MsgBox "税込み" & Tax(1000) & "円です。"
>     MsgBox "税込み" & Tax(600) & "円です。"
> End Sub
> ```

　2行目と3行目でTax関数を利用しています。2行目はTax関数の引数に「1000」を渡しています。1.1倍された値である「1100」が戻り値として得られ、この戻り値に「税込み」と「円です。」という文字列を&で連結し、MsgBox関数の引数に渡しています。よって、2行目を実行すると、メッセージボックスに「税込み1100円です。」と表示されます。

　3行目はTax関数の引数に渡す値が「600」となっている以外は2行目と全く同じです。実行すると、メッセージボックスに「税込み660円です。」と表示されます。

　以上がユーザー定義関数の作成・利用の基本です。似たような処理を複数のSubプロシージャで行う場合は、共通する処理をユーザー定義関数として括りだしておくと、コードの記述がグッと楽になります。その上、処理の内容を追加・変更したい場合でも、ユーザー定義関数のコードを修正するだけで済みます。このようにさまざまなメリットが得られますので、適宜活用しましょう。

　なお、SubプロシージャもCall（第7章参照）を使えば、別のSubプロシージャ内で呼び出すことができます。よって、共通する処理をSubプロシージャに括りだしておくという手段も確かに可能です。それに、SubプロシージャはFunctionプロシージャと同様に引数も設けられます。しかし、Subプロシージャには戻り値を設けることができません。そのため、共通処理を括り出す際、戻り値が必要な場合は、Functionプロシージャによるユーザー定義関数を利用するとよいでしょう。

第 7 章

VBAの
実践アプリケーション
「販売管理」の作成

・・・・・・・・・・・・・・・・・

　「計算ドリル」の作成を通じて、Excel VBAのプログラミングの基本的な要素を一通り学んだところで、いよいよ本章で「販売管理」の作成に挑戦します。今まで学んだ内容を用いつつ、本章で新たに学ぶ内容も交えながら、アプリケーションを作成していきます。より難しい内容が登場したり、より複雑な機能を作り上げたりと、初心者の方には大変かと思いますが、あせらずジックリと作成を進めていきましょう。

7-1 アプリケーション「販売管理」の作成の流れ

●「販売管理」を段階的に作成していく

本章ではいよいよアプリケーション「販売管理」の作成に取りかかります。作成にあたり、まずは手始めとして、「販売管理」がどのような機能を持ったアプリケーションなのか、第1章1-6節（P34）で説明した仕様をここで再び提示しておきます。①～③の画面については第1章1-6節を参照してください。

①「販売」ワークシートの［請求書作成］ボタンをクリックします。

②ドロップダウンから請求書を発行したい顧客を選択します。

③選択した顧客用の請求書のワークシートが作成されます。
　具体的な処理は次の通りになり、すべて自動で実行されます。

・テンプレートの「請求書雛形」ワークシートをワークシート群の末尾にコピーします。
・ワークシート名を選択した顧客の名前に設定します。
・宛先と請求書の発行日を入力します。
・請求項目の表のA列「日付」、B列「商品」、C列「単価」、D列「数量」、E列「金額」のセルに対して、「販売」ワークシートの表にある顧客の該当データをコピーします。言い換えると、選択した顧客の販売データを抽出して、転記することになります。

このアプリケーション「販売管理」に用いるワークシートとして、あらかじめ用意しておくのは次の2つのワークシートでした。

・「販売」ワークシート
　販売の履歴を表に記録したワークシート
・「請求書雛形」ワークシート
　請求書のテンプレート

「販売」ワークシートについては、表のどの列にどのような販売データが入力されているのか、第1章1-6節を読み直しておさらいしておいてください。「請求書雛形」ワークシートですが、どのセルがどのようなデータなのか、概要は第1章1-6節で説明しましたが、ここで、それぞれのセルにどのような書式や数式があらかじめ設定・入力されているのか、詳細を画面1で説明します。また、どのセルをあらかじめ設定・入力するのか、そのコツを7-3節で改めて解説します。

▼画面1 テンプレート解説

請求書の発行日(E2 セル)
文字のサイズは 10 ポイント、表示形式は「セルの書式設定」で「長い日付形式」に設定しておきます。テンプレートでは空白セルとなっています。

宛先(販売先の顧客名)
A6 セルと B6 セルを結合して中央揃えにしています。文字のサイズは 14 ポイント、スタイルは[太字]に設定しておきます。

請求項目
日付(年月日)と商品、単価、数量、金額を表で記します。文字のサイズは 11 ポイントです。日付のセルは、表示形式を「短い日付」に設定しておきます。単価と金額のセルは、表示形式を「通貨 ¥-1,234」に設定しておきます。

小計(E51 セル)
各商品の単価 × 数量をすべて加算します。あらかじめ入力しておく式と表示形式は次の通りです。
式　　　：=SUM(E12:E50)
表示形式：通貨　¥-1,234

消費税(E52 セル)
小計に 0.1(10%)を掛けて消費税を計算します。あらかじめ入力しておく式と表示形式は次の通りです。
式　　　：=E51*0.1
表示形式：通貨　¥-1,234

合計(E53 セル)
小計と消費税を加算します。あらかじめ入力しておく式と表示形式は次の通りです。
式　　　：=E51+E52
表示形式：通貨　¥-1,234

ご請求額(B55 セル)
合計である E53 セルの数値をそのまま表示します。式と表示形式は次の通りです。
式　　　：=E53
表示形式：数値-1,234
文字のサイズ：14 ポイント
スタイル：[太字]

請求書が表示されている A1～E57 セルの範囲を、あらかじめ[印刷範囲]として設定しておきます。

テンプレート全体フォントはすべて「游ゴシック」に設定しておきます。

VBAの実践アプリケーション「販売管理」の作成

1
2
3
4
5
6
7

これら2つのワークシート「販売」と「請求書雛形」をあらかじめ用意しておき、仕様を満たす機能をVBAでプログラミングしていきます。

「販売管理」の作成に移る前に、作成の大まかな流れを説明しておきます。「販売管理」は機能や構成が初心者にはやや複雑なため、いきなりフルで仕様を満たすようにプログラミングをしていきません。「計算ドリル」の正誤チェック機能などの作成と同様に、まずはシンプルなかたちで機能を作って動作を確認します。続けて、コードを追加・変更し、機能を追加・変更しては動作を確認するということを繰り返しつつ、徐々に仕様に近づけていく、といった流れで段階的に作成していきます。

具体的には次の流れになります。何となくでよいので、頭に入れておいてください（STEP1〜STEP3、図1）。

STEP 1 ▶▶▶

単一の顧客について請求書を作成する機能を作成。「A商事」という顧客に固定したかたちで、請求書のテンプレートのワークシートを末尾にコピーし、宛先や発行日を入れたり、「販売」ワークシートから該当する販売データをコピーしたりする。

➡ **7-2、7-3節**

STEP 2 ▶▶▶

複数の顧客への対応。フォームのドロップダウンで指定した顧客に応じて請求書を作成する機能を作成。

➡ **7-4、7-5、7-6節**

STEP 3 ▶▶▶

作成したコードを整理・改良。機能は基本的にそのままに、セル番地を指定している箇所の定数化などで、見やすくてわかりやすく、かつ、仕様の追加・変更に対応しやすいコードにする。

➡ **7-7節**

STEP1〜3の中で、これまで本書で学んだ内容を元に、作成を進めていきます。さらには、VBAの新たな仕組みを解説しつつ作成していきます。また、すでに学習した仕組みをさらに広く深く解説するケースもあります。

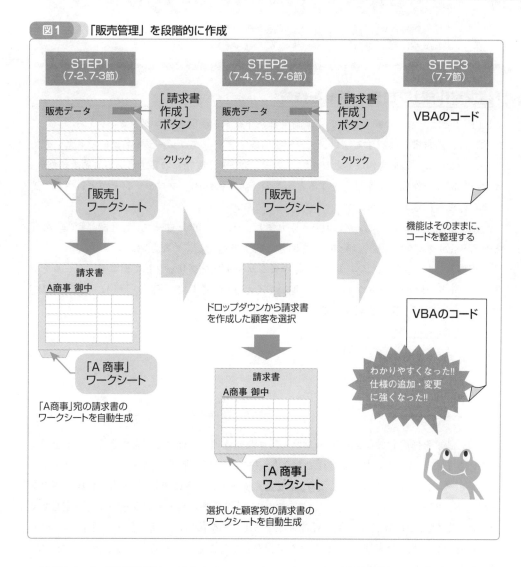

図1 「販売管理」を段階的に作成

準備として、「販売管理」の元となるExcelブック（ファイル）「販売管理.xlsx」をダウンロードしておいてください（ダウンロードの方法はP5参照）。「販売管理」の作成は少々長い道のりになりますが、がんばって最後までついてきてください。

7-2 請求書のテンプレートのワークシート「請求書雛形」を末尾にコピー

●「請求書作成」プロシージャを作成

STEP1では、単一の顧客について、請求書を作成する機能をプログラミングします。 具体的には、請求書を作成するプロシージャを作成します。プロシージャ名は何でもよいのですが、ここでは「請求書作成」とします。ワークシート「販売」の右上にある［請求書作成］ボタン（図形で作成）をクリックすると、この「請求書作成」プロシージャが実行され、請求書が作成されるようにします。

では、実際にプログラミングに取りかかりましょう。 ダウンロードした「販売管理」の元となるExcelブック「販売管理.xlsx」を開き、VBEを起動してください。

下準備として、［挿入］メニューの［標準モジュール］をクリックして標準モジュールを挿入し、「Module1」のコードウィンドウを開いてください。そして、下記のように「請求書作成」プロシージャの"外枠"を記述してください。

```
Sub 請求書作成()

End Sub
```

この「請求書作成」プロシージャについて、「販売管理」の仕様を満たすようコードを記述していきます。コードをすぐに実行できるように、ここで「販売」ワークシートの［請求書作成］ボタンに登録しておきましょう。「販売」ワークシートに戻り、［請求書作成］ボタンを右クリック→［マクロの登録］をクリックして、「請求書作成」プロシージャを指定してください。続けて、この時点で一度、保存しておきましょう。第2章2-4節で解説した手順に従い、マクロ有効ブック「販売管理.xlsm」として保存してください。以降も作成を進めるなかで、適宜上書き保存してください。

これで下準備はできました。 あとは「請求書作成」プロシージャが仕様通りの機能を満たすよう、コードを段階的に作成していけばOKです。

それでは最初の一歩として、目的の顧客宛の請求書のワークシートを用意するため、テンプレートのワークシート「請求書雛形」をコピーする機能を作成しましょう。 この機能を作成するに先だって、みなさんには「コレクション」というVBAの仕組みを学んでいただきます。

●「コレクション」とは

Excelでは、1つのブック内に同じ種類のオブジェクトが複数存在するケースが多々あります。たとえば、ワークシートや図形、グラフのオブジェクトなどです。また、ブック自体に

しても、同じExcel上に複数開くことができるオブジェクトといえます。　このような同じ種類の複数のオブジェクトをまとめて扱える仕組みが**コレクション**です（図1）。

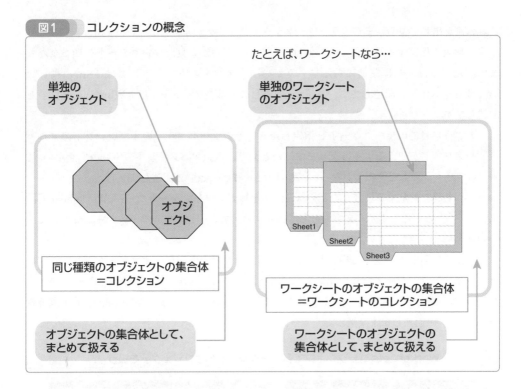

図1　コレクションの概念

コレクションにはそれぞれ名前が付けられています。たとえばワークシートなら「Worksheets」というコレクション名が割り当てられています。そして、VBAのコードにコレクション名を記述することで、コレクションに対してさまざまな操作ができます。コレクションを使い方は大きく2通りに分けられます。

①コレクションとしてオブジェクトをまとめて扱う
②コレクションのおのおののオブジェクトを個別に扱う

まずは②の使い方から説明します。コレクションを用いておのおののオブジェクトを扱うには、次の書式で記述します。

書 式

コレクション名（数値または名前）

上記書式の「数値または名前」は、数値または名前のいずれかを指定します。数値は1から始まる連番です。上記書式に続けて、「.」（ピリオド）を記述し、その後にプロパティやメソッ

ドを記述します。または、上記書式をコンテナ（親オブジェクト　第3章3-2節P81参照）として、その後に「.オブジェクト名」と記述し、さらにプロパティやメソッドを記述するというパターンもあります。

　具体例を出して説明しましょう。ワークシートのコレクション名は「Worksheets」になります。数値で指定する場合、この数値はブック上の左端から見たワークシートの順番になります。たとえば、一番左端にあるワークシート（デフォルト（標準）では「Sheet1」）は「Worksheets(1)」と記述します。左端から2番目にあるワークシートは「Worksheets(2)」と記述します。

　このように目的のワークシートを指定したら、そのワークシートのオブジェクトのプロパティやメソッドが使えるようになります。たとえば、選択するメソッド「Select」を用い、2番目のワークシートを選択するなら、「Worksheets(2).Select」と記述します。

　一方、名前で指定する場合、たとえば「請求書雛形」ワークシートなら、「Worksheets("請求書雛形")」と記述します。文字列として指定するので、「"」（ダブルクォーテーション）で囲むのを忘れないでください。

　このように名前で指定した場合も、数値で指定した場合と同様にオブジェクトとしてプロパティやメソッドが使えたり、コンテナ（階層構造における親オブジェクト）として使えたりします。たとえば、ワークシート「請求書雛形」を選択するなら、「Worksheets("請求書雛形").Select」と記述します（図2）。

図2　Worksheetsコレクションで各ワークシートのオブジェクトを扱う

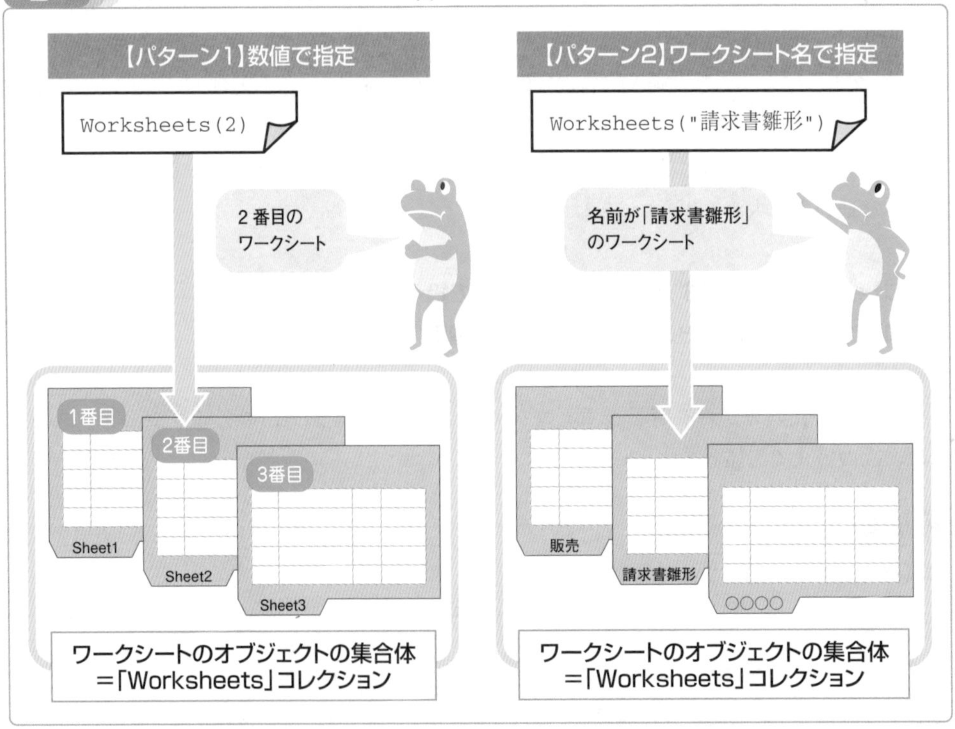

次に①の使い方を説明します。コレクションを用いてオブジェクトの集合をまとめて扱うには、コレクション名に続けてプロパティやメソッドを記述します。おのおののオブジェクトを扱う際と異なり、「(数値または名前)」という記述は不要になります。

書 式

コレクション名.プロパティまたはメソッド

たとえば、ワークシートの枚数を表すプロパティ「Count」を用いると、現在のブックにおけるワークシートの枚数は「Worksheets.Count」と記述すれば得られます（図3）。

図3 Worksheets コレクションの Count プロパティ

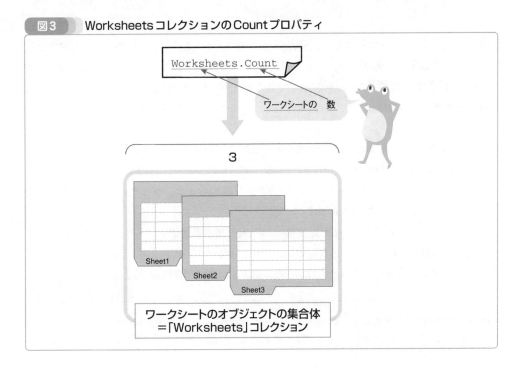

このようにワークシートの集合全体に対してプロパティやメソッドを利用できるのが、コレクションの特長です。ただ、初心者にとって最初は不自然に感じるのが、VBAでは単一のワークシートだけを扱いたい場合でも、Worksheetsコレクションを使わなければならないことです。VBAにはいちおう、ワークシート単体のオブジェクトである「Worksheet」があるのですが、Worksheetオブジェクトを取得するには、Worksheetsコレクションまたは「ActiveSheet」プロパティを使わなければならず、「Worksheet」と直接記述して使うことはできないのです。この理屈は初心者にはややこしいので、みなさんはとにかく「単体のワークシートを扱う場合でも、Worksheetsコレクションを用いて扱う」と割り切っておぼえてください。

「請求書雛形」ワークシートをコピーする機能を作成

コレクションの仕組み、およびワークシートのコレクション「Worksheets」の使い方を学んだところで、「販売管理」の作成を進めてみましょう。

目的の顧客宛の請求書を作成するため、最初に請求書のテンプレートのワークシートである「請求書雛形」をコピーします。VBAには、ワークシートをコピーするメソッドとして、「Copy」メソッドが用意されています。よって、ワークシート「請求書雛形」をコピーするには、次のように記述します。

```
Worksheets("請求書雛形").Copy
```

ただし、このコードを実行すると、新規ブックが作成され、そのブックに指定したワークシートがコピーされます。実はCopyメソッドは、どのブックのどのワークシートの後にコピーするのかを指定する引数「After」が指定できるのですが、省略可能となっています。引数Afterを省略した場合は、ブックを新規作成し、そこへコピーされるルールになっているのです。

同じブックにコピーするには、引数Afterを指定する必要があります。使い方は、引数Afterの設定値に、どのブックのどのワークシートの後にコピーするのか、ブックのオブジェクトをコンテナに、ワークシートのオブジェクトを指定します。ブックのオブジェクトを省略すると、同じブックと見なされます。

たとえば、アプリケーション「販売管理」の場合、「請求書雛形」ワークシートを、同じブックの「請求書雛形」ワークシート自身の後にコピーするなら、次のように記述します（メソッドの引数の書式を忘れてしまった方は、P90の第3章3-3節を復習しましょう）。

```
Worksheets("請求書雛形").Copy After:=Worksheets("請求書雛形")
```

このように記述すると、［請求書作成］ボタンをクリックした場合、常にワークシート「請求書雛形」の後にコピーされます。仕様では、ワークシート群の末尾にコピーするとしています。初期状態のように、現在の「請求書雛形」ワークシートが末尾にある場合はそれで問題ないのですが、すでに顧客宛の請求書のワークシートが何枚か作成された状態なら、末尾にコピーされることにはなりません。

よって、作成済みの請求書があろうがなかろうが、仕様通り現在あるワークシートの末尾にコピーするには、引数「After」に「Worksheets("請求書雛形")」ではなく、その時点での末尾のワークシートを指定するような仕組みにしなければなりません。

そのためにはCountプロパティを利用します。Worksheetsコレクションは数値で指定して
もワークシートのオブジェクトを得られるのでした。その数値にCountプロパティで得たワー
クシートの枚数を指定して「Worksheets(Worksheets.Count)」と記述すれば、末尾のワークシー
トのオブジェクトになります（図4）。以上を踏まえ、「請求書作成」プロシージャを次のよう
に記述してください。

```
Sub 請求書作成()
    Worksheets("請求書雛形").Copy After:=Worksheets(Worksheets.Count)
End Sub                                                                  追加
```

図4 ワークシート群の末尾に「請求書雛形」をコピー

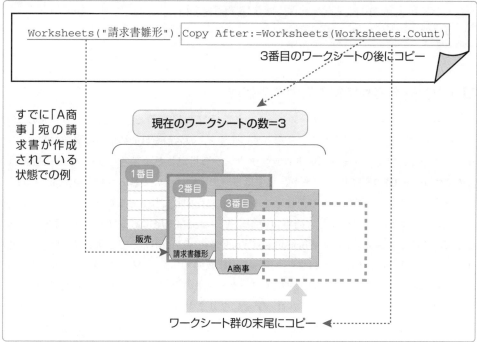

これで、「販売」ワークシートの［請求書作成］ボタンをクリックする度に、現在あるワー
クシートの末尾にワークシート「請求書雛形」がコピーされるようになります。

それでは、動作確認してみましょう。［請求書作成］ボタンをクリックしてください。すると、
コピーされた結果、「請求書雛形（2）」ワークシートが末尾に追加されます（画面1）。

▼画面1　ワークシートの末尾にワークシート「請求書雛形」がコピーされる

「販売」ワークシートの[請求書作成]ボタンをクリックすると、現在あるワークシートの末尾にワークシート「請求書雛形」がコピーされる

ワークシート名や宛先を入力する機能

　この時点では、コピーされたワークシートの名前は「請求書雛形(2)」などと、コピー元のワークシート名に「(連番)」が付いたものになっています。この名前を目的の顧客の名前にしましょう。本来の仕様では、フォームのドロップダウンから指定した顧客名をワークシート名にするのですが、P200のSTEP1のとおり、まずは単一の顧客について対応させ、段階的に作成していきます。ここでは対象とする顧客を「A商事」に固定して作成してみます。

　目的のワークシート（つまりA商事宛の請求書）は現在末尾にあるワークシートになりますので、そのオブジェクトは「Worksheets(Worksheets.Count)」と記述すればよいことになります。「Worksheets.Count」はワークシートの枚数であり、この枚数をWorksheetsコレクションの括弧内に指定することで、末尾のワークシートのオブジェクトになるのでした。

　ワークシートの名前は「Name」プロパティになります。このNameプロパティに顧客名の文字列を代入し、ワークシート名を設定してやりましょう。よって、次の1行を追加することになります。

```
Sub 請求書作成()
    Worksheets("請求書雛形").Copy After:=Worksheets(Worksheets.Count)
    Worksheets(Worksheets.Count).Name = "A商事"
End Sub                                                          追加
```

　これで、[請求書作成]ボタンをクリックすると、現在あるワークシート群の末尾にワークシート「請求書雛形」がコピーされ、そのワークシート名が「A商事」に設定されるように

なりました（画面2）。

▼画面2　ワークシート名が「A商事」に設定される

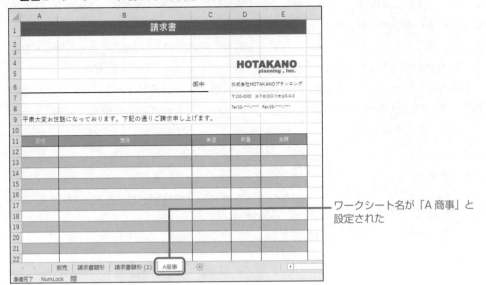

ワークシート名が「A商事」と
設定された

　なお、ワークシート名を設定するコードを追加した後は、一度［請求書作成］ボタンをクリックして「A商事」ワークシートを生成した後に続けてもう一度［請求書作成］ボタンをクリックするとエラーになってしまいます。すでにある「A商事」というワークシート名を、新たにコピーされたワークシートにも設定しようとするからです。

　そのため、コードを記述した後の動作確認などで、もう一度［請求書作成］ボタンをクリックしたい場合は、既存の「A商事」ワークシートを削除してからにしてください（本来はこのようなエラーに対する処理のコードも作成すべきなのですが、本書ではページ数の関係で割愛します）。あわせて、ワークシート「請求書雛形（2）」も削除しておきましょう。

　この調子で、請求書の宛先を入力する機能も作成しましょう。ワークシート「A商事」で宛先が入るセルはA6セルになります。これは単純にセルのオブジェクトのValueプロパティを使い、「A商事」という文字列を代入すればOKです。よってコードは、次のように「Range("A6").Value = "A商事"」という1行を追加したくなります。

```
Sub 請求書作成()
    Worksheets("請求書雛形").Copy After:=Worksheets(Worksheets.Count)
    Worksheets(Worksheets.Count).Name = "A商事"
    Range("A6").Value = "A商事"
End Sub
```

追加

　これはこれで仕様通りの動作をしてくれるのですが、「販売管理」では複数のワークシートが登場するので、どのワークシートのA6セルなのか、きちんと指定してやりましょう。現時点では、たまたま前の行（3行目）で目的のワークシートである「A商事」ワークシートを操作しているので、どのワークシートなのか指定しなくても、「A商事」ワークシートのA6セルだと認識してもらえますが、もし今後何かしらのコードを3行目の後に追加した場合も想定して、4行目のコードでもきちんと「A商事」ワークシートであると指定した方がより確実です。

　対象となるワークシートを指定するには、第3章3-2節（P81）で学んだ「コンテナ」を利用します。A6セルの親オブジェクトは「A商事」ワークシートであると指定します。するとコードは次のようになります。

```
Sub 請求書作成()
    Worksheets("請求書雛形").Copy After:=Worksheets(Worksheets.Count)
    Worksheets(Worksheets.Count).Name = "A商事"
    Worksheets("A商事").Range("A6").Value = "A商事"
End Sub                                                          追加
```

　3行目のコードでワークシート名を「A商事」と設定しているので、以降は「Worksheets("A商事")」と記述できるようになります。「Worksheets(Worksheets.Count)」と記述しても同じことなのですが、ここではコードのわかりやすさを優先して「Worksheets("A商事")」と記述しました。これで対象のワークシートは「A商事」ワークシートであると確定でき、同ワークシートのA6セルに「A商事」という宛先が入力できるようになります（図5）。

図5 コンテナで対象のワークシートを指定

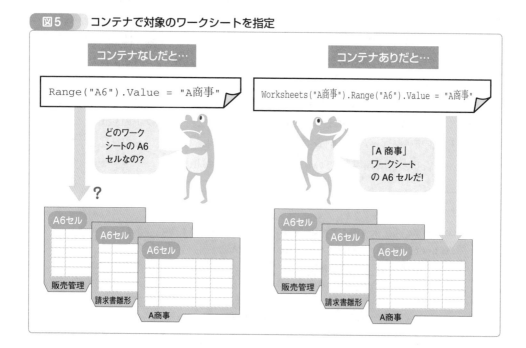

　宛先を入力するコードを追加できたら、さっそく動作確認しましょう。「A商事」もしワークシートが残っているなら削除したうえで、［請求書作成］ボタンをクリックしてください。すると、「A商事」ワークシートのA6セルに宛先の「A商事」が入力されます（画面3）。

▼**画面3　「A商事」ワークシートのA6セルに「A商事」という宛先が入力される**

宛先のセルに「A商事」と入力された

　宛先を入力するコードで注意していただきたいのが、結合したセルの扱いです。この請求書雛形の宛先欄は、7-1節（P199）の画面1でも提示しましたが、A6セルとB6セルを結合しているのでした。VBAのルールとして、結合したセルのオブジェクトを取得するには、Rangeの括弧内に、結合したセルの範囲の左上に位置するセル番地を指定しなければなりません。左上以外のセル番地を指定すると、結合したセルのオブジェクトを正しく取得できないので気を付けてください。

　たとえば、先ほど追加した宛先を入力するコードでは、「Range("A6")」と記述しました。A6セルとB6セルを結合しており、そのセル範囲の左上に位置するのはA6セルなので、Rangeの括弧内に「A6」を指定したのです（図6）。もし、「B6」を指定してしまうと、セルのオブジェクトを正しく取得できず、実行しても宛先は入力されません。

　また、請求書雛形の宛先欄はA6セルとB6セルという列方向（横方向）での結合のみですが、行方向（縦方向）にも結合した場合でも同じく、セル範囲の左上に位置するセル番地を指定してください。

　なお、Rangeの括弧内に指定するセル番地は、「名前ボックス」でもわかります（図6）。名前ボックスとは、A1セルの上にあるボックスであり、選択中のセル番地が表示されます。結合したセルを選択した際、そのセル範囲の左上のセル番地が名前ボックスに表示されるので、そのままRangeの括弧内に指定すればOKです。このように名前ボックスを活用すれば、結合したセルにおいて、Rangeの括弧内に指定すべきセル番地がより確実にわかるでしょう。

VBAの実践アプリケーション「販売管理」の作成

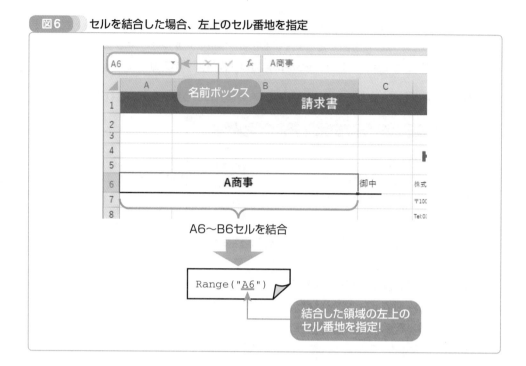

図6 セルを結合した場合、左上のセル番地を指定

A6～B6セルを結合

Range("A6")

結合した領域の左上の
セル番地を指定!

● 請求書の発行日を入力する機能

　次は請求書の発行日を入力する機能を作成しましょう。対象のセルはE2セルです。日付を入力するには、同セルにワークシート関数の「TODAY」関数を利用し、「=TODAY()」という式をあらかじめ埋め込んでおくという手段を思いつきますが、これではブックを開くごとに日付が更新されてしまい、請求書の発行日にはなりません。

　[請求書作成] ボタンをクリックして請求書を作成した時点の日付を入力し、その後も変わらないようにするには、ワークシート関数の「TODAY」関数を用いるのではなく、日付の値（シリアル値）を直接入力する必要があります。そのためにはVBA関数の「Date」を利用します。E2セルのオブジェクトのValueプロパティに、Date関数の戻り値として得られる日付の値を代入すればOKです。Date関数は引数なしです。

　以上を踏まえると、次の1行を追加すればよいことになります。

```
Sub 請求書作成()
    Worksheets("請求書雛形").Copy After:=Worksheets(Worksheets.Count)
    Worksheets(Worksheets.Count).Name = "A商事"
    Worksheets("A商事").Range("A6").Value = "A商事"
    Worksheets("A商事").Range("E2").Value = Date
End Sub                                              追加
```

　これで、［請求書作成］ボタンをクリックすると、コピーして作成された「A商事」ワークシートのE2セルに、その時点での年月日が入力されます。

　なお、E2セルはあらかじめ書式を「2001年3月14日」という「長い日付形式」に設定してありますので（7-1節P199参照）、「○年○月○日」という形式で表示されます（画面4）。もし、あらかじめ書式を設定していなければ、「○/○/○」というデフォルトの形式で表示されます。

▼**画面4** 「○年○月○日」という形式で表示される

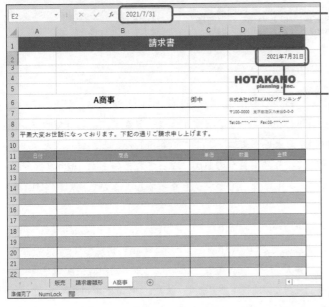

E2セルの中身。日付の値（シリアル値）が入力される

現在の日付が入力され、「長い日付形式」で表示された

ここまで作成したコードにコメントをつける & 改めて見直してみる

　アプリケーション「販売管理」は本節までに、「請求書作成」プロシージャを用意し、その中に4行のコードを作成しました。この4行には、「請求書雛形」ワークシートをワークシート群の末尾にコピーする、ワークシート名を設定する、宛先を設定する、発行日を設定するという4つの機能が実装されています。

　たった4行のコードでも、後で見た時に各行がどのような機能なのか、どのような流れで処理を行っているのか、すぐにはわからないものです。そこで、機能ごとにコメントをつけておきましょう。「コメントを入れるのは後でいいや」とサボってしまうと、後でどのような目的や意図で書いたコードなのかわからなくなってしまいがちです。確かに面倒ですが、のちのちのことを考え、なるべくその場でコメントを入れるとよいでしょう。

　コメントはみなさんがわかりやすい文言でよいのですが、ここでは画面5のようにしました。コードと同じ行に記述するか、前の行に記述するかは、コードやコメントの長さを考慮しつつ、みなさんが見やすいと思う方を選んでください。

　また、画面5では、「請求書雛形」ワークシートをコピーするコードと、以降のコードとの間に空の行を挿入しました。コード全体がより見やすく、わかりやすくなるよう、処理の区

切りのよい箇所に空の行を入れたのです。この空の行も、みなさんが見やすくなるよう適宜
挿入してください。

▼**画面5　コメントを入れたコードの例**

```
(General)                                        ▼   請求書作成

    Sub 請求書作成()
        'ワークシート「請求書雛形」を末尾にコピー
        Worksheets("請求書雛形").Copy After:=Worksheets(Worksheets.Count)

        Worksheets(Worksheets.Count).Name = "A商事"        'ワークシート名を設定
        Worksheets("A商事").Range("A6").Value = "A商事"     '請求書の宛先を設定
        Worksheets("A商事").Range("E2").Value = Date       '請求書の発行日を設定
    End Sub
```

　今は段階的な作成の途中なので、おいおい仕様に近づけていく際にコードを変更していく
ことになります。その際は二度手間となってしまいますが、コード変更に合わせてコメント
も更新してやりましょう。面倒だからといってコメントの更新をしないと、コードとコメン
トが一致しないという最悪の状態になり、不具合の原因になってしまいます。せっかくの手
間ひまがアダとなり、それならコメントはない方がマシとなってしまうので、くれぐれも注
意しましょう。

　さて、ここでいったんコード全体をながめてみてください。宛先や発行日を設定するコードに
は、「A6」や「E2」とセル番地が直接記述されています。ワークシートの指定やワークシート名
の設定をするコードには、「"請求書雛形"」や「"A商事"」といった文字列が直接記載されてい
ます。しかも、「"A商事"」という記述は4箇所にも渡ります。また、「Worksheets(Worksheets.
Count)」や「Worksheets("A商事")」という記述は繰り返し登場します。

　これら現状のコードに対して、定数などをうまく使って整理すれば、よりコードが見やす
くなり、仕様の追加・変更にも強くできるでしょう。たとえば「"A商事"」という文字列を定
数として用意し、現在「"A商事"」と文字列を直接指定している部分と置き換えます。こうす
ることで、もし顧客が変わっても、定数を定義する1行のみコードを変更するだけで対応でき
るようになります。

　本書では、このようなコードの整理・改良は、解説全体のわかりやすさを優先するため、
あえて7-7節にて最後にまとめて行いますが、本来はコードを新規に作成する時点で、見やす
さや仕様の追加・変更への強さを考慮しつつ、整理・改良しながら記述していくべきです。
今後みなさんが実際にコードを記述する際は、ぜひ最初から整理・改良しながら記述してい
くようにしてください。

「販売」から該当データを請求書へコピー

まずは「販売」ワークシートの4行目のみを対象に作成

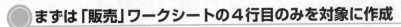

前節では、請求書のテンプレートである「請求書雛形」ワークシートをコピー（転記）して「A商事」宛の請求書を生成し、ワークシート名や宛先や発行日を設定する機能を作成しました。本節では、ワークシート「販売」の表からA商事に該当する販売データを、ワークシート「A商事」の表へコピーする機能を作成しましょう。

この機能を実現する処理手順は、フィルター機能をVBAで操作するなど、何通りか考えられますが、ここでは以下とします（図1）。

①「販売」ワークシートの販売データの表（データの範囲はA4〜F32セル）の「顧客」の列（B列）を、上から順番に「A商事」かどうか見ていく。

②「A商事」を見つけたら、同じ行の「日付」（A列）と「商品」（C列）、「単価」（D列）、「数量」（E列）、「金額」（F列）の値を、「A商事」ワークシートの表（データの範囲はA12〜E50セル）にそれぞれコピー。「A商事」ワークシートの表では「日付」はA列、「商品」はB列、「単価」はC列、「数量」はD列、「金額」はE列となる。

③「販売」ワークシートの表の下の行に進み、①と②を繰り返す。再び「A商事」を見つけた場合は、「A商事」ワークシートの表の次の行にデータをコピーする。「販売」ワークシートの表の最後の行（32行）に来たら処理を終える。

図1　本節で作成する処理①〜③の流れ

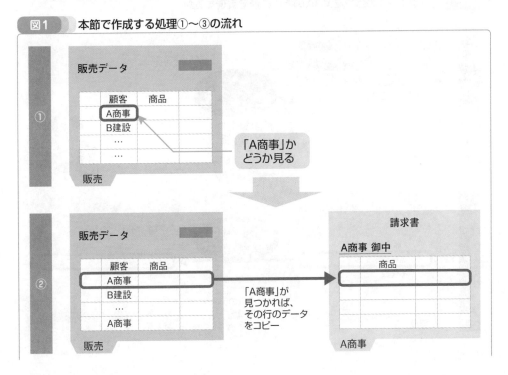

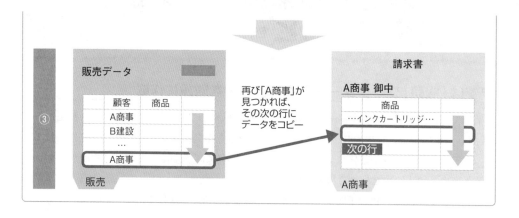

これら①～③の機能を実現するには、具体的にどうコードを記述すればよいか、今まで学んだ知識を利用して考えてみましょう。

①の機能は「販売」ワークシートの「顧客」の列（B列）における各セルのオブジェクトのValueプロパティの値が「A商事」という文字列かどうか、Ifステートメントで判断すればよさそうです。②については、コンテナを利用しつつ、「販売」ワークシートの各セルのオブジェクトのValueプロパティの値を、「A商事」ワークシートの各セルのオブジェクトのValueプロパティに代入すれば実現できます。③については、4行目から32行目まで同じような処理を繰り返すということで、For...Nextステートメントによるループを使って実現できそうです（図2）。

図2 処理①～③の流れをVBAのどの機能で実現するか

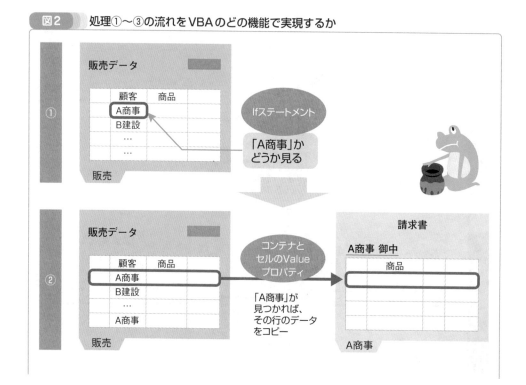

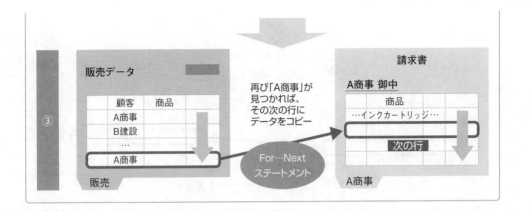

図1や図2のように、作りたい処理の手順を整理して、VBAの何を使って作るのかを見繕うなど、先に"青写真"を描いておくと、その後のプログラミングがスムーズに進みます。紙に手書きで十分なので、コードを書く前に、処理手順の整理などをして"見える化"しておくことをオススメします。

だいたいの青写真が描けたところで、さっそくコードの記述に取りかかりましょう。例によって段階的に作成するということで、最初は単一の行のみを対象にコードを作成し、その後ループ化します（図3）。本サンプルは最初に、7-1節の図1のSTEP1〜STEP3のように段階分けしましたが、ここでさらにSTEP1を図3のように細かく段階分けしたことになります。このように段階分けも最初は大まかに行い、徐々に細かく行うとよいでしょう。

それでは、単一の行のみを対象としたコードを作成します。「販売」ワークシートの表を見ると、表の最初の行は4行目になります。最初は単一の行のみを対象にするということで、4行目について作成してみましょう。一方、販売データのコピー先である「A商事」ワークシートでは、表の最初の行である12行目のみを対象とします。

図3 単一行のみ対象→ループ化と段階的に作成

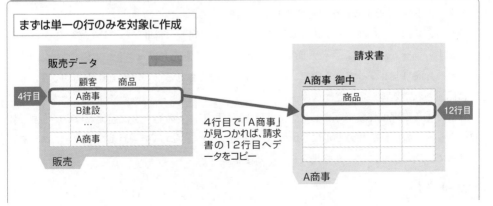

VBAの実践アプリケーション「販売管理」の作成

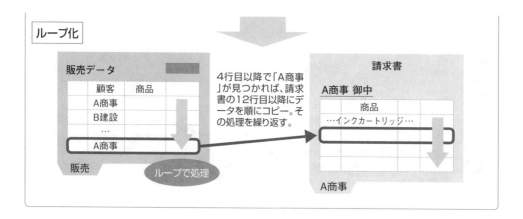

　「販売」ワークシートのB4セルの値が「A商事」かどうか判別するコードは、Ifステートメントを使います。B4セルのオブジェクトにB4セルのRangeオブジェクトを使いたくなりますが、後でループ化することを考慮して、最初からCellsプロパティを使いましょう。するとIfステートメントは次のようになります。

```
If Worksheets("販売").Cells(4, 2).Value = "A商事" Then

End If
```

　B4セルはCellsプロパティを使うと、「Cells(4, 2)」と記述することになります。Cellsプロパティは「Cells（行, 列）」の書式で、行と列を数値で指定するのでした。B列は2列目なので、列には2を指定します。Cellsプロパティの使い方を忘れてしまった方は、第5章5-4節（P144）をおさらいしましょう。この「Cells(4, 2)」に、コンテナである「販売」ワークシートの「Worksheets("販売")」を冒頭にくっつけます。あとはValueプロパティを付ければ、「販売」ワークシートのB4セルの値が取得できます。

　そして、Valueプロパティを比較演算子「=」で文字列「A商事」と一致しているかどうか調べます。コードとしては「= "A商事"」となります。「販売」ワークシートのB4セルの値を見ると「A商事」となっているので、この条件式は満たされること（True）になり、Then以下に記述された処理が実行されます。

　これで①の処理は作成できました。あとはThen以下に②の処理を記述すればOKです。各ワークシートのそれぞれのセルについて、コンテナとCellsプロパティおよびValueプロパティを使って、次のようにデータを代入してやります。

▼コード【Ｉ】

```
If Worksheets("販売").Cells(4, 2).Value = "A商事" Then
    Worksheets("A商事").Cells(12, 1).Value = Worksheets("販売").Cells(4, 1).Value
    Worksheets("A商事").Cells(12, 2).Value = Worksheets("販売").Cells(4, 3).Value
```

```
    Worksheets("A商事").Cells(12, 3).Value = Worksheets("販売").Cells(4, 4).Value
    Worksheets("A商事").Cells(12, 4).Value = Worksheets("販売").Cells(4, 5).Value
    Worksheets("A商事").Cells(12, 5).Value = Worksheets("販売").Cells(4, 6).Value
End If
```

以降の解説の関係上、上記コードを今後は「コード【Ⅰ】」と呼ぶことにします。

コード【Ⅰ】はコードの分量が多くて複雑に見えますが、やっていることは、「A商事」ワークシートの表の12行目の各セルに、「販売」ワークシートの表の4行目で対応するデータをそれぞれ代入しているだけです。コード【Ⅰ】の2行目は「日付」、3行目は「商品」、4行目は「単価」、5行目は「数量」、6行目は「金額」をコピーしています（図4）。

「Cells(行, 列)」というCellsプロパティの行列の指定形式（第5章5-4節P144）を思い出しながら、どのコードがどのワークシートのどのセルを示しているのか、1つ1つ追ってみるとコードの意味を理解しやすいでしょう。

図4 コード【Ⅰ】の図解

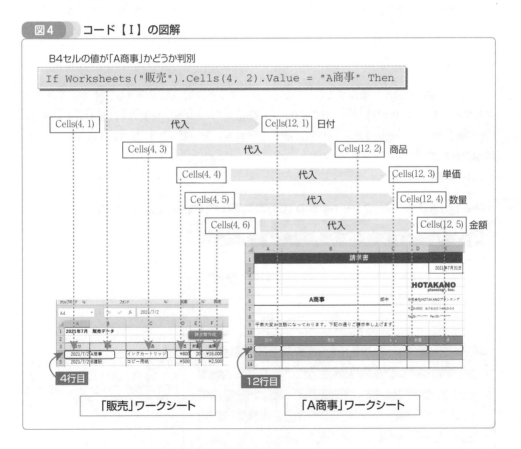

では、このコード【Ⅰ】を「請求書作成」プロシージャに追記してやりましょう。すると、「請求書作成」プロシージャのコードは次のようになります。どの行のデータをコピーしている

のかなど、どのような処理を行っているのかわかるようにコメントも付けておきます。

```
Sub 請求書作成()
  'ワークシート「請求書雛形」を末尾にコピー
  Worksheets("請求書雛形").Copy After:=Worksheets(Worksheets.Count)
  Worksheets(Worksheets.Count).Name = "A商事" 'ワークシート名を設定
  Worksheets("A商事").Range("A6").Value = "A商事" '請求書の宛先を設定
  Worksheets("A商事").Range("E2").Value = Date '請求書の発行日を設定


  '指定した顧客の販売データを請求書へコピー
  If Worksheets("販売").Cells(4, 2).Value = "A商事" Then
    Worksheets("A商事").Cells(12, 1).Value = Worksheets("販売").Cells(4, 1).Value '日付
    Worksheets("A商事").Cells(12, 2).Value = Worksheets("販売").Cells(4, 3).Value '商品
    Worksheets("A商事").Cells(12, 3).Value = Worksheets("販売").Cells(4, 4).Value '単価
    Worksheets("A商事").Cells(12, 4).Value = Worksheets("販売").Cells(4, 5).Value '数量
    Worksheets("A商事").Cells(12, 5).Value = Worksheets("販売").Cells(4, 6).Value '金額
  End If
End Sub
```

コード【I】

　ここで一度、意図通り動作するか、「販売」ワークシートの［請求書作成］ボタンをクリックしてみましょう（画面1）。いかがですか？　「販売」ワークシートの表の4行目の各データが、「A商事」ワークシートの表の12行目にそれぞれちゃんとコピーされたでしょうか？　なお、再度動作を確認する際は「A商事」ワークシートを削除してからにしてください（理由は7-2節P209参照）。

▼画面1　「A商事」ワークシートの表の12行目にそれぞれちゃんとコピーされた

「販売」ワークシートの表の4行目にあるA商事の販売データが「A商事」ワークシートの表の12行目にコピーされた

　画面1の「販売」ワークシートのB4セルの値は「A商事」なので、Ifステートメントの条件式は成立し、コピーの処理が実行されました。もし、B4セルが「A商事」以外の値なら、条件式は成立しないのでコピーされません。

　無事正しく動作することを確認できたら、次に[請求書作成]ボタンをクリックしてもエラーにならないよう、生成された「A商事」ワークシートを削除して、次へ進んでください。

ループ化する

　「販売」ワークシートの表の4行目のみを対象として、A商事の販売データを請求書へコピーするコード【I】ができあがったところで、次のステップとして、P215の③のとおり、「販売」ワークシートの表の4行目以降の行、および「A商事」ワークシートの12行目以降の行も処理できるようループ化しましょう。具体的には先ほど作成したコード【I】をFor…Nextステートメントの中に組み込むことでループ化します。

　では、さっそくループ化に取りかかりましょう。第5章5-5節のP158で紹介したように、万が一うまくいかなかったらいつでも元に戻せるよう、Ifステートメントの部分の元のコードをコピーしてコメント化し保管しておいてから、コードを変更していくとよいでしょう。

　「販売」ワークシートの4行目から32行目をループで繰り返し処理するためのカウンタ変数として、「請求書作成」プロシージャの冒頭にLong型の変数「i」を宣言します。ついでに、どのような用途の変数なのか、コメントも入れておきましょう。モジュールの先頭にOption Explicitも忘れずに記述してください。

```
Option Explicit

Sub 請求書作成()
    Dim i As Long           '「販売」ワークシートの表の処理用カウンタ変数

    'ワークシート「請求書雛形」を末尾にコピー
        :
        :
```

　さて、肝心のループは「販売」ワークシートの4行目から32行目まで繰り返し処理するので、先ほど宣言したカウンタ変数「i」を用いると、For…Nextステートメントは次のようになります。初期値は「4」、最終値は「32」になります。

```
For i = 4 To 32

Next
```

このFor...Nextステートメントによるループの中に、先ほど作成したコード【I】を組み入れます。まずはコード【I】をそのままFor...Nextステートメントに組み入れた後、現時点で4行目のみ対象としている部分をループに対応できるよう、カウンタ変数「i」を用いて書き換えます。

まずは、コード【I】のIfステートメントの条件式から考えてみましょう。現在は「販売」ワークシートの表では4行目を対象としている部分を、カウンタ変数に置き換えればOKです。該当する部分は、Cellsプロパティで行を指定している部分です。つまり、「Cells(4, 2)」における1つ目の引数である「4」の部分です。よってコードは次のようになります（図5）。

```
For i = 4 To 32
    If Worksheets("販売").Cells(i, 2).Value = "A商事" Then
        :
        :                                          カウンタ変数に書き換える
        :
    End If
Next
```

図5 Ifステートメントの条件式をループ対応のため書き換え

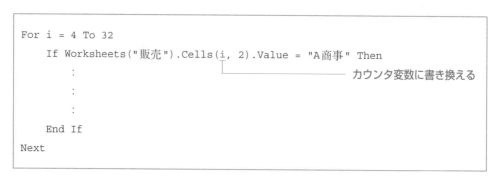

ループ対応前

B4セルの値が「A商事」かどうか判別

```
If Worksheets("販売").Cells(4, 2).Value = "A商事" Then
```

4行目に固定して指定していた部分を、カウンタ変数「i」で置き換え

販売ワークシート　4行目

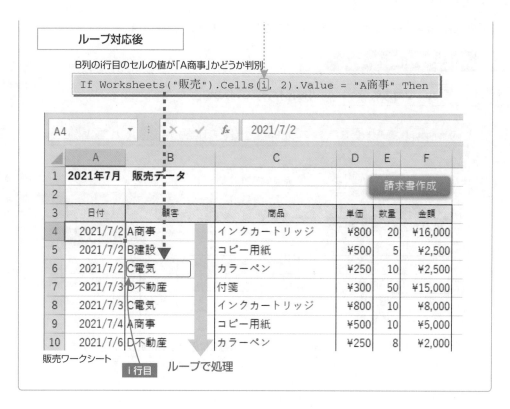

ループ対応後

B列のi行目のセルの値が「A商事」かどうか判別

```
If Worksheets("販売").Cells(i, 2).Value = "A商事" Then
```

販売ワークシート　i行目　ループで処理

これでコード【I】のIfステートメントの条件式の部分はループに対応できました。次に、コード【I】のThen～End Ifの中のコードをループに対応させてみましょう。「販売」ワークシート上の各セルの値を「A商事」ワークシート上の各セルに代入するコードが連なっていますが、ここでは代入演算子「=」の左辺と右辺に分けて考えてみます。

まずは右辺を書き換えます。ここでも、「販売」ワークシートの4行のみを対応としている部分として、Cellsプロパティで行を指定している部分（計5箇所）を、カウンタ変数「i」に置き換えればOKです。たとえば、「Cells(4, 1)」なら「Cells(i, 1)」と変更するなど、4行目に"決め撃ち"していた箇所をカウンタ変数「i」に書き換えます。これで右辺はループに対応できました（図6）。

```
For i = 4 To 32
  If Worksheets("販売").Cells(i, 2).Value = "A商事" Then
    Worksheets("A商事").Cells(12, 1).Value = Worksheets("販売").Cells(i, 1).Value    '日付
    Worksheets("A商事").Cells(12, 2).Value = Worksheets("販売").Cells(i, 3).Value    '商品
    Worksheets("A商事").Cells(12, 3).Value = Worksheets("販売").Cells(i, 4).Value    '単価
    Worksheets("A商事").Cells(12, 4).Value = Worksheets("販売").Cells(i, 5).Value    '数量
    Worksheets("A商事").Cells(12, 5).Value = Worksheets("販売").Cells(i, 6).Value    '金額
  End If                                5箇所をカウンタ変数に書き換える
Next
```

VBAの実践アプリケーション「販売管理」の作成

図6 Ifステートメント内の処理の右辺をループ対応のため書き換え

「商品」の列(C列)の場合

ループ対応前　　　　　「商品」の列(C列)の場合

```
Worksheets("A商事").Cells(12, 2).Value = Worksheets("販売").Cells(4, 3).Value
```

4行目

4行目に固定して指定していた部分を、
カウンタ変数「i」で置き換え

ループ対応後

```
Worksheets("A商事").Cells(12, 2).Value = Worksheets("販売").Cells(i, 3).Value
```

i行目

ループで処理

他の列も同様

少々難しいのは代入演算子「=」の左辺です。コード【Ⅰ】では、「A商事」ワークシートの12行目に固定したかたちで処理を行っていた部分をループに対応させます。具体的には、「販売」ワークシートの表の「顧客」の列（B列）で「A商事」という文字列が2回目以降見つかったら、「A商事」ワークシートの13行目以降に販売データを下方向へ順番にコピーしていく必要があります。

しかし、現在ループで使っているカウンタ変数「i」を使おうとしても、狙い通りのコードは記述できそうにもありません。なぜなら、「販売」ワークシートの表で「A商事」という文字列がある行は、4行目や9行目や14行目になります。なので、Ifステートメントで条件式がTrueになり処理が行われる際、その時点でのカウンタ変数「i」の値は当然、4や9や14といったとびとびの値なります。「A商事」ワークシートの表は12行目を先頭にして、上から順番に販売データをコピーしていきたいのに、コピー先となる行の指定にカウンタ変数「i」を使っては、とびとびの行になりうまく処理できません。どうすればよいでしょうか?

その解決策として、「A商事」ワークシートの行を扱う専用の変数として、Long型の変数を別途新たに用意します。名前は今回、「Cnt」とします。この変数「Cnt」を用いて、「A商事」ワークシートにて販売データのコピー先となる行を管理します。「販売」ワークシートの表で「A商事」という文字列を見つける度に、変数Cntで管理する「A商事」ワークシートのコピー先の行の数を増やしていくようにすれば、目的の機能を実現できるでしょう。

もう少しコード寄りに説明すると、「A商事」ワークシートでセルを扱うCellsプロパティの行の指定に変数「Cnt」を用います。最初に「Cnt」の値を、表の最初の行である「12」に初期化しておきます。For...Nextステートメントのループ内にて、Ifステートメントの条件式で「販売」ワークシートの表で「A商事」という文字列を見つける度に、「Cnt」の値を1ずつ増やしていきます。そうすれば、「A商事」ワークシートの表の上から順番にデータをコピーできます（図7）。

コピー先のCellsプロパティの行の指定に変数「Cnt」を使うんだね

1
2
3
4
5
6
7

VBAの実践アプリケーション「販売管理」の作成

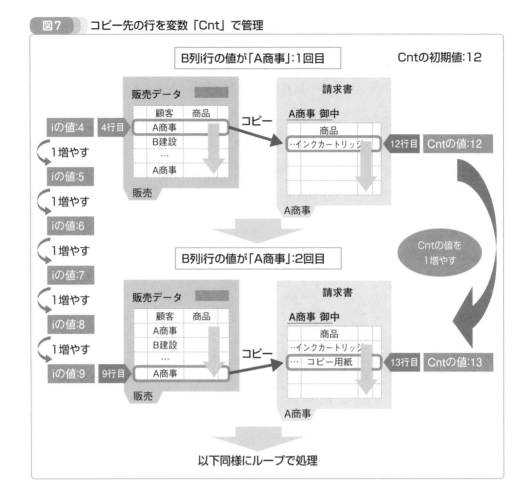

図7 コピー先の行を変数「Cnt」で管理

今まで変数といえば、ループ用のカウンタ変数ぐらいの用途にしか使ってきませんでしたが、「Cnt」のように処理の中で変化する値を活用したい場合にも変数を利用すると有効です。確かに「Cnt」もカウンタ変数的な役割かもしれませんが、コピー先の行を管理する役割であり、For…Nextステートメントのカウンタ変数として使われるのではない変数です。

このように変数を目的に応じて使いこなすことが、VBAのプログラミングでは重要です。目的の機能を実現するには、どのような流れのコードを作成すればよいか、そのためにはどのような変数を使えばよいのか、その変数をどのように処理すればよいのか考えます。そして、どのようなオブジェクトやプロパティ、メソッド、ステートメントなどと組み合わせればよいのかを考えます。もちろん、初心者がいきなり変数を使いこなすのは無理な話なので、何度かプログラミングを繰り返していく中で、変数の使い方に慣れていきましょう。

ポイント

・目的に応じて変数を使いこなそう

それでは、図7の流れの処理を実現するには、実際にどのようなコードを記述すればよい
のか考えながらコードを記述していきましょう。まずは変数「Cnt」の宣言と初期化を記述し
ます。何はともあれ、変数「Cnt」の宣言は必要なので、カウンタ変数「i」を宣言している
行の下に宣言します。コメントもマメにつけておきましょう。

```
Option Explicit

Sub 請求書作成()
    Dim i As Long        '「販売」ワークシートの表の処理用カウンタ変数
    Dim Cnt As Long      '「A商事」ワークシートの表の処理用変数


    'ワークシート「請求書雛形」を末尾にコピー
        ：
        ：
```

続けて、値を「12」に初期化します。そのコードは、変数「Cnt」を使うループの前ならど
こに記述してもよいのですが、ここでは宣言のすぐ下に記述するとします。これは半分好み
の問題ですが、変数の宣言をしている部分とひと目で区別できるよう、1行あけて記述すると
します。代入演算子「=」を用いて「Cnt= 12」と記述します。例によって、ついでにコメン
トを入れておきましょう。後で見直した際、この「12」という数値が何を意味しているのか、
すぐにわかるようにしておきます。また、コードをより見やすくするため、1行空けてから記
述するとします。

```
Option Explicit

Sub 請求書作成()
    Dim i As Long        '「販売」ワークシートの表の処理用カウンタ変数
    Dim Cnt As Long      '「A商事」ワークシートの表の処理用変数


    Cnt = 12             '「A商事」ワークシートの表の先頭行（12行目）の値に初期化


    'ワークシート「請求書雛形」を末尾にコピー
        ：
        ：
```

では、いよいよループのコードを書き換えます。コード【I】の代入演算子「=」の左辺に
て、12行目のみを対応としている箇所として、Cellsプロパティで行を指定している部分を変
数「Cnt」に置き換えます。たとえば、「Cells(12, 1)」なら「Cells(Cnt, 1)」と変更するなど、

12行目に"決め撃ち"していた箇所をカウンタ変数「Cnt」に書き換えます。これでループに対応できました（図8）。

```
For i = 4 To 32
  If Worksheets("販売").Cells(i, 2).Value = "A商事" Then
    Worksheets("A商事").Cells(Cnt, 1).Value = Worksheets("販売").Cells(i, 1).Value '日付
    Worksheets("A商事").Cells(Cnt, 2).Value = Worksheets("販売").Cells(i, 3).Value '商品
    Worksheets("A商事").Cells(Cnt, 3).Value = Worksheets("販売").Cells(i, 4).Value '単価
    Worksheets("A商事").Cells(Cnt, 4).Value = Worksheets("販売").Cells(i, 5).Value '数量
    Worksheets("A商事").Cells(Cnt, 5).Value = Worksheets("販売").Cells(i, 6).Value '金額
  End If
Next
```

図8 Ifステートメント内の処理の左辺をループ対応のため書き換え

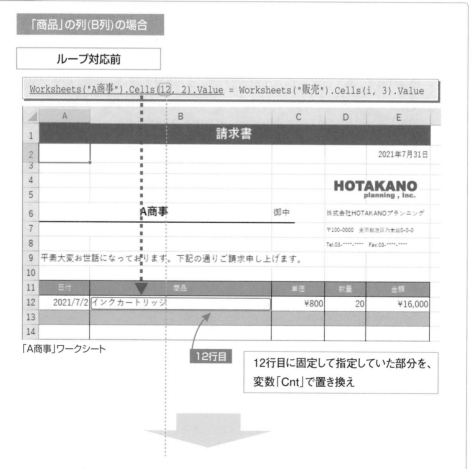

「A商事」ワークシート

12行目

12行目に固定して指定していた部分を、変数「Cnt」で置き換え

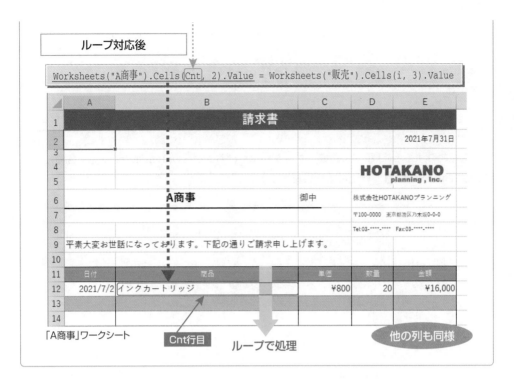

4行目のみを対象としたコード【Ⅰ】をループに対応できるよう書き換えてきましたが、これで書き換えは終わりではありません。図8にあるように、変数「Cnt」の値を1増やすという処理がループ内に必要となります。For...Nextステートメントのカウンタ変数ではないため、自動で増えないので、自分で増やさなければなりません。変数「Cnt」の値を1増やすというコードは第5章5-6節（P167）で学んだように「Cnt = Cnt + 1」と記述します。

このコードはIfステートメント内の処理の一番最後に記述しなければなりません。なぜなら、冒頭に書いてしまうと、「日付」や「単価」などの販売データをコピーする前に、変数「Cnt」の値を1増やす——つまり、販売データをコピー先を1行進めてしまうことになっています。そこで、データのコピーが一通り終わってから、変数「Cnt」の値を1増やすようにします。

すると、ループのコードは次のようになります。「Cnt = Cnt + 1」のコードの前には今回、コードがより見やすくなるよう、空の行を入れるとします。例によってコメントもつけておきましょう。

```
For i = 4 To 32
  If Worksheets("販売").Cells(i, 2).Value = "A商事" Then
    Worksheets("A商事").Cells(Cnt, 1).Value = Worksheets("販売").Cells(i, 1).Value '日付
    Worksheets("A商事").Cells(Cnt, 2).Value = Worksheets("販売").Cells(i, 3).Value '商品
    Worksheets("A商事").Cells(Cnt, 3).Value = Worksheets("販売").Cells(i, 4).Value '単価
    Worksheets("A商事").Cells(Cnt, 4).Value = Worksheets("販売").Cells(i, 5).Value '数量
```

```
      Worksheets("A商事").Cells(Cnt, 5).Value = Worksheets("販売").Cells(i, 6).Value '金額


    Cnt = Cnt + 1 '「A商事」ワークシートの表のコピー先の行を1つ進める
  End If
Next
```

　以上を総合すると、「請求書作成」プロシージャ、および「Option Explicit」を含めた標準モジュール「Module1」は次のようになります。

```
Option Explicit

Sub 請求書作成()
  Dim i As Long        '「販売」ワークシートの表の処理用カウンタ変数
  Dim Cnt As Long      '「A商事」ワークシートの表の処理用変数


  Cnt = 12             '「A商事」ワークシートの表の先頭行 (12行目) の値に初期化


  'ワークシート「請求書雛形」を末尾にコピー
  Worksheets("請求書雛形").Copy After:=Worksheets(Worksheets.Count)
  Worksheets(Worksheets.Count).Name = "A商事"        'ワークシート名を設定
  Worksheets("A商事").Range("A6").Value = "A商事"      '請求書の宛先を設定
  Worksheets("A商事").Range("E2").Value = Date         '請求書の発行日を設定


  '指定した顧客の販売データを請求書へコピー
  For i = 4 To 32
    If Worksheets("販売").Cells(i, 2).Value = "A商事" Then
      Worksheets("A商事").Cells(Cnt, 1).Value = Worksheets("販売").Cells(i, 1).Value '日付
      Worksheets("A商事").Cells(Cnt, 2).Value = Worksheets("販売").Cells(i, 3).Value '商品
      Worksheets("A商事").Cells(Cnt, 3).Value = Worksheets("販売").Cells(i, 4).Value '単価
      Worksheets("A商事").Cells(Cnt, 4).Value = Worksheets("販売").Cells(i, 5).Value '数量
      Worksheets("A商事").Cells(Cnt, 5).Value = Worksheets("販売").Cells(i, 6).Value '金額


      Cnt = Cnt + 1    '「A商事」ワークシートの表のコピー先の行を1つ進める
    End If
  Next
End Sub
```

　コードを記述し終わったら、試しに「販売」ワークシートの［請求書作成］ボタンをクリックしてみましょう。「A商事」ワークシートが生成され、宛先や日付と共に、表内のA商事の

販売データがすべてコピーされます。「販売」ワークシートの表と見比べてみると、ちゃんと「A商事」の販売データのみがコピーされていることが確認できるかと思います（画面2）。

▼**画面2 「A商事」の販売データのみがコピーされる**

「販売」ワークシートの表にあるA商事の販売データがすべてコピーされた

請求書のテンプレートである「請求書雛形」は、表の「小計」（E51セル）や「消費税」（E52セル）、「合計」（E53セル）を計算するための数式や関数があらかじめ入力されており、かつ、合計（E51セル）を「ご請求額」のセル（B55セル）にコピーするための数式も入力されています（7-1節P199参照）。なので、「A商事」ワークシートも、表に必要なデータがコピーされれば、「小計」や「消費税」、「合計」、「ご請求額」も自動的に入力されます。よって、これでA商事宛の請求書である「A商事」ワークシートは完成です。

これで本章7-1節で最初に提示した段階的な作成の流れ（P200参照）のSTEP1がようやく終了したことになります。あとは「A商事」以外の顧客にも対応（STEP2）できるようにすれば、すべての仕様を満たしたアプリケーションが完成します。その後、STEP3でコードを整理すれば完了です。

● ここまで作成したコードを改めて見直してみる

STEP2に進む前に、本節で記述したコードをザッと見直してみましょう。「販売」ワークシートの表を処理するループ内の記述には、初期値「4」や最終値「32」といった数値が直接記述されています。特に最終値「32」は表の最後の行を表しているのですが、販売データが毎月32行で終了することはまずありえません。しかし、このままのコードでは32行の販売データしか対応できないので、実質的には"使えない"アプリケーションになってしまいます。この問題はぜひとも解決しなければなりません。7-7節でコードに改良を加えて解決しますので、今はとりあえずこのままにしておきます。

他にも、何ヵ所で数値が直接記述されています。もし、請求書のフォーマットを変更して、

各データの列を変更したい場合、コードの変更点が非常にわかりづらく、記述ミスを起こす危険がでてきます。この問題も7-7節にて、定数を使いコードを整理して解決します。

VBAを使わなくても良い箇所は使わない

　サンプル「販売管理」はここまでに、顧客は「A商事」に固定した状態で、「請求書雛形」ワークシートのコピーに始まり、宛先や日付の入力、さらにはA商事の販売データを抽出してコピーする処理を作成しました。

　ここで改めて思い出していただきたいのが、「請求書雛形」ワークシートの内容です。宛先のA6セルのフォントサイズ、日付のE2の表示形式、小計のE51セルと消費税のE52の数式、罫線をはじめとするレイアウト関係などは、すべて事前に設定・入力しておきました。これらの箇所はすべて、VBAで設定・入力してなくても済むものです。もちろんVBAでも設定・入力できますが、わざわざ使わなくても全く問題ありませんでした。VBAを使ったのは、「請求書雛形」ワークシートのコピーや「A商事」のデータを探してコピーするなど、VBAでしか自動化できない箇所です（図9）。

　目的は「請求書を自動で作る」であり、VBAはあくまでもその手段の1つに過ぎません。VBA以外にもっと容易な手段があるなら、そちらを使った方がより効率的です。今後もExcelで何か自動化したい際は、まずは関数や「条件付き書式」をはじめ、Excelの各種機能でできないか調べ、どうしてもできないものだけVBAを使うようにしましょう。

図9　VBAを使わなくても良い箇所は、別の方法が効率的

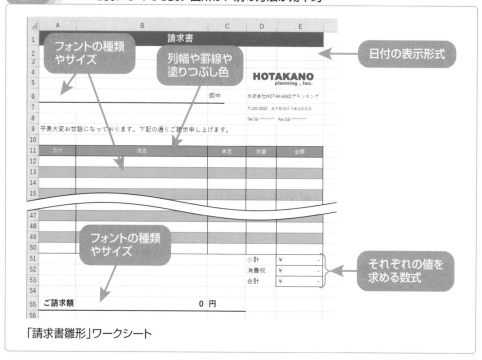

「請求書雛形」ワークシート

数式を入力するには

　本節の以降の解説は、余談的な内容になります。余裕がない方は、次節に進んでください。みなさんのお手元にある「販売管理」にはコードを記述せず、解説を読むだけにとどめておいてください。もし実際にコードを記述したければ、今ある「販売管理」のブックを別途コピーしたものに記述するとよいでしょう。

　「販売管理」では「販売」ワークシートにて、販売データの表の各行について「単価」×「数量」で「金額」を算出しています。そのため、「A商事」ワークシートに「金額」のデータをコピーする際、そのまま値をコピーするだけで済んでいます。しかし、一般的に販売データを表にまとめる際、本書の「販売管理」のように金額を出さず、単価と数量しか記録しないパターンもあります。「販売管理」では「販売」ワークシートがそのような形式の販売データであった場合、「A商事」ワークシートの表の「金額」の列（E列）にて、「単価」×「数量」の計算をして値を表示するようにしなければなりません。

　その際、請求書のテンプレートである「請求書雛形」ワークシートの表にて、あらかじめE列すべてに「=C12*D12」といった数式を各行に対応したかたちで入力しておくという方法が考えられます。しかし、実際にオートフィルなどを利用して、そのような数式を入力してみるとわかりますが、E列すべてが「¥0」と表示されてしまいます。売上データのない行までも「¥0」と表示されてしまうのは、請求書の見た目としてあまりよろしくありません（画面3）。

▼**画面3　売上データのない行までも「¥0」と表示されてしまう**

E19	▾	✕ ✓ fx	=C19*D19	

	A	B	C	D	E
1		請求書			
2					2021年7月3日
3					
4				HOTAKANO	
5				planning , inc.	
6		A商事	御中	株式会社HOTAKANOプランニング	
7				〒100-0000 東京都港区乃木坂0-0-0	
8				Tel:03-****-**** Fax:03-****-****	
9	平素大変お世話になっております。下記の通りご請求申し上げます。				
10					
11	日付	商品	単価	数量	金額
12	2021/7/2	インクカートリッジ	¥800	20	¥16,000
13	2021/7/4	コピー用紙	¥500	10	¥5,000
14	2021/7/11	付箋	¥300	40	¥12,000
15	2021/7/13	ダブルクリップ	¥350	50	¥17,500
16	2021/7/17	スライドクリップ	¥400	50	¥20,000
17	2021/7/23	付箋	¥300	20	¥6,000
18	2021/7/24	カラーペン	¥250	10	¥2,500
19					¥0
20					¥0
21					¥0
22					¥0

販売　請求書雛形　A商事　⊕

準備完了　NumLock

あらかじめE列すべてに「=C12*D12」といったかたちの式を入れておくと、販売データのない行では「¥0」と表示されてしまう

　この問題を解決する方法がいくつかあります。たとえば、IF関数を使って、「=IF(C12*D12<>0,C12*D12,"")」などと、「C12 * D12」が0でなければ「C12 * D12」の結果を表示し、0ならば空の文字列「""」で何も表示しないようにする方法があります。

　VBAでこの問題を解決するなら、売上データのある行のみ「単価」×「数量」の数式を入力するようにする方法が考えられます。その方法を紹介します。

　セルに数式を設定するには、Rangeオブジェクトの「Formula」プロパティを使います。Formulaプロパティに数式を文字列として代入してやります。たとえば、E12セルに「=C12*D12」といった数式を入力するには、次のように記述します。

```
Range("E12").Formula = "=C12*D12"
```

　「販売管理」でこのFormulaプロパティをループに組み込んで、E列で売上データがある行のみ「単価」×「数量」の数式を入力するには、ループ内のIfステートメント内で「金額」をコピーする処理（「Module1」の23行目）を次のように記述すればOKです。

```
Worksheets("A商事").Cells(Cnt, 5).Formula = "=C" & Cnt & "*D" & Cnt
```

　文字列連結演算子「&」を用い、「=C」という文字列と変数「Cnt」、「*D」という文字と変数列「Cnt」を連結して1つの文字列としています。たとえば「Cnt」の値が「14」の場合、「=C」と「14」と「*D」と「14」を連結して、「=C14*D14」という文字列になります。このようにFormulaプロパティと変数「Cnt」をうまく利用すれば、表のE列で売上データがある行のみ「単価」×「数量」の数式を入力するコードを作成できるのです（図10）。

図10　Formulaプロパティで「単価×数量」の数式を設定

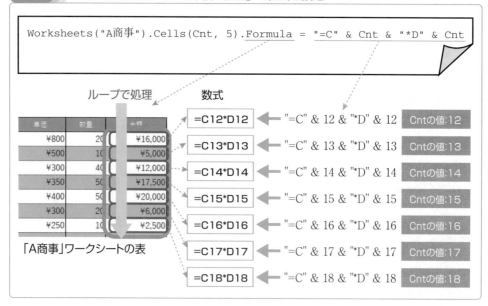

234

さて、このコードはこれはこれで間違いではないのですが、実はFormulaプロパティには同じ機能をもっとシンプルに記述できる方法が用意されています。それは、セル範囲のRangeオブジェクトのFormulaプロパティに数式を一括して代入する方法です。そうしてやると、ちょうどオートフィルでコピーしたように、各セルにあわせて自動的にセル番地が変化します。たとえば、次のようなコードを実行したとします。

```
Range("E12:E18").Formula = "=C12*D12"
```

すると、E12～E18の各セルには次のような数式が入力されます。

```
E12セル：  =C12*D12
E13セル：  =C13*D13
E14セル：  =C14*D14
E15セル：  =C15*D15
E16セル：  =C16*D16
E17セル：  =C17*D17
E17セル：  =C18*D18
```

コード自体には、セル範囲の最初の行である12行目の数式を代入するとしか記述していません。しかし、このコードを実行すると、このようにセル範囲の最後の行である18行目まで行を順番に進みつつ、同じかたちの数式が入力されるのです（図11）。

図11 セル範囲のFormulaプロパティで数式を設定

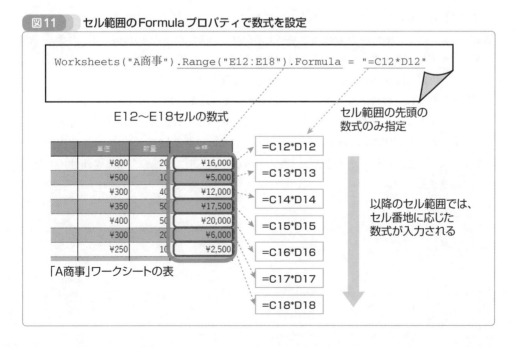

VBAの実践アプリケーション「販売管理」の作成

このような範囲を指定するかたちでFormulaプロパティを「請求書作成」プロシージャで利用するなら、For...Nextステートメントの後の行（「Next」の後の行）に次のように記述します。

```
Worksheets("A商事").Range("E12", Cells(Cnt - 1, 5)).Formula = "=C12*D12"
```

対象とするセル範囲は変数「Cnt」を使って「Range("E12", Cells(Cnt- 1, 5))」と記述します。実はRangeオブジェクトは「Range(セル番地, セル番地)」という形式でも、または「Range(セルのオブジェクト, セルのオブジェクト)」という形式でも、また両者を組み合わせた形式でもセル範囲を指定できます。Rangeオブジェクトの使い方はさまざまなバリエーションがあるので、ヘルプや他の書籍やWebサイトなどを参考にしつつ、徐々にマスターしていくとよいでしょう。

変数「Cnt」を−1しているのは、最後の回のループでも+1されてしまうため、ループを抜けた時点では「Cnt」の値が販売データの数よりも1だけ多くなってしまっているのを修正するためです。

また、Formulaプロパティにはワークシート関数を使った数式も設定できます。もし関数内で「"」を使って文字列を指定したい場合は、「""」と二重に記述してください。たとえば、A1セルに「= IF(B1 = "はい", "Yes", "No")」と関数を入力するには、次のように記述します。

```
Range("A1").Formula = "= IF(B1 = ""はい"", ""Yes"", ""No"")"
```

さらにFormulaプロパティは、あるセルの数式を別のセルにそのままコピーすることにも活用できます。そのセルのFormulaプロパティをコピー先のセルのFormulaプロパティに代入するコードになります。たとえば、A1セルの数式をA2セルにそのままコピーしたければ、「Range("A2").Formula = Range("A1").Formula」と記述します。

「販売管理」ではこのFormulaプロパティは利用しませんが、後でおいおい使い方をマスターするとよいでしょう。なお、ここで説明した各行に対応した数式を一括入力する方法は、ここで紹介したセル範囲のFormulaプロパティ以外にも、セル範囲でオートフィルを実行するメソッドなど、他に何通りかあります。興味がある方はヘルプや他の書籍、Webサイトなどで調べてみましょう。

コラム

RangeとCellsはどう使分ければいい？

　本書では、セルのオブジェクトを取得するのにRangeとCellsを用いてきました。厳密には、セルのオブジェクト（Rangeオブジェクト）を取得するためのプロパティです。

　RangeもCellsもともに、Valueプロパティでセルの値を操作できるなど、使い方は同じです。違いは操作対象のセルを指定する方法です。Rangeはセル番地を文字列で指定し、Cellsは行と列を数値で指定するのでした。両者はどう使い分ければよいでしょうか？　5-4節（P149）でも簡単に触れましたが、もう少し詳しく解説します。

　筆者がオススメする使い分け方は、「基本的にはRangeをメインに使い、ループと組み合わせる際はCellsを使う」です。Rangeの方が操作対象のセルの指定方法が初心者にとって格段にわかりやすいので、そちらをメインに使います。

　そして、第5章以降で学んだように、セルを行方向に順に処理するなど、ループと組み合わせる場合はCellsを用います。For...Nextステートメントのカウンタ変数をそのままCellsの行に指定するだけでよいので、コードがシンプルになります。

　さらに、セルを列方向に順に処理したい場合、Cellsなら列にカウンタ変数を指定するだけです。Rangeだと列をアルファベット順に変化させなければならず、コードはかなり複雑になります。

　一方、Rangeならではの特徴として、セル範囲のオブジェクトを取得できます。これはCellsにはできないことです。セル範囲はRangeのカッコ内にセル範囲の文字列として、始点セル番地と終点セル番地を「:」で結んで指定します。SUM関数などの引数でもおなじみの形式です。たとえばA1〜C4セルなら「Range("A1:C4")」と記述します。Cellsは原則、単一のセルしか取得できません。たとえば、あるセル範囲をコピーしたり、まとめて書式を設定したりしたいなどの場合は、Rangeを用いてセル範囲のオブジェクトを取得すると、効率よいコードが記述できます。

　他にもRangeの特殊な使い方として、始点セルと終点セルのオブジェクトを「:」で区切って、「Range(始点セル, 終点セル)」という書式で指定する方法などもあります。たとえば、A1〜C4セルなら「Range(Range("A1"), Range("C4"))」と、Rangeを入れ子のかたちで記述します。この方法は、処理したいセル範囲が動的に変化し、かつ、始点/終点セルをオブジェクトで取得ケースに便利です。

　このようにRangeとCellsでは、得意/不得意、できること/できないことが異なりますので、それらを踏まえて使い分けましょう（図）。

図　RangeとCellsの違いと使い分け

◉Range

Range(セル番地)

使い分け!

◉Cells

Cells(行,列)

セル番地を文字列として指定

行と列を数値として指定(A列が1)

例:C2セルなら Range("C2")

例:C2セルなら Cells(2,3)

- **わかりやすい**
  セル番地をそのまま記述すればOK

- **わかりにくい**
  列はアルファベットでなく数値で指定
  行と列の並びがセル番地と逆

- **セル範囲を扱える**
  例:Range("A1:C4")
  「Range(始点セル, 終点セル)」
  なども可能

- **ループと相性がよい**
  行にカウンタ変数をそのまま指定
  列方向のループも簡単

RangeもCellsも厳密には、セルのオブジェクト(Rangeオブジェクト)を取得するためのプロパティです。

コラム

「FormulaR1C1」プロパティの使い方

　Rangeオブジェクトには数式用のプロパティとして、Formulaプロパティの他に、「FormulaR1C1」プロパティも用意されています。FormulaR1C1プロパティを使うと、指定したセル範囲に対して相対的にセルを指定して数式を入力できます。相対的なセルは次の書式で指定します。

```
R［数値］C［数値］
```

　「R」が行、「C」が列に該当します。この「数値」は、そのRangeオブジェクトが示すセル範囲からの相対的な位置になります。行の場合、下方向が正の値、上方向が負の値になります。列の場合、右方向が正の値、左方向が負の値になります。
　たとえば、B5セルのRangeオブジェクトのFormulaR1C1プロパティに対して「R［-2］C［1］」と指定すると、C3セルを示すことになります。また、たとえば、「Range("B5").FormulaR1C1 = "= R［-2］C［1］＋R［3］C［-1］"」と記述すると、B5セルには「= C3 + A8」という数式が入力されます（図）。

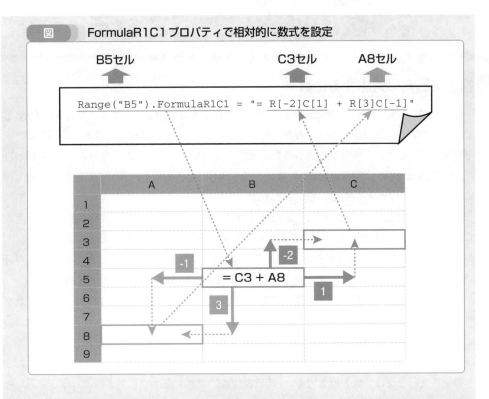

図　FormulaR1C1 プロパティで相対的に数式を設定

FormulaR1C1 プロパティを「請求書作成」プロシージャの「金額」算出に利用するなら、For...Next ステートメントの後の行（「Next」の後の行）に次のように記述します。

```
Worksheets("A商事").Range("E12", Cells(Cnt- 1, 5)).FormulaR1C1 = "=
R [0] C [-2] * R [0] C [-1] "
```

E列のセル範囲の FormulaR1C1 プロパティに「= R [0] C [-2] * R [0] C [-1]」と代入すると、「R [0] C [-2]」は同じ行のC列、「R [0] C [-1]」は同じ行のD列になります。そのため、E12セルには「=C12*D12」、E13セルには「=C13*D13」、……、E17セルには「=C17*D17」、E18セルには「=C18*D18」という数式が入力されます。

7-4 「請求書作成」プロシージャ
を複数の顧客に対応させる

複数の顧客に対応するには

　7-1節の図1で提示した「販売管理」の段階的な作成の流れの中で、前節までにSTEP1として、単一の顧客「A商事」のみを対象として、「販売」ワークシートの［請求書作成］ボタンをクリックすると、A商事宛の請求書を作成する機能を作成しました。本節から7-6節にかけて、STEP2として、「B建設」や「C電気」や「D不動産」といった複数の顧客の請求書も作成できるようにコードを変更していきます。

　どのように変更していくかの大まかな考え方ですが、STEP1で作成した現時点のコード内で、「"A商事"」と文字列が直接記述されている部分を、他の顧客名も指定できるようにします。かといって、「"A商事"」と直接記述されている部分を単純に「"B建設"」と書き換えただけでは、STEP1で作成したコードと同じことです。ではどうすればよいでしょうか？

　そこで考えられるのが、変数を利用することです。文字列を格納できるString型の変数を用意し、現在「"A商事"」と直接記述されている部分と置き換えます。そして、プログラムの最初で、その変数に目的の顧客名を代入しておきます。コードの残りの部分は、現時点で「"A商事"」となっている部分に他の顧客名を使っても動くようになっていますので、顧客名の文字列を格納した変数に置き換えても、［請求書作成］ボタンをクリックすれば、今まで通りその顧客の請求書が作成できます（図1）。

図1　複数の顧客に対応

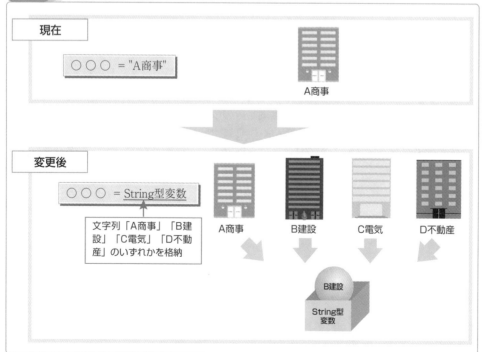

　それではさっそく、現在「"A商事"」と直接記述されている部分を変数に置き換えてみましょう。用いる変数はString型で、名前は「Kokyaku」とします。まずは変数「Kokyaku」を宣言し、「"A商事"」という文字列をすべて置き換えます。すると、コードは次のようになります。文字列「A商事」を置き換えるため、「"A商事"」の「"」（ダブルクォーテーション）も含めて、変数「Kokyaku」に置き換えます。

```
Option Explicit

Sub 請求書作成()
  Dim i As Long              '「販売」ワークシートの表の処理用カウンタ変数
  Dim Cnt As Long            '「A商事」ワークシートの表の処理用変数
  Dim Kokyaku As String      '請求書を作成する顧客名


  Cnt = 12                   '「A商事」ワークシートの表の先頭行(12行目)の値に初期化 '

  ワークシート「請求書雛形」を末尾にコピー
  Worksheets("請求書雛形").Copy After:=Worksheets(Worksheets.Count)
  Worksheets(Worksheets.Count).Name = Kokyaku              'ワークシート名を設定
  Worksheets(Kokyaku).Range("A6").Value = Kokyaku          '請求書の宛先を設定
  Worksheets(Kokyaku).Range("E2").Value = Date             '請求書の発行日を設定

  '指定した顧客の販売データを請求書へコピー
  For i = 4 To 32
    If Worksheets("販売").Cells(i, 2).Value = Kokyaku Then
      Worksheets(Kokyaku).Cells(Cnt, 1).Value = Worksheets("販売").Cells(i, 1).Value '日付
      Worksheets(Kokyaku).Cells(Cnt, 2).Value = Worksheets("販売").Cells(i, 3).Value '商品
      Worksheets(Kokyaku).Cells(Cnt, 3).Value = Worksheets("販売").Cells(i, 4).Value '単価
      Worksheets(Kokyaku).Cells(Cnt, 4).Value = Worksheets("販売").Cells(i, 5).Value '数量
      Worksheets(Kokyaku).Cells(Cnt, 5).Value = Worksheets("販売").Cells(i, 6).Value '金額

      Cnt = Cnt + 1    '「A商事」ワークシートの表のコピー先の行を1つ進める
    End If
  Next
End Sub
```

　次に、とりあえず変数「Kokyaku」に文字列「"A商事"」を代入してみます。そのコードは8行目の「Cnt = 12」の下に記述してください。ついでに、コメントも「A商事」に固定した内容ではなく、変数を使うように書き換えておきましょう。
　すると、コードは次のようになります。

```
Option Explicit

Sub 請求書作成()
    Dim i As Long          '「販売」ワークシートの表の処理用カウンタ変数
    Dim Cnt  As Long       '請求書のワークシートの表の処理用変数
    Dim Kokyaku As String    '請求書を作成する顧客名


    Cnt = 12                   '請求書のワークシートの表の先頭行(12行目)の値に初期化
    Kokyaku = "A商事"

    'ワークシート「請求書雛形」を末尾にコピー
    Worksheets("請求書雛形").Copy After:=Worksheets(Worksheets.Count)
    Worksheets(Worksheets.Count).Name = Kokyaku          'ワークシート名を設定
    Worksheets(Kokyaku).Range("A6").Value = Kokyaku       '請求書の宛先を設定
    Worksheets(Kokyaku).Range("E2").Value = Date          '請求書の発行日を設定


    '指定した顧客の販売データを請求書へコピー
    For i = 4 To 32
      If Worksheets("販売").Cells(i, 2).Value = Kokyaku Then
        Worksheets(Kokyaku).Cells(Cnt, 1).Value = Worksheets("販売").Cells(i, 1).Value '日付
        Worksheets(Kokyaku).Cells(Cnt, 2).Value = Worksheets("販売").Cells(i, 3).Value '商品
        Worksheets(Kokyaku).Cells(Cnt, 3).Value = Worksheets("販売").Cells(i, 4).Value '単価
        Worksheets(Kokyaku).Cells(Cnt, 4).Value = Worksheets("販売").Cells(i, 5).Value '数量
        Worksheets(Kokyaku).Cells(Cnt, 5).Value = Worksheets("販売").Cells(i, 6).Value '金額

        Cnt = Cnt + 1   '請求書のワークシートの表のコピー先の行を1つ進める
      End If
    Next
End Sub
```

　変数「Kokyaku」を使うことで、今まで文字列を直接指定していた「"A商事"」という記述が、9行目のコードのみに集約されました。機能自体は変えていないので、[請求書作成]ボタンをクリックすると、前節のコードと同様にA商事宛の請求書が作成されます。

　今度は、9行目の変数「Kokyaku」に「B建設」という文字列を代入するよう、コードを変更してみます。9行目は「Kokyaku= "B建設"」になります。「"」(ダブルクォーテーション)の中を「B建設」と書き換えるだけです。こちらは文字列の内容を「B建設」に変更するので、「"」の中だけを書き換えます。書き換え終わったら[請求書作成]ボタンをクリックしてください。今度はB建設宛の請求書が作成されます(画面1)。

　同様に変数「Kokyaku」に代入する文字列を「C電気」および「D不動産」と変えて、[請

求書作成］ボタンをクリックしてみましょう。「C電気」宛および「D不動産」宛の請求書が
作成されるはずです。

▼画面1 変数「Kokyaku」に対応する請求書が作成される

変数「Kokyaku」に「B建設」を
代入したら、「B建設」宛の請
求書が作成されたよ

このように変数「Kokyaku」に代入する文字列を変えるだけで、指定した顧客の請求書を
作成できるようになりました。あとは、現在は変数「Kokyaku」に顧客名の文字列を直接指
定しているのを、仕様通り（P39参照）にドロップダウンから選んだ顧客の名前を指定できる
ようにすればOKです。

その実現のために、次節にて「ユーザーフォーム」の学習を行います。その「ユーザーフォー
ム」を利用して、ドロップダウンから顧客を選択できる機能の作成を行います。これまでは
「フォーム」という言葉を用いてきましたが、正式には「ユーザーフォーム」と呼びます。実
用上はどちらの呼び方でも構いませんが、本書では以降、「ユーザーフォーム」と呼ぶとしま
す。

7-5 「ユーザーフォーム」で 顧客を選べるようにする

「ユーザーフォーム」とは

　ExcelVBAには、「ユーザーフォーム」という仕組みが用意されています。ユーザーフォームとは、たとえばボタンやドロップダウン、テキストボックス、ラジオボタンなどを備えたフォームのことです。ワークシートとは別のウィンドウとして表示することも可能です。通常のワークシートだけではできなような、さまざまな操作ができるようになります。

　「販売管理」でも第1章1-6節で紹介した仕様にしたがい（1-6節では「フォーム」と表記しました）、このユーザーフォームを利用し、請求書を作成したい顧客をドロップダウンから選択すると、その顧客宛の請求書が作成されるようにします（図1）。

図1　ユーザーフォームのドロップダウンで選択した顧客の請求書を作成

```
販売データ              [請求書作成]ボタン              請求書

                        ユーザーフォーム              B建設 御中

                        ドロップダウンから
「販売」ワークシート     請求書を作成したい            選択した顧客宛の請求書の
                        顧客を選択                    ワークシートを自動生成
```

ユーザーフォームを作成して表示する

　ユーザーフォームは実際に作成してみると、具体的にどのようなものなのか、何が便利なのかが実感できます。そこで、さっそく「販売管理」でユーザーフォームを作成してみましょう。

　VBEに画面を切り替え、メニューバーの［挿入］→［ユーザーフォーム］をクリックしてください（画面1）。

▼画面1　［ユーザーフォーム］をクリック

ユーザーフォームも［挿入］メニューから作るんだね

すると、このようなユーザーフォームが作成されます（画面2）。プロジェクトエクスプローラには、「フォーム」というフォルダが作成され、その下に「UserForm1」というフォームのオブジェクトのアイコンが表示されます。あわせて、「ツールボックス」という小さなウィンドウも表示されます。使い方は後ほど解説します。

▼画面2　ユーザーフォームが作成される

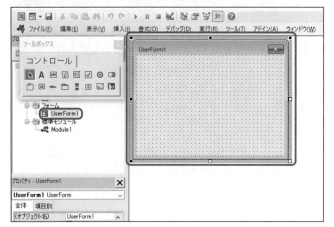

ユーザーフォームができた

フォームのタイトルはデフォルトで「UserForm1」となっているので、「販売管理」用に変更しましょう。ここでは「顧客を選んでください」に変更するとします。プロパティウィンドウの「Caption」に現在「UserForm1」と表示されている部分をクリックしてカーソルを点滅させたら、「顧客を選んでください」と書き換えてください。その後、プロパティウィンドウでの変更がユーザーフォーム本体に反映されたことを確認してください（画面3）。

▼画面3　プロパティウィンドウの「Caption」で設定

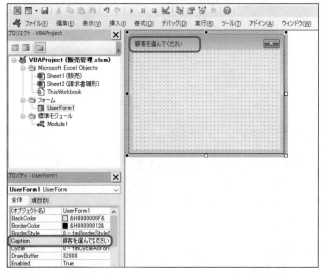

プロパティウィンドウで変更したら、フォームのタイトルが変更できた!!

　このようにプロパティウィンドウでは、ユーザーフォームの見た目や機能などを設定できます。たとえば、ユーザーフォームのサイズはプロパティウィンドウにて、高さは「Height」、幅は「Width」で設定することもできます。このサイズは、ユーザーフォームの四隅にある「■」（ハンドル）をドラッグしても変更できます。このようにユーザーフォームはVBE上にてGUIで作成できるのです。

　では、ここで一度、このユーザーフォームをブック上に表示してみましょう。ユーザーフォームはワークシートやセルなどと同様に、オブジェクトとしてVBAで操作できます。ユーザーフォームをブック上に表示するには、表示するためのVBAのコードを記述して実行しなければなりません。

　ユーザーフォームのオブジェクトにはオブジェクト名があり、そのオブジェクト名を用いてVBAのコードに記述していきます。オブジェクト名はVBEのプロパティウィンドウの「(オブジェクト名)」に設定されているものになります。デフォルトでは「UserForm1」となっていますが、変更できます。「UserForm1」のままでもよいのですが、変更してみましょう。

　好きなオブジェクト名をつけて構わないのですが、ここでは「myForm」にするとします。プロパティウィンドウの一番上にある「(オブジェクト名)」をクリックして、「myForm」に変更してください（画面4）。プロジェクトエクスプローラ上のオブジェクト名にも反映されたことが確認できましたでしょうか？

▼画面4　ユーザーフォームのオブジェクト名を変更

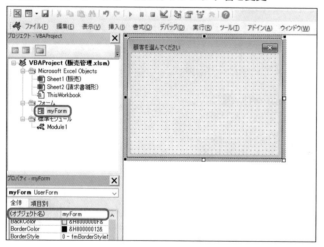

プロパティウィンドウでオブジェクト名を変更したら、プロジェクトエクスプローラ上のオブジェクト名にも反映されたよ

　次にユーザーフォームを表示するためのプロシージャを作成します。プロジェクトエクスプローラ上で「標準モジュール」の「Module1」をダブルクリックして、「Module1」のコードウィンドウを表示してください。またはVBEのメニューバーの［ウィンドウ］から「Module1」を選んでも表示を切り替えられます。

　この「Module1」の中に現在記述されている「請求書作成」プロシージャの下に、ユーザーフォームを表示するためのプロシージャを新たに記述していきます。プロシージャ名は好きな名前でよいのですが、ここでは「フォーム用意」とします。まずは次のようにプロシージャ

の枠組みのみ記述してください。

```
Sub フォーム用意()

End Sub
```

ユーザーフォームをブック上に表示するには、ユーザーフォームのオブジェクトの「Show」メソッドを実行します。ユーザーフォームのオブジェクト名は先ほど変更した通り「myForm」なので、「.」（ピリオド）に続き「Show」メソッドを記述すればよいので、コードは「myForm.Show」となります。この1行をプロシージャ内に追加してください。

```
Sub フォーム用意()
    myForm.Show
End Sub
```

ここまで記述できたら一度実行してみましょう。VBEからブックに戻り、「マクロ」ダイアログボックスを開き（［開発］タブの［マクロ］をクリック）、一覧から［フォーム用意］を選んで［実行］をクリックしてください。すると、このように「顧客を選んでください」というタイトルのユーザーフォームが表示されます（画面5）。

▼**画面5　ユーザーフォームが表示される**

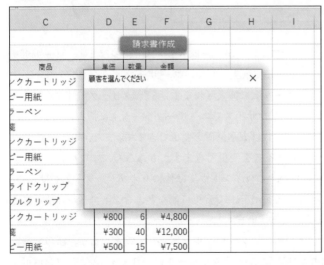

ユーザーフォームをワークシート上に表示できた

確認できたら、ユーザーフォーム右上の［×］をクリックして閉じてください。そして、VBEに切り替え、プロジェクトエクスプローラーの「myForm」をダブルクリックして、フォーム作成のモードにしてください。

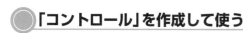

●「コントロール」を作成して使う

　続けて、先ほど作成してブック上に表示したユーザーフォーム「顧客を選んでください」の上に、ドロップダウンを設けます。「販売管理」の仕様（P39）通り、ドロップダウンから請求書を作成したい顧客を選ぶと、その顧客宛の請求書が作成されるよう、VBAでプログラミングしていきます。

　VBAでは、ドロップダウンなどユーザーが操作するための"部品"は「**コントロール**」と呼ばれます。コントロールもVBE上にて、「ツールボックス」でGUIで作成できます。ツールボックスは通常、ユーザーフォームを挿入すると自動的に表示されます（画面6）。もし、表示されていなければ、VBEのツールバーにある［ツールボックス］をクリックすると表示されます。

▼**画面6　ツールボックス**

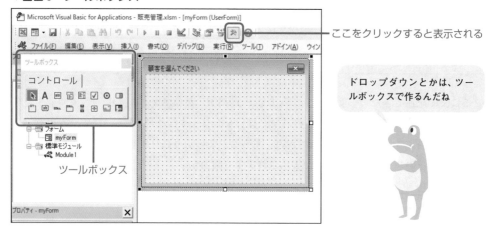

　コントロールは複数種類があり、そのアイコンがツールボックス上に並びます。ツールボックス上で目的のコントロールをクリックして選択した後、ユーザーフォーム上をクリックすれば、そのコントロールがユーザーフォーム上に挿入されます。また、クリックではなくドラッグすると、そのコントロールがドラッグしたサイズでユーザーフォーム上に挿入されます。

　コントロールは挿入後でも、ドラッグすれば表示位置を変更できます。また、周囲の「■」（ハンドル）をドラッグすれば、いつでもサイズを変更できます。もちろん、プロパティウィンドウでもサイズを変更できます。プロパティウィンドウでは他にもオブジェクト名をはじめ、たとえばボタンならボタン上の文言は「Caption」で変更可能など、コントロールの種類に応じて、さまざまな設定ができるようになっています。

　では、「販売管理」のユーザーフォームにコントロールを作成してみましょう。顧客を選択するドロップダウンは、「**コンボボックス**」というコントロールになります。なお、コンボボックスはドロップダウンに加え、テキストを直接入力することもできますが、今回はドロップダウン機能しか利用しません。

　「ツールボックス」上で［コンボボックス］を選択した後、ユーザーフォーム「myForm」

の上をクリックして、挿入してください。挿入後、ドラッグして表示位置を調整したり、周囲の「■」（ハンドル）をドラッグしてサイズを調整したりしてください。ついでにユーザーフォーム「myForm」のサイズも整えておきましょう（画面7）。

▼画面7　コンボボックスを挿入し、位置やサイズを調整

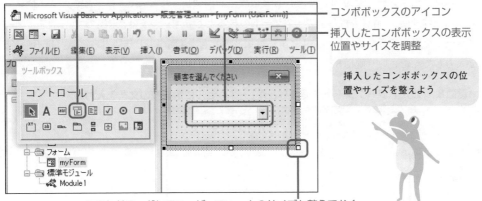

コンボボックスのアイコン

挿入したコンボボックスの表示位置やサイズを調整

挿入したコンボボックスの位置やサイズを整えよう

ここもドラッグしてユーザーフォームのサイズも整えておく

　これで必要なユーザーフォームおよびドロップダウンを用意できました。「フォーム用意」プロシージャを実行すると、「顧客を選んでください」というタイトルでユーザーフォームが表示され、その上にコンボボックスによるドロップダウンが表示されます。しかし、ドロップダウンをクリックしても、何も選択肢が表示されません。何も選べないので、当然、顧客を選択して請求書を作成することもできません。

　実はドロップダウンのコントロールは、どのような選択肢を選べるようにするのか、設定してやる必要があるのです。では、「販売管理」の仕様（P39）を満たすよう、ドロップダウンの選択肢を設定していきましょう。

ドロップダウンの選択肢を設定しよう

　それでは、コンボボックスのドロップダウンの選択肢を設定します。具体的な選択肢は、請求書作成の宛先となる顧客の名前である「A商事」「B建設」「C電気」「D不動産」という文字列です。

　ドロップダウンの選択肢を設定する方法は何通りかあります。ここでは最もシンプルな方法で行うとします。その大まかな流れは以下です。

STEP 1 ▶▶▶ 選択肢をセルに用意
STEP 2 ▶▶▶ 選択肢のセルをコンボボックスに紐づける

　STEP1では、選択肢の文言をワークシート上にセルに入力して用意します。その際、選択肢1つにつき1つのセルに入力します。なおかつ、連続したセル範囲に入力します。

　実際に「販売管理」で選択肢を用意してみましょう。任意のワークシート上の任意のセル

範囲に用意できます。ここでは、ワークシートを新たに追加するとします。ワークシート名も任意ですが、ここでは「設定」とします。この「設定」ワークシートのA1セルから行方向（縦方向）に選択肢の文言を入力するとします。選択肢の文言は「A商事」「B建設」「C電気」「D不動産」の4つでした。したがって、A1〜A4セルに入力することになります。

では、ワークシートを追加して、名前を「設定」に変更してください。「設定」ワークシートの並びは今回、「請求書雛形」ワークシートの後ろとします。つまり、末尾です。「設定」ワークシートを用意できたら、A1〜A4セルに選択肢の文言「A商事」「B建設」「C電気」「D不動産」を入力してください（画面8）。

▼**画面8 「設定」ワークシートを追加し、A1〜A4セルに選択肢の文言を入力**

1つの選択肢を1つのセルに入力してね

選択肢の文言を用意できたら、STEP2その選択肢のセルをコンボボックスに紐づけます。紐づける設定は、VBEのプロパティウィンドウで行います。コンボボックスのオブジェクトの「RowSource」というプロパティに、用意した選択肢のセル範囲を以下の形式で指定します。

書 式

=ワークシート名!開始セル:終了セル

「=」に続けてワークシート名を記述し、その後ろの「!」を記述します。あとは選択肢のセル範囲を「開始セル:終了セル」と指定します。今回の選択肢のセル範囲は「設定」ワークシートのA1〜A4セルなので、以下のように指定すればよいことになります。

書 式

=設定!A1:A4

　なお、「開始セル:終了セル」はSUM関数などでセル範囲を引数に指定する際と同じ形式です。さらに、「ワークシート名!」も、関数の引数や数式で別のワークシート上のセルを指定する際に使うのと同じ形式です。

　それでは、実際に指定しましょう。まずはVBEに切り替えて、フォーム上のコンボボックスのコントロールをクリックして選択してください。選択した状態でプロパティウィンドウを下方向にスクロールしていくと、「RowSource」プロパティがあるので、右側のボックスに「=設定!A1:A4」と入力してください（画面9）。なお、プロパティは名前のアルファベット順で並んでいます。

▼**画面9** 「RowSource」プロパティに「=設定!A1:A4」を指定

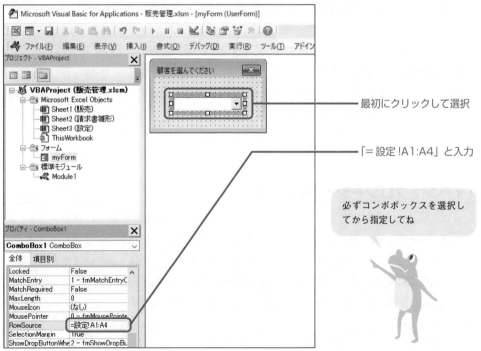

最初にクリックして選択

「＝設定!A1:A4」と入力

必ずコンボボックスを選択してから指定してね

その際に注意してほしいのが、必ず先にコンボボックスのコントロールを選択することです。「RowSource」プロパティはコンボボックスのプロパティであり、もしフォーム本体（myForm）が選択された状態だと、プロパティウィンドウにはフォーム本体のプロパティしか表示されず、「RowSource」は表示されません。

これで、選択肢である「設定」ワークシートのA1～A4セルをコンボボックスのドロップダウンに紐づけることができました。さっそく動作確認してみましょう。「マクロ」ダイアログボックスなどから「フォーム用意」プロシージャを実行して、ユーザーフォームを表示してください。コンボボックスの［▼］をクリックすると、ドロップダウンに4つの選択肢「A商事」「B建設」「C電気」「D不動産」が表示されます（画面10）。

▼**画面10　ドロップダウンに４つの選択肢が表示された**

今の段階では、選択肢を選んでも何も起こらないよ

動作確認できたら、ユーザーフォームを閉じてください。

以上がユーザーフォームのコンボボックスで、ドロップダウンの選択を設定する方法です。選択肢の設定はVBAでもできます。「RowSource」プロパティの方法と異なるのは、選択肢の数や内容を動的に変更できることです。たとえば、日付を入力するユーザーフォームで、月と日それぞれにドロップダウンを設けたとします。月のドロップダウンで選んだ月に応じて、日のドロップダウンの選択肢は月末の日を変えるなどです。「販売管理」では選択肢となる顧客は4社で固定であり、数も内容も動的に変える必要はないので、今回の「RowSource」プロパティを使った方法で全く問題ありません。この方法はノンプログラミングで設定できるのが大きなメリットです。選択肢をVBAで設定する方法は7-8節で簡単に紹介します。

「イベントプロシージャ」を学ぼう

ドロップダウンの選択肢を設定したところで、さっそく「請求書作成」プロシージャと連携させたいところですが、実はこれだけではまだ不十分です。今のコードでは、ドロップダウンの選択肢を実際にクリックして選択するまではできるのですが、請求書は作成されません。作成可能にするには、ドロップダウンで選択した顧客の名前を取得し、その顧客の請求書を「請求書作成」プロシージャで作成できるようにする必要があります。次はそのためのコードを作成しましょう。

最初に前提知識として、「**イベントプロシージャ**」という仕組みを学びます。

今まで記述したVBAのコードはプロシージャとして記述し、「マクロ」ダイアログボックスから実行できたり、図形などに割り当てて実行できたりしました。ユーザーフォーム上のコントロールのコードもプロシージャ内に記述するのですが、コードが実行される"きっかけ"は、たとえばボタンならクリックされた際、ドロップダウンなら選択された際など、何かしら操作されたタイミングになります。また、フォームを開いた時なども、コードを実行する"きっかけ"になります。

VBAの世界では、そのような"きっかけ"のことを「**イベント**」と呼びます。イベントにはフォームの他にも、ワークシートをアクティブにする、ブックを開く、キー操作を行うなどさまざまな種類があります。

イベントのコードを記述する方法を解説します。イベントは種類ごとに名前が決められています。たとえばクリックなら「Click」、ドロップダウンの選択なら「Change」などです。

そして、VBAでは、それぞれのコントロールについて、各種イベントが発生した際に実行されるプロシージャがそれぞれあらかじめ用意されています。そのため、どのようなイベントが発生したら、どのようなコードを実行するのか、プログラミングできるのです。このようなイベントを契機に実行されるプロシージャのことをイベントプロシージャと呼びます（図2）。

図2 「イベント」を契機にプロシージャが実行される

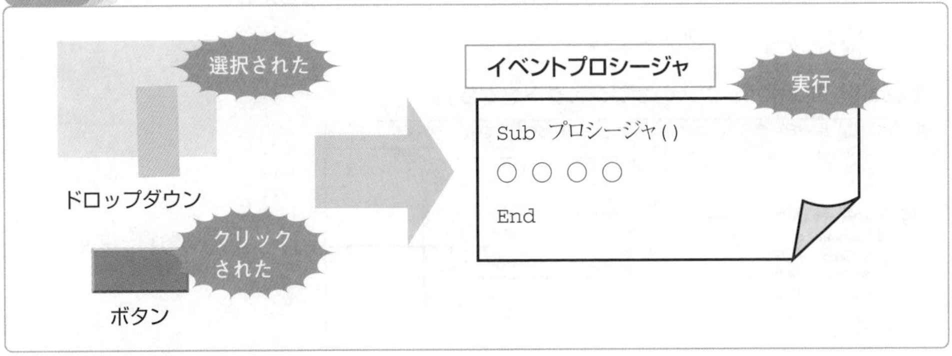

各コントロールには、イベントの発生を契機に実行されるプロシージャが、あらかじめ何種類か用意されています。コンボボックスでは先述のとおり、「ドロップダウンで選択肢を選ぶ」ということもイベントと見なされています。そのイベント名は「Change」と決められています。なお、そのイベントは、コンボボックスはドロップダウンのみならず、テキスト入力にも対応しているので、ドロップダウンに絞ったかたちではなく、「値が変更された」という意味のイベントになります。

「値が変更された」という意味の「Change」イベントが発生した際に実行されるイベントプロシージャが、コンボボックスのオブジェクトの「Change」プロシージャになります。文字通り、ドロップダウンなどで何かしら値が変更されたタイミングで実行されるイベントプロシージャになります（図3）。

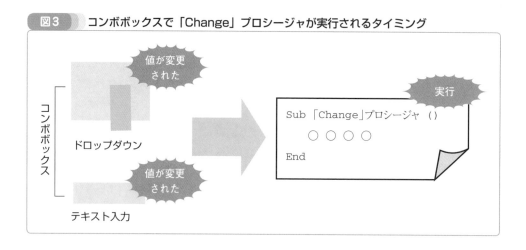

図3 コンボボックスで「Change」プロシージャが実行されるタイミング

では、コンボボックスのオブジェクトの「Change」プロシージャを記述していきましょう。そのコードには、コンボボックスのオブジェクト名を使うことになります。デフォルトでは「ComboBox1」というオブジェクト名です。このオブジェクト名のままでもよいのですが、練習を兼ねて、別のオブジェクト名に変更してから使うとします。ここでは「myComboBox」に変更するとします。では、VBEでユーザーフォーム上のコンボボックスを選択し、プロパティウィンドウの「(オブジェクト名)」欄をデフォルトの「ComboBox1」から「myComboBox」に変更してください（画面11）。

▼**画面11　コンボボックスのオブジェクト名を変更**

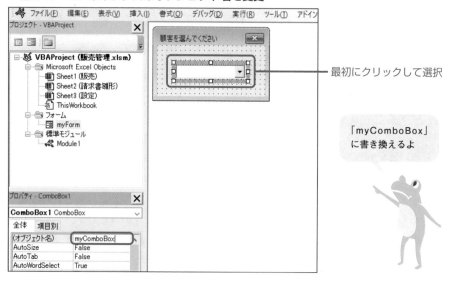

これで、コンボボックスのオブジェクトは「myComboBox」という名前で、コードに書いて使えるようになりました。イベントプロシージャの「Change」プロシージャも、このオブジェクト名を使って記述します。

イベントプロシージャはプロシージャ名を次の形式で記述するというルールがあります。

書 式

オブジェクト名_イベント名

オブジェクト名とイベント名を「_」（アンダースコア）で結ぶ形式です。イベント名とは「Change」など、イベントの種類ごとに決められた名前です。プロシージャ名以外の部分は通常のプロシージャと同じです。

今回のコンボボックスの「Change」プロシージャでは、オブジェクト名は「myComboBox」です。イベント名は「Change」です。従って、イベントプロシージャの名前は両者を「_」で結び、「myComboBox_Change」となります。

イベントプロシージャはプロシージャ名とともに、記述する場所も重要です。今までの「請求書作成」プロシージャや「フォーム用意」プロシージャは、「標準モジュール」の「Module1」に記述してきました。VBAのルールとして、イベントプロシージャはユーザーフォームのモジュールに記述すると決められています。

本節ではここまでにVBE上でユーザーフォームを挿入し、コンボボックスを配置したり、オブジェクト名を「myForm」に変更したりしました。このユーザーフォームのオブジェクトはモジュールも兼ねており、実はコードを書くこともできるのです。

コードを書くには、表示を切り替える必要があります。VBEでユーザーフォーム（myForm）が表示されている状態で、プロジェクトエクスプローラの上にある［コードの表示］をクリックしてください（画面12）。

▼画面12 ［コードの表示］をクリック

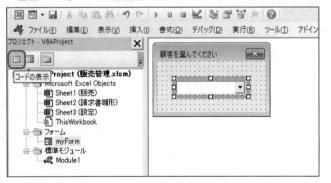
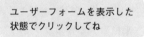

ユーザーフォームを表示した状態でクリックしてね

すると、ユーザーフォームのコードウィンドウに切り替わります（画面13）。このコードウィンドウにイベントプロシージャを記述します。VBEのタイトルバーを見ると、「myForm（コード）」と表示されており、ユーザーフォーム（オブジェクト名「myForm」）のコードウィンドウであることがわかります。

▼**画面13　ユーザーフォームのコードウィンドウが表示された**

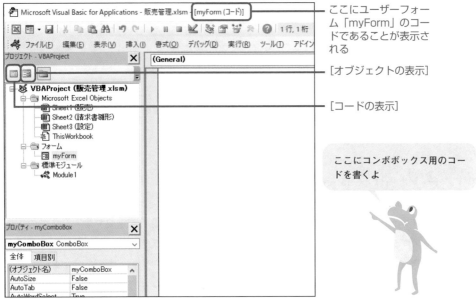

ここにユーザーフォーム「myForm」のコードであることが表示される

[オブジェクトの表示]

[コードの表示]

ここにコンボボックス用のコードを書くよ

このコードウィンドウから元のユーザーフォームの表示に戻すには、[コードの表示]の右隣りにある[オブジェクトの表示]をクリックします。ユーザーフォームの作成は、「オブジェクトの表示」の状態でコントロールを配置したり、プロパティウィンドウで設定したりしてGUIを作りつつ、「コードの表示」に適宜切り替えて、イベントプロシージャでコントロールが操作された際の処理を記述します。

ドロップダウンで選択した値を取り出す

イベントプロシージャの基本を学んだところで、さっそくコードを記述してみましょう。本来はコンボボックスのドロップダウンで選んだ顧客の請求書を作成する処理のコードを記述したいのですが、いきなりは難しいので、まずは練習として、ドロップダウンで選んだ顧客をメッセージボックスに表示するコードを記述します。

目的のイベントプロシージャ名は先ほど学んだとおり「myComboBox_Change」でした。「Sub myComboBox_Change()～」とキーボードを打って入力してもよいのですが、VBEにはイベントプロシージャの枠組みを自動で作成する機能が用意されているので、それを利用してみましょう。

VBEのプロジェクトエクスプローラの[コードの表示]をクリックしてユーザーフォームのコードウィンドウに表示を切り替えたら、コードウィンドウ上部にある左側のドロップダウンから「myComboBox」を選んでください（画面14）。なお、場合によっては、すでに自動で「UserForm_Click」や「ComboBox1_Change」などという名前のイベントプロシージャの枠組みが自動で生成されているかもしれませんが、それらは使わないので、削除しておいてください。

▼**画面14　左上のドロップダウンから［myComboBox］を選ぶ**

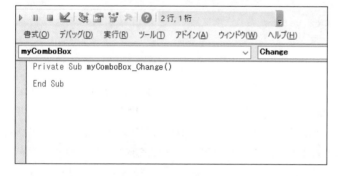

［myComboBox］を選ぶ

　すると、イベントプロシージャ「myComboBox_Change」の枠組みが自動で作成されます（画面15）。

▼**画面15　イベントプロシージャの枠組みが作成された**

```
Private Sub myComboBox_Change()

End Sub
```

手入力せずに済むから、ラクだしスペルミスもしないね

　なお、「Sub」の前に「Private」が付けられていますが、気にしなくても構いません。意味などは本節末コラムを参照してください。

　また、コードウィンドウの右上にもボックスがありますが、こちらはイベントの種類を指定するボックスです。左上のボックスで選ぶと、選んだオブジェクトの既定のイベントでイベントプロシージャが作成されます。コンボボックスの既定のイベントは「Change」です。今回は目的のイベントが既定と同じだったので、右上のボックスは自動で設定されるため、操作しませんでした。もし、既定以外のイベントのイベントプロシージャを作成したければ、右上のボックスを使ってください。

　このイベントプロシージャ「myComboBox_Change」の中に、まずは練習として、コンボボックスのドロップダウンで選択された値を取得し、メッセージボックスに表示するコードを記述していきます。

　コンボボックスのドロップダウンで選択された値は、コンボボックスのオブジェクトの「Value」プロパティで取得できます。コンボボックス「myComboBox」のドロップダウンで選択された値なら、次のように記述します。コンテナの「myForm」は省略できますが、今後他のユーザーフォームが加わる可能性を考え、どのユーザーフォームのコンボボックスなのかわかるよう、ちゃんと記述しておきましょう。

VBAの実践アプリケーション「販売管理」の作成

```
myForm.myComboBox.Value
```

　これで、ドロップダウンで選択した値が得られます。たとえば、ドロップダウンで「B建設」を選ぶと、「myForm.myComboBox.Value」は「B建設」という値になります。この「Value」プロパティを使って、「myComboBox_Change」プロシージャの中に、ドロップダウンで選んだら、選んだ値を使って処理するコードを記述していきます。

　では、ドロップダウンで選んだ顧客をメッセージボックスに表示するよう、「myComboBox_Change」プロシージャの中を次のように記述してください。「myForm.」まで記述すると、VBEのコードアシスト機能のドロップダウンの一覧に「myComboBox」が表示されるので、ダブルクリックして入力すると効率的です。

```
Private Sub myComboBox_Change()
    MsgBox myForm.myComboBox.Value
End Sub
```

　「myComboBox」オブジェクトの「Value」プロパティで得た選択値をMsgBox関数で表示するというシンプルなコードになります。記述し終わったら、「フォーム用意」プロシージャを実行して、ユーザーフォームを表示してください。そして、ドロップダウンから適当な顧客名を選んでください。すると、選択した顧客名がメッセージボックスに表示されます。ドロップダウンを選択したタイミングで「myComboBox_Change」が実行され、選択した値を「myComboBox」オブジェクトの「Value」プロパティで得て、MsgBox関数で表示したのです（画面16）。

▼**画面16**　ドロップダウンで選んだ選択肢を、MsgBox関数で表示

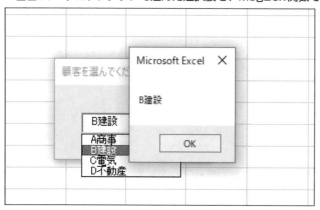

ドロップダウンで選んだ顧客名がメッセージボックスに表示された!!

　動作確認できたら、メッセージボックスを閉じてください。続けてユーザーフォームも閉じてください。

なお、「Value」プロパティはドロップダウンで選択した値だけでなく、ボックスに直接入力した値も取得することができます。

あとは、「myComboBox」オブジェクトの「Value」プロパティで取得したドロップダウンの選択値を、7-3節までで作成した「請求書作成」プロシージャに渡すことできれば、ドロップダウンで選択した顧客の請求書を作成可能となります。具体的には、現在「請求書作成」プロシージャの中で、変数「Kokyaku」に文字列「B建設」などを代入している顧客名に、「myComboBox」オブジェクトの「Value」プロパティの値を渡すのです（図4）。どのようにコードを記述していけばよいかは、次節で説明します。

図4 ドロップダウンの選択値を「請求書作成」プロージャに渡す

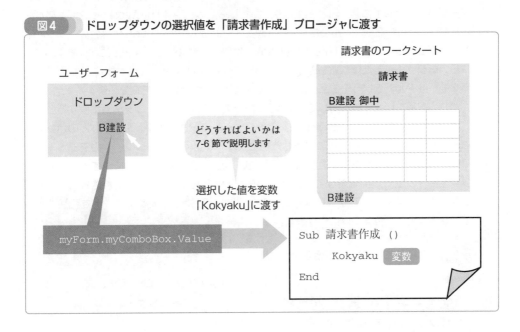

本節で取りあげたユーザーフォームやコンボボックスには、他にもさまざまなイベントに応じたイベントプロシージャが用意されています。また、他のコントロールにもさまざまな種類のイベントプロシージャが用意されています。本書ではほんの一部しか取りあげていませんが、今後みなさんがVBAのプログラミングを行っていく中で、必要なコントロールやイベントプロシージャを探して使いつつ、徐々におぼえていきましょう。

コラム

VBEのプロジェクトエクスプローラの各モジュール

本書では第2章以来、みなさんには「VBAのコードはとにかく標準モジュールに記述する」と割り切っておぼえていただきました。しかし、本節では標準モジュールとは別にある「フォーム」の「myForm」にコードを記述していきました。

Excel VBAでは、標準モジュールに加え、そのようなフォームもモジュールの1つになります。また、プロジェクトエクスプローラには「Microsoft Excel Object」フォルダーがあり、その下には「Sheet1」や「Sheet2」などや「ThisWorkbook」もありますが、これらもモジュールになります（図）。「Sheet1」や「Sheet2」は各ワークシートのモジュール になり、「ThisWorkbook」はブック全体のモジュールになります。これらのモジュールをたばねるものがプロジェクト「VBAProject」になります（他にも「クラスモジュール」というモジュールがありますが、本書では解説を割愛します）。

これら各種モジュールに対して、VBAでコードを記述できます。フォームに関するコードは本節で学んだように、「フォーム」のモジュールに記述します。ボタンなどのコントロールをワークシート上に直に設置した場合、コードはそのワークシートのモジュールに記述します。ブックを開いた際に実行したい処理など、ブック全体に関するコードはブックのモジュールに記述します。おなじみの「標準モジュール」はそれ以外のコードをすべて記述するのですが、基本的に、マクロとして実行するためのコードを記述するモジュールという位置づけになります。

図　プロジェクトの各種モジュール

イベントプロシージャはコントロールだけでなく、ブックやワークシートなどのモジュールにも各種用意されています。

たとえば、ワークシートをアクティブにしたタイミングで実行されるプロシージャやブックを開いたタイミングで実行されるプロシージャなどになります。

VBEでは、これら各モジュールの各種イベントプロシージャを生成し、コードを記述するための機能が用意されています。たとえば、「Sheet1」のコードウィンドウの右上にあるイベントのドロップダウンには、ワークシートをアクティブにしたタイミングで発生するイベントなど、各モジュールに応じたイベントが選べるようになっています。

これからは「コードは標準モジュールだけに記述する」でなく、「コードは目的や用途に応じて適切なモジュールに記述する」とおぼえてください。

コラム

「Private」と「Public」について

本節で「販売管理」の作成を進めるなかで、イベントプロシージャ「myComboBox_Change」をコードウィンドウの上にあるドロップダウンから作成する際、「Sub」の前に「Private」が自動的に挿入されました。

この「Private」とは、プロシージャを利用できるモジュールの範囲を指定するステートメントです。「Private」を付けると、同じモジュール内でしかそのプロシージャを利用できなくなります。一方、「Private」に対して「Public」というステートメントも用意されています。「Public」を付けると、他のモジュールでもそのプロシージャを利用できるようになります（図）。

図 「Private」と「Public」の違い

```
Sub Public プロシージャ1()          Sub Private プロシージャ2()
End Sub                             End Sub



        ✕                                   ○
Privateなので別のモジュールで使えない        プロシージャ1
                                    Publicなので別のモジュールでも使える

    モジュール1                          モジュール2
```

　「Private」や「Public」は省略することができます。省略すると、自動的に「Public」と見なされます。本書の「計算ドリル」や「販売管理」では「Private」や「Public」を省略しています。今後みなさんがプログラミングを行う際は必要に応じて両者を使い分けるのですが、基本的には、Privateはイベントプロシージャで自動的に付けれた場合のみ使い、あとは省略（つまり、Public）で実用上は問題ありません。

　また、「Private」と「Public」は変数に対しても使えます。モジュールレベル変数を宣言する際、冒頭に「Private」を付けると、その変数はそのモジュール内でしか利用できなくなります。一方、「Public」を付けると、その変数は他のモジュールでも利用可能になります。宣言の際は、Dimステートメントの代わりにPublic/Privateを用い、たとえば「Public hoge As String」などと記述します。

　「Public」を付けられる変数は、モジュールレベル変数のみであり、プロシージャレベル変数に付けると、コンパイルエラーになりますので注意してください。

コラム

「Option Explicit」を自動で挿入する

　「Option Explicit」は毎回記述するのが面倒なものです。VBEには自動で挿入する機能が用意されています。VBEのメニューバーの［ツール］→［オプション］をクリックして、「オプション」ダイアログボックスを開きます。［編集］タブの［変数の宣言を強制する］にチェックを入れ、［OK］をクリックします（画面）。

▼**画面** 「Option Explicit」の自動挿入を有効化

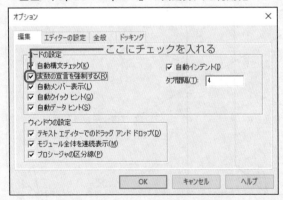

　これで以降、「Option Explicit」が自動で挿入されます。ただし、自動挿入されるのは新規で作成したブック、および新たに挿入したモジュールです。既存のブックのモジュールには、自動で挿入されない点を留意しておきましょう。

変数「Kokyaku」にドロップダウンで選択された顧客名をどう渡す？

　「販売管理」は7-4節までに「請求書作成」プロシージャを作成し、「"A商事"」という記述で顧客の文字列を直接指定していた部分を変数「Kokyaku」に置き換えたところまで作りました。7-5節では「請求書作成」プロシージャの作成をいったんストップし、ユーザーフォームを利用して目的の顧客を選択するドロップダウンを作成しました。

　本章では、いよいよ「請求書作成」プロシージャとユーザーフォームを連携させて、仕様通りユーザーフォームのドロップダウンで選んだ顧客宛の請求書を作成できるようにします。「請求書作成」プロシージャと顧客を選択するドロップダウンの両者を連携させるには——具体的には、ドロップダウンで選んだ顧客宛の請求書を「請求書作成」プロシージャで作成できるようにするには、どうすればよいでしょうか？

　前節で学んだとおり、ユーザーフォームのコンボボックスのドロップダウンで選んだ顧客は、以下のコードで取得できるのでした。

```
myForm.myComboBox.Value
```

　一方、「請求書作成」プロシージャでは、請求書を作成する顧客は、その顧客名を変数「Kokyaku」に指定するのでした。現時点では、顧客を固定して請求書を作成するようにしているため、変数「Kokyaku」には以下のように顧客名の文字列を直接代入しているのでした。「=」の右辺は、みなさんのお手元のコードでは別の顧客になっているかもしれませんが、ある1つの顧客が代入されている状態です。

```
Kokyaku = "B建設"
```

　ドロップダウンで選んだ顧客で請求書を作成するには、この変数「Kokyaku」に、ドロップダウンで選んだ顧客名を渡せばよいことになります。そのコードは変数「Kokyaku」に、ドロップダウンで選んだ顧客「myForm.myComboBox.Value」を代入すればOKです。つまり、上記コードの「=」の右辺の「"B建設"」などの顧客名を、「myForm.myComboBox.Value」に書き換えるだけです。では、「請求書作成」プロシージャを以下のように書き換えてください。コメントも適宜書いておきましょう。

▼変更前

```
Sub 請求書作成()
  Dim i As Long              '「販売」ワークシートの表の処理用カウンタ変数
  Dim Cnt As Long            '請求書のワークシートの表の処理用変数
  Dim Kokyaku As String      '請求書を作成する顧客名


  Cnt = 12                   '請求書のワークシートの表の先頭行 (12行目) の値に初期化
  Kokyaku = "B建設"


  'ワークシート「請求書雛形」を末尾にコピー
  Worksheets("請求書雛形").Copy After:=Worksheets(Worksheets.Count)
    :
    :
```

▼変更後

```
Sub 請求書作成()
  Dim i As Long              '「販売」ワークシートの表の処理用カウンタ変数
  Dim Cnt As Long            '請求書のワークシートの表の処理用変数
  Dim Kokyaku As String      '請求書を作成する顧客名


  Cnt = 12                   '請求書のワークシートの表の先頭行 (12行目) の値に初期化
  Kokyaku = myForm.myComboBox.Value    'フォームのドロップダウンで選んだ顧客を設定


  'ワークシート「請求書雛形」を末尾にコピー
  Worksheets("請求書雛形").Copy After:=Worksheets(Worksheets.Count)
    :
    :
```

　これで、「請求書作成」プロシージャ自体はユーザーフォームのドロップダウンで選んだ顧客で、請求書を作成できるようになりました。ただ、仕様通りにするには、コードの変更はもう1箇所必要です。ドロップダウンで選んだ際の処理のコードです。

　本来の仕様では、ドロップダウンで顧客を選ぶと、その顧客の請求書を作成するのでした。現時点のドロップダウンのコードは前節で記述したように、選んだ顧客名をメッセージボックスに表示するという練習用のものでした。このコードを仕様通り請求書を作成するように変更します。

　請求書を作成するには、「請求書作成」プロシージャを実行する必要があります。今までは「販売」ワークシートの［請求書作成］ボタンにマクロとして登録し、クリックで実行してい

ました。これを、ユーザーフォームのドロップダウンで選んだら実行するようにします。

　ユーザーフォームのドロップダウンを選んだら何かしらの処理を実行するには、前節で作成したイベントプロシージャ「myComboBox_Change」を使えばOKです。このイベントプロシージャの中で、「請求書作成」プロシージャを実行するには、「**Call**」というステートメントを利用します。Callステートメントを使うと、あるプロシージャの中で、別のプロシージャを呼び出して実行できます。書式は以下です。

書 式

```
Call プロシージャ名
```

　「Call」の後ろに半角スペースを挟み、呼び出して実行したいプロシージャ名を記述します。「請求書作成」プロシージャを呼び出して実行するなら、以下のように記述します。

書 式

```
Call 請求書作成
```

　それでは、ユーザーフォームのドロップダウンを選んだら「請求書作成」プロシージャを実行するよう、イベントプロシージャ「myComboBox_Change」の中身を次のように書き換えてください。

▼変更前

```
Private Sub myComboBox_Change()
    MsgBox myForm.myComboBox.Value
End Sub
```

▼変更後

```
Private Sub myComboBox_Change()
    Call 請求書作成
End Sub
```

　変更は以上です。では、意図通り動作するか、さっそく試してみましょう。[開発]タブの[マクロ]などから「マクロ」ダイアログボックスを開いて、「フォーム用意」プロシージャを実行してください。続けて、ユーザーフォームのドロップダウンから顧客を選んでください（画面1）。その顧客の請求書が作成されることが確認できましたでしょうか？　「請求書雛形」ワークシートは末尾にコピーするようになっており、前節で「設定」ワークシートを末尾に追加したため、その後ろに請求書のワークシートが作成されることになります。

VBAの実践アプリケーション「販売管理」の作成

▼画面1 「フォーム用意」プロシージャを実行

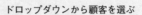

ドロップダウンから顧客を選ぶ

その顧客の請求書が作成された!!

　なお、前節では「myForm.myComboBox.Value」のコンテナにあたる「myForm.」は省略できると解説しましたが、省略できるのは、そのフォーム自身のモジュール内だけの話です。別のモジュールである標準モジュールのModule1に記述する場合、コンテナであるモジュール名の記述「myForm.」を省略すると、エラーになってしまうので省略しないでください。

　また、実はCallステートメントを使わなくとも、プロシージャ名だけを書いても呼び出して実行できます。しかし、プロシージャ名だけだと、何の処理をしているのかひと目でわかりづらく、下手したら変数名や定数名などと勘違いする恐れも高いので、Callの省略はオススメしません。

ひとまずの完成のための最後の仕上げ

　あとは最後の仕上げとして、現在「マクロ」ダイアログボックスから実行している「フォーム用意」プロシージャを、「販売」ワークシートの[請求書作成]ボタンに割り当ててやりましょう。[請求書作成]ボタンには以前、「請求書作成」プロシージャを直接割り当てていましたが、ドロップダウンから請求書を作成できるよう「フォーム用意」プロシージャを割り当てるよう変更します。[請求書作成]ボタンを右クリック→[マクロの登録]から「マクロの登録」ダイアログボックスを開き、「フォーム用意」プロシージャを指定してください（画面2）。

▼**画面2** ［請求書作成］ボタンに「フォーム用意」プロシージャを割り当てる

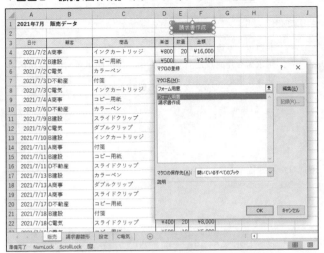

これでボタンをクリックで、ユーザーフォームが表示されるよ

これで「販売管理」はひとまず完成です。ちゃんと仕様通りの機能をすべて作成できたことになります。［請求書作成］ボタンをクリックし、ユーザーフォームのドロップダウンで各顧客名を選び、その顧客宛の請求書がちゃんと作成されるか、確認してみましょう。なお、一度作成した顧客の請求書を再び作成するとエラーになります。すでにあるワークシートと同じ名前に設定しようとする処理でエラーが発生します。本来はこのエラーに対処する処理のコードも追加すべきですが、今回は割愛します。

この「販売管理」に登場するプロシージャをおさらいすると、「標準モジュール」の「Module1」の「請求書作成」と「フォーム用意」、ユーザーフォームのモジュールである「myForm」の「myComboBox_Change」の計3つになります。最後に整理の意味で、［請求書作成］ボタンをクリックし、ユーザーフォームのドロップダウンで顧客名を選び、その顧客の請求書が作成されるという機能が、これら3つのプロシージャとイベントがどのような流れで連携して実行されることで、実現されるのかを図示しておきます（図1）。

VBAの実践アプリケーション「販売管理」の作成

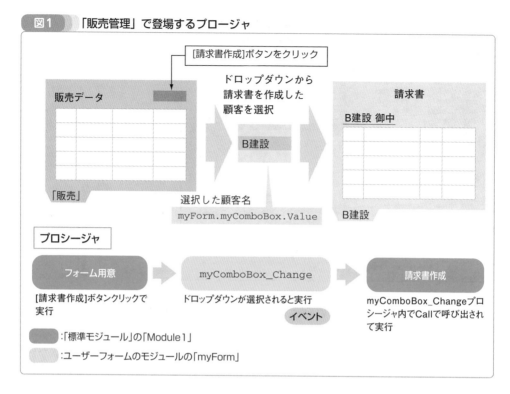

図1　「販売管理」で登場するプロージャ

[請求書作成]ボタンをクリック

販売データ

ドロップダウンから
請求書を作成した
顧客を選択

B建設

請求書

B建設 御中

「販売」

選択した顧客名
myForm.myComboBox.Value

B建設

プロシージャ

フォーム用意　➡　myComboBox_Change　➡　請求書作成

[請求書作成]ボタンクリックで
実行

ドロップダウンが選択されると実行
イベント

myComboBox_Changeプロ
シージャ内でCallで呼び出され
て実行

■：「標準モジュール」の「Module1」

■：ユーザーフォームのモジュールの「myForm」

　この流れの中で、ユーザーフォームのドロップダウンで選ばれた顧客名は、コンボボックスのオブジェクトを使った「myForm.myComboBox.Value」という記述で、文字列として取得できるのでした。そして、「請求書作成」プロシージャの中で、顧客名を入れる変数「Kokyaku」に、「myForm.myComboBox.Value」を代入することで渡しているのでした。

　長い道のりでしたが、「販売管理」の仕様を満たしたVBAのコードを書きあげました。これで、ひとまずの完成です。あとは次の7-7節にて、コードを見やすくし、追加・変更に強くするため、コードを整理・改良していきます。

プロシージャの引数

　「引数」はメソッドの学習の際に既に登場しました（P90参照）。この引数という仕組みがプロシージャにも用意されています。メソッドの引数は、引数に渡す値に応じて、メソッドの実行結果を制御できるというものでした。プロシージャの引数も基本的な考えは同じです。プロシージャを実行する際、引数に渡す値に応じて、プロシージャの実行結果を制御できるようになるのです（図1）。

図1 プロシージャの引数

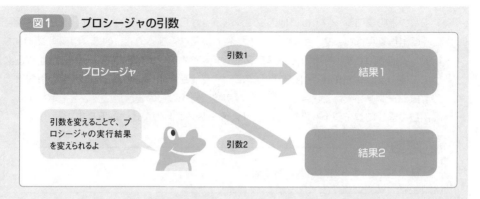

今までは引数のないプロシージャばかり扱ってきましたが、実はプロシージャは引数をつけて宣言することもできるのです。引数つきのプロシージャの書式は次の通りです。

書　式

```
Sub プロシージャ名 (引数名 1 As データ型 , 引数 2 As データ型 , …)
    処理
End Sub
```

プロシージャ名の後ろの括弧内に引数を指定します。引数の書式は、変数の宣言からDimステートメントを除いたのと同じかたちになります。引数を2つ以上利用する場合、「,」(カンマ)で区切って並べていきます。「データ型」は省略可能なのですが、変数に不適切なデータ型の値を代入してしまうことで発生するプログラムの不具合を避けるためにも、データ型も合わせて記述する書式でおぼえましょう。

そして、このように引数を用意すると、その引数をプロシージャ内で変数として使えるようになります(図2)。

図2 引数はプロシージャ内で利用できる

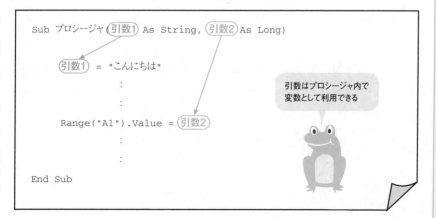

　引数つきのプロシージャは、他のプロシージャからCallステートメント（P265参照）で呼び出して実行します。引数ありだと単独で使えなくなるので、他のプロシージャ内に記述して使うのです。ちょうど、プロシージャ内でオブジェクトのメソッドを記述するように、他のプロシージャで引数ありのプロシージャを記述してやることで、その引数ありのプロシージャを実行できます。その際、引数に何かしらの値または変数を指定します。

　引数つきプロシージャを呼び出すCallステートメントの書式は以下です。

書 式

```
Call プロシージャ名 (引数に渡す値)
```

　プロシージャ名に続き、引数に渡す値を「()」でくくって指定します。引数には、数値や文字列といった値のみならず、変数を指定することも可能です。引数が複数あるなら、それぞれに渡す値を「,」で区切って並べていきます。

　このようにCallを使いプロシージャを呼び出して実行する際、引数に渡す値または変数を指定すると、呼び出される側のプロシージャ内の引数にも指定した値または変数の値が入ることになり、その値または変数の値を呼び出される側のプロシージャ内で利用できるのです（図3）。

図3　引数に渡した値／変数の値を使う

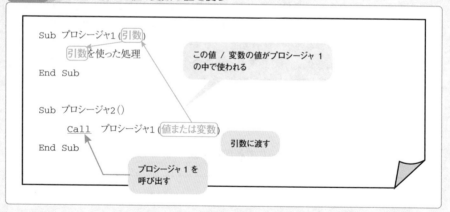

　プロシージャの引数とCallの組み合わせは、たとえば次のようなかたちで利用します。

```
Sub Prc1(Num As Long)
    MsgBox (Num * 2)
End Sub


Sub Prc2()
    Call Prc1(5)
```

```
End Sub
```

　「Prc1」プロシージャはLong型の引数「Num」を宣言しています。そして、「Prc1」プロシージャ内では、引数「Num」を2倍してMsgBox関数でメッセージボックスに表示します。「Prc2」プロシージャの中では、この「Prc1」プロシージャをCallを用いて呼び出しています。その際、引数として数値の「5」を指定しています。

　「Prc2」プロシージャを実行すると、メッセージボックスに「10」という数値が表示されます。処理の流れは、まずは「Prc2」プロシージャの中で、「Prc1」プロシージャに引数「5」を指定して呼び出します。すると、処理が「Prc1」プロシージャに移り、引数「Num」に受け取った値「5」を用いて、「MsgBox (Num * 2)」というコードを実行します（図4）。

　「Prc1」プロシージャが実行し終わったら、再び処理は「Prc2」プロシージャに戻ります。「Prc2」プロシージャは他に何もコードが記述されていないので、そのまま終了します。

図4　引数のサンプルコードの処理の流れ

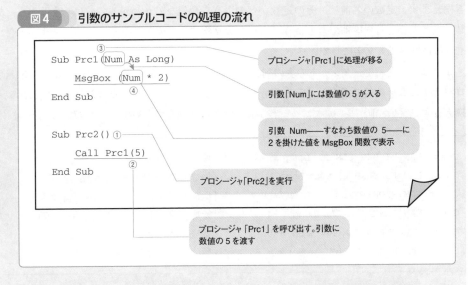

　また、P194のコラムで解説したように、Functionプロシージャでも引数が使えます。同様にCallステートメントで、他のプロシージャから呼び出して実行できます。

7-7 コードを整理・改良して 見やすく、追加・変更に強くする

列の指定の定数化とコードの改行

　本節では、7-6節でいったん完成したアプリケーション「販売管理」に対して、機能はそのままに、コードを整理・改良して、見やすさをアップすると同時に、仕様の追加・変更に対応しやすくします。ここでは、何かと整理するポイントが多い「請求書作成」プロシージャのコードを整理・改良することにします。他のプロシージャも整理・改良すべきポイントがないわけではないのですが、ページの関係上「請求書作成」プロシージャに絞って解説します。

　コードの整理・改良は段階的に進めますが、かなりの分量を書き換えることになるので、書き換える際は元のコードをコメント化したり、ブック自体をバックアップしておくなど、失敗した際はいつでも元に戻せるようにしておきましょう。

　では、最初は手始めとして、コード内で数値や文字列を直接記述している部分を定数に置き換えます。定数の名前は、その定数がどのような数値なのかわかる名前にしましょう。定数は変数とひと目で区別できるよう、すべて大文字で記述することをお勧めします。本書でも定数はすべて大文字にしています。

　まずは「販売」ワークシートの表の列を指定している数値を定数化します。現在、Cellsプロパティに直接数値で指定している部分を、どのようなデータの列なのかわかる定数に置き換えます。少々名前が長いのですが、わかりやすさを優先して、次のように定数を用意します。

```
Const HAN_HIDUKE_CLM As Long = 1      '「販売」ワークシートの「日付」の列
Const HAN_KOKYAKU_CLM As Long = 2     '「販売」ワークシートの「顧客」の列
Const HAN_SYOHIN_CLM As Long = 3      '「販売」ワークシートの「商品」の列
Const HAN_TANKA_CLM As Long = 4       '「販売」ワークシートの「単価」の列
Const HAN_SURYO_CLM As Long = 5       '「販売」ワークシートの「数量」の列
Const HAN_KINGAKU_CLM As Long = 6     '「販売」ワークシートの「金額」の列
```

この定数を用いて、For...Nextステートメントによるループ内のコードを書き換えます。Ifステートメントの条件式なら、次のように書き換えます。「顧客」の列の数値「2」を定数「HAN_KOKYAKU_CLM」に変更します。

```
If Worksheets("販売").Cells(i, 2).Value = Kokyaku Then
```

```
If Worksheets("販売").Cells(i, HAN_KOKYAKU_CLM).Value = Kokyaku Then
```

　同様にIfステートメントの中の処理も定数を用いて書き換えます。すると、今まで単に数字1つで記述していた部分を定数名で置き換えるため、1行のコードが長くなってしまい、扱いづらくなってしまいます。VBAには、コードを途中で改行するための仕組みとして、「 _」(半角スペース＋アンダーバー) が用意されています。改行したいコードの途中の地点に「 _」(半角スペース＋アンダーバー) を記述し、以降は次の行の記述すれば、一連のコードと見なされています。

　「販売管理」のIfステートメントの中は「 _」(半角スペース＋アンダーバー) を使い、代入演算子「=」の後で改行するとします。見やすくなるよう、改行したコードはタブでインデントするとします。

　以上を反映させると、「請求書作成」プロシージャは次のようになります。コードをすべて最初から読むのは大変かと思いますので、追加・変更点を強調しておきましたので、それらを中心にコードを読んでください。

```vba
Sub 請求書作成()
    Const HAN_HIDUKE_CLM As Long = 1       '「販売」ワークシートの「日付」の列
    Const HAN_KOKYAKU_CLM As Long = 2      '「販売」ワークシートの「顧客」の列
    Const HAN_SYOHIN_CLM As Long = 3       '「販売」ワークシートの「商品」の列
    Const HAN_TANKA_CLM As Long = 4        '「販売」ワークシートの「単価」の列
    Const HAN_SURYO_CLM As Long = 5        '「販売」ワークシートの「数量」の列
    Const HAN_KINGAKU_CLM As Long = 6      '「販売」ワークシートの「金額」の列

    Dim i As Long          '「販売」ワークシートの表の処理用カウンタ変数
    Dim Cnt As Long        '請求書のワークシートの表の処理用変数
    Dim Kokyaku As String     '請求書を作成する顧客名

    Cnt = 12               '請求書のワークシートの表の先頭行(12行目)の値に初期化
    Kokyaku = myForm.myComboBox.Value     'フォームのドロップダウンで選んだ顧客を設定

    'ワークシート「請求書雛形」を末尾にコピー
    Worksheets("請求書雛形").Copy After:=Worksheets(Worksheets.Count)

    Worksheets(Worksheets.Count).Name = Kokyaku            'ワークシート名を設定
    Worksheets(Kokyaku).Range("A6").Value = Kokyaku        '請求書の宛先を設定
    Worksheets(Kokyaku).Range("E2").Value = Date           '請求書の発行日を設定

    '指定した顧客の販売データを請求書へコピー
    For i = 4 To 32
        If Worksheets("販売").Cells(i, HAN_KOKYAKU_CLM).Value = Kokyaku Then
            Worksheets(Kokyaku).Cells(Cnt, 1).Value = _
                Worksheets("販売").Cells(i, HAN_HIDUKE_CLM).Value           '日付
            Worksheets(Kokyaku).Cells(Cnt, 2).Value = _
```

```
                    Worksheets("販売").Cells(i, HAN_SYOHIN_CLM).Value            '商品
            Worksheets(Kokyaku).Cells(Cnt, 3).Value = _
                    Worksheets("販売").Cells(i, HAN_TANKA_CLM).Value             '単価
            Worksheets(Kokyaku).Cells(Cnt, 4).Value = _
                    Worksheets("販売").Cells(i, HAN_SURYO_CLM).Value             '数量
            Worksheets(Kokyaku).Cells(Cnt, 5).Value = _
                    Worksheets("販売").Cells(i, HAN_KINGAKU_CLM).Value           '金額


            Cnt = Cnt + 1     '請求書のワークシートの表のコピー先の行を1つ進める
        End If
    Next
End Sub
```

　次は、まったく同じアプローチで、請求書のワークシートの表の列を指定している数値を定数化します。定数を次のように用意します。

```
Const SEI_HIDUKE_CLM As Long = 1      '請求書のワークシートの「日付」の列
Const SEI_SYOHIN_CLM As Long = 2      '請求書のワークシートの「商品」の列
Const SEI_TANKA_CLM As Long = 3       '請求書のワークシートの「単価」の列
Const SEI_SURYO_CLM As Long = 4       '請求書のワークシートの「数量」の列
Const SEI_KINGAKU_CLM As Long = 5     '請求書のワークシートの「金額」の列
```

　これらの定数を用いて「請求書作成」プロシージャを書き換えると、Ifステートメントの部分は次のようになります。

```
If Worksheets("販売").Cells(i, HAN_KOKYAKU_CLM).Value = Kokyaku Then
    Worksheets(Kokyaku).Cells(Cnt, SEI_HIDUKE_CLM).Value = _
        Worksheets("販売").Cells(i, HAN_HIDUKE_CLM).Value                '日付
    Worksheets(Kokyaku).Cells(Cnt, SEI_SYOHIN_CLM).Value = _
        Worksheets("販売").Cells(i, HAN_SYOHIN_CLM).Value                '商品
    Worksheets(Kokyaku).Cells(Cnt, SEI_TANKA_CLM).Value = _
        Worksheets("販売").Cells(i, HAN_TANKA_CLM).Value                 '単価
    Worksheets(Kokyaku).Cells(Cnt, SEI_SURYO_CLM).Value = _
        Worksheets("販売").Cells(i, HAN_SURYO_CLM).Value                 '数量
    Worksheets(Kokyaku).Cells(Cnt, SEI_KINGAKU_CLM).Value = _
        Worksheets("販売").Cells(i, HAN_KINGAKU_CLM).Value               '金額


    Cnt = Cnt + 1     '請求書のワークシートの表のコピー先の行を1つ進める
End If
```

　このように列を定数で指定するように変更すると、確かにコード量が増えるため、一見コードが見づらくなった感覚をおぼえるかもしれません。しかし、どのデータをどのデータの列にコピーしているのかがコードを見ただけでわかるようになります。また、列を入れ替えるなど仕様を変更したい場合でも、該当する定数を定数名やコメントから探し、定数を宣言しているコードで値を書き換えるだけで済み、仕様の追加・変更に対応しやすくなりました。これがもし、今まで通り列を数値だけで直接指定していると、どの数値がどのワークシートのどの列を表しているのかひと目でわからないので、仕様の追加・変更の対応が非常に困難になります。

　続けて、請求書のテンプレートのワークシート名も定数化します。合わせて、請求書の宛先と日付のセル番地を直接文字列で指定している箇所を定数化してやりましょう。これらは文字列なので、文字列の定数として、データ型はString型で宣言します。

```
Const SEITP_WSNM As String = "請求書雛形"      '請求書テンプレートのワークシート名
Const ATESAKI_ADRS As String = "A6"            '請求書の宛先のセル番地
Const HAKKOBI_ADRS As String = "E2"            '請求書の発行日のセル番地
```

　これらの定数を用いて、請求書の宛先と日付を設定しているコードを書き換えます。請求書の宛先と日付を設定している箇所は1つしかないのですが、定数化できるものは定数化して、プロシージャまたはモジュールの冒頭にまとめておくと後々ラクになります。特にコードの分量が多いと、コードの途中で文字列や数値を探し出すのは一苦労になるので、冒頭に定数化してまとめておくとよいでしょう。

ポ イ ン ト

・定数化できる数値や文字列は極力、冒頭にまとめて宣言しておこう

　以上を総合すると、「請求書作成」プロシージャは次のようになります。ここまでに追加・変更した箇所をすべて色文字で強調しています。

```
Sub 請求書作成()
    Const HAN_HIDUKE_CLM As Long = 1      '「販売」ワークシートの「日付」の列
    Const HAN_KOKYAKU_CLM As Long = 2     '「販売」ワークシートの「顧客」の列
    Const HAN_SYOHIN_CLM As Long = 3      '「販売」ワークシートの「商品」の列
    Const HAN_TANKA_CLM As Long = 4       '「販売」ワークシートの「単価」の列
    Const HAN_SURYO_CLM As Long = 5       '「販売」ワークシートの「数量」の列
    Const HAN_KINGAKU_CLM As Long = 6     '「販売」ワークシートの「金額」の列

    Const SEI_HIDUKE_CLM As Long = 1      '請求書のワークシートの「日付」の列
```

```vba
    Const SEI_SYOHIN_CLM As Long = 2       '請求書のワークシートの「商品」の列
    Const SEI_TANKA_CLM As Long = 3        '請求書のワークシートの「単価」の列
    Const SEI_SURYO_CLM As Long = 4        '請求書のワークシートの「数量」の列
    Const SEI_KINGAKU_CLM As Long = 5      '請求書のワークシートの「金額」の列


    Const SEITP_WSNM As String = "請求書雛形"       '請求書テンプレートのワークシート名
    Const ATESAKI_ADRS As String = "A6"            '請求書の宛先のセル番地
    Const HAKKOBI_ADRS As String = "E2"            '請求書の発行日のセル番地


    Dim i As Long            '「販売」ワークシートの表の処理用カウンタ変数
    Dim Cnt As Long          '請求書のワークシートの表の処理用変数
    Dim Kokyaku As String    '請求書を作成する顧客名


    Cnt = 12                 '請求書のワークシートの表の先頭行(12行目)の値に初期化
    Kokyaku = myForm.myComboBox.Value    'フォームのドロップダウンで選んだ顧客を設定

    'ワークシート「請求書雛形」を末尾にコピー
    Worksheets(SEITP_WSNM).Copy After:=Worksheets(Worksheets.Count)


    Worksheets(Worksheets.Count).Name = Kokyaku              'ワークシート名を設定
    Worksheets(Kokyaku).Range(ATESAKI_ADRS).Value = Kokyaku '請求書の宛先を設定
    Worksheets(Kokyaku).Range(HAKKOBI_ADRS).Value = Date    '請求書の日付を設定


    '指定した顧客の販売データを請求書へコピー
    For i = 4 To 32
        If Worksheets("販売").Cells(i, HAN_KOKYAKU_CLM).Value = Kokyaku Then
            Worksheets(Kokyaku).Cells(Cnt, SEI_HIDUKE_CLM).Value = _
                Worksheets("販売").Cells(i, HAN_HIDUKE_CLM).Value        '日付
            Worksheets(Kokyaku).Cells(Cnt, SEI_SYOHIN_CLM).Value = _
                Worksheets("販売").Cells(i, HAN_SYOHIN_CLM).Value        '商品
            Worksheets(Kokyaku).Cells(Cnt, SEI_TANKA_CLM).Value = _
                Worksheets("販売").Cells(i, HAN_TANKA_CLM).Value        '単価
            Worksheets(Kokyaku).Cells(Cnt, SEI_SURYO_CLM).Value = _
                Worksheets("販売").Cells(i, HAN_SURYO_CLM).Value        '数量
            Worksheets(Kokyaku).Cells(Cnt, SEI_KINGAKU_CLM).Value = _
                Worksheets("販売").Cells(i, HAN_KINGAKU_CLM).Value        '金額


            Cnt = Cnt + 1     '請求書のワークシートの表のコピー先の行を1つ進める
        End If
    Next
```

```
End Sub
```

表の基点となるセルを導入する

この時点で、数値や文字列を直接指定している箇所は22行目の「Cnt= 12」というコードと、For...Nextステートメントの初期値と最終値、およびその中にある「Worksheets("販売")」という部分を残すのみとなりました。これらも定数化してもよいのですが、ここでは仕様の追加・変更により対応しやすくなるよう改良する別の方法を紹介します。

そもそもCellsプロパティとは、Rangeオブジェクトのプロパティの1つでした。Rangeオブジェクトをコンテナに指定すると、そのRangeオブジェクトのセルを基点に、そこから何行／何列離れたセルを指定できるプロパティでした（P144の第5章5-4節参照）。

この機能を利用し、「販売」ワークシートの表の左上のセルを1つ決め、そのセルを基点に表内のセルを参照するようにします。請求書の表についても、同様に左上のセルを基点に表内のセルを参照するようにします。言葉の説明だけではわかりにくいかと思いますので、次の図をよく見て、やろうとしていることのイメージを把握してください（図1）。

図1 表の左上のセル（A4セル）を基点に各セルを参照

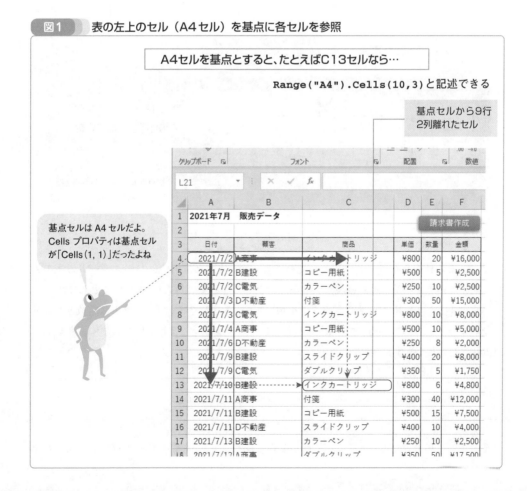

　このようなやり方だと、たとえば「『販売』ワークシートの表の左側にブランクの列を1列入れたい」や「請求書の表をもう2行下に移動したい」などといった仕様変更に対して、基点となるセルのアドレスを1箇所書き換えるだけで済みます。もし基点となるセルを使わないと、すべての定数の値を書き換えなければならなくなります。基点となるセルを用いると、そのような手間ひまを解消できるのです（図2）。

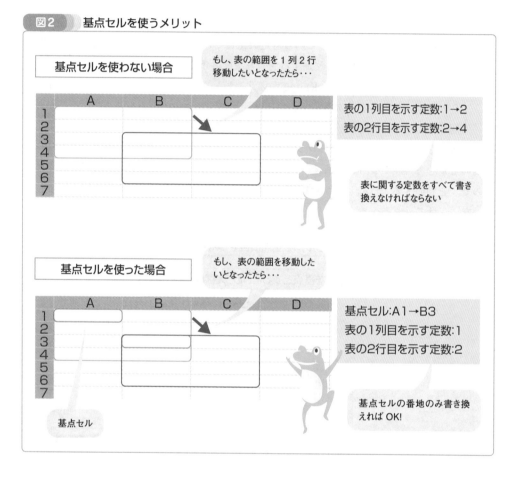

図2　基点セルを使うメリット

　では、この仕組みをコードに記述してみましょう。まずは「販売」ワークシートの表のみ書き換えてみます。基点セルは現在表の左上のセルとなっているA4セルにするとします。

　基点セルとして、Rangeオブジェクトを用います。VBAではオブジェクトは定数として使えないルールになっているので、Rangeオブジェクト型の変数として用意します。変数名は「HanKiten」とします。

```
Dim HanKiten As Range '「販売」ワークシートの表の基点セル
```

　そして、この「HanKiten」に、基点となるセルとして、「販売」ワークシートの表の左上

のセル（データが入力される範囲の左上のセル）であるA4セルを代入します。オブジェクト変数なので、代入には「Set」ステートメントを利用しなければならない点に注意してください（P165の第5章5-6節参照）。

また、今までループ内に何箇所も記述していた「Worksheets("販売")」も一緒にまとめられるよう、コンテナとして「Worksheets("販売")」もつけます。

```
Set HanKiten = Worksheets("販売").Range("A4")  '「販売」ワークシートの表の基点セルを設定
```

これで、基点となるセルが変数「HanKiten」に、「販売」ワークシートのA4セルとして準備できました。ついでに、「Worksheets("販売")」を1箇所にまとめたので、今後もし、「販売」ワークシートのワークシート名が変更されても、コードの変更はこの1カ所で済むようになりました。

続けて、この基点セルを用いて、ループを書き換えます。今まで「Worksheets("販売")」と記述していたコンテナの部分を、「HanKiten」にすべて置き換えてください。これで、基点セルを出発点にCellsプロパティで相対的に表内のセルを参照するようになります。

そして、基点セルを用いた結果、For...Nextステートメントの初期値と最終値も書き換えなければなりません。なぜなら、今まではCellsプロパティは基点セルを用いず、A1セルからの行数と列数でセルを絶対的に指定していましたが、「HanKiten」を用いたので基点セルであるA4セルからの相対的な行数と列数でセルを指定することになります。そうなると、カウンタ変数「i」の初期値と最終値の指定を今までよりも3行ぶん上にずらす必要があります（図3）。

図3　カウンタ変数「i」の初期値を基点セルに合わせてずらす

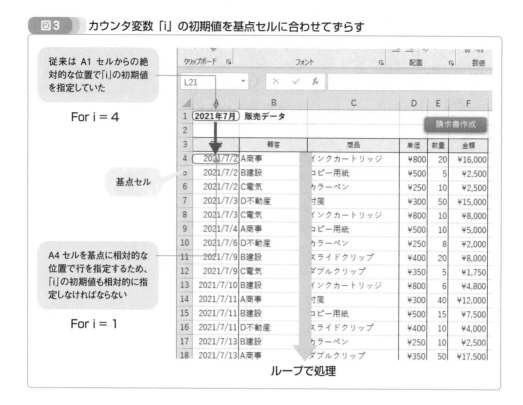

従来は A1 セルからの絶対的な位置で「i」の初期値を指定していた

For i = 4

基点セル

A4 セルを基点に相対的な位置で行を指定するため、「i」の初期値も相対的に指定しなければならない

For i = 1

ループで処理

すると、For…Next ステートメントの部分は次のようになります。

```
For i = 1 To 29
    If HanKiten.Cells(i, HAN_KOKYAKU_CLM).Value = Kokyaku Then
        Worksheets(Kokyaku).Cells(Cnt, SEI_HIDUKE_CLM).Value = _
            HanKiten.Cells(i, HAN_HIDUKE_CLM).Value                    '日付
        Worksheets(Kokyaku).Cells(Cnt, SEI_SYOHIN_CLM).Value = _
            HanKiten.Cells(i, HAN_SYOHIN_CLM).Value                    '商品
        Worksheets(Kokyaku).Cells(Cnt, SEI_TANKA_CLM).Value = _
            HanKiten.Cells(i, HAN_TANKA_CLM).Value                     '単価
        Worksheets(Kokyaku).Cells(Cnt, SEI_SURYO_CLM).Value = _
            HanKiten.Cells(i, HAN_SURYO_CLM).Value                     '数量
        Worksheets(Kokyaku).Cells(Cnt, SEI_KINGAKU_CLM).Value = _
            HanKiten.Cells(i, HAN_KINGAKU_CLM).Value                   '金額


        Cnt = Cnt + 1     '請求書のワークシートの表のコピー先の行を1つ進める
    End If
Next
```

　これで、もし、「販売」ワークシートの表の範囲が変更になっても、基点セルの変数「HanKiten」に指定するセル番地を変更するだけで済むようになります。

　一方、For...Nextステートメントの初期値と最終値はよく見ると、従来の「4」と「32」から、「1」と「29」に変わっただけです。「なんだ、結局For...Nextステートメントの初期値と最終値には数値を直接指定しているじゃないか！」とガッカリされた方も少なくないかと思います。確かに最終値の「29」は数値を直接指定しているので、解決しなければなりません。その方法はこの後説明します。

　初期値の「1」は、今までの「4」と同様に数値を直接指定しているのですが、「4」から「1」に変わったことは非常に大きな意味が2つあります。

　1つ目ですが、ループのカウンタ変数は、ループが回るごとに順番に増えたり減ったりするものです。増える場合、「1」から始まると、今までのコードのように「4」から始まる場合に比べて、処理の流れが追いやすくなります。そのため、不具合を減らせたり仕様追加・変更への対応が楽になったりするのです。

　ループのカウンタ変数の初期値は「1」以外だと、「0」がよく用いられます。プログラミングの世界では一般的に、カウンタ変数の初期値に指定する「0」と「1」は、ループの始まりを表す特別な数値として、直接記述されるケースが多々あります。また、ループに用いる変数を初期化したり、値を順番に増減させたりする際に用いる場合の「0」と「1」も特別な数値として、直接記述されるケースが多々あります。もちろん、「0」または「1」を直接記述するのはどうしてもイヤだ！という方は定数化しても構いません。

　そして、何より大きいのは2つ目の意味です。それは「販売」ワークシートの表の範囲が変更になっても、基点セルの番地を書き換えるだけで、このFor...Nextステートメントのカウンタ変数「i」の初期値「1」は書き換える必要がないことです。今までは4行目から32行目と絶対的に行の範囲を指定していため、表の範囲が変更となったら、変更した範囲に合わせて書き換えなければなりませんでした。基点セルを用いることで相対的にセルを指定するように変更したため、最初のセルの行は必ず「1」になるため、「i」の初期値は書き換える必要がないのです（図4）。

ポイント

・ループのカウンタ変数は「0」または「1」から始まるようにすると、処理の流れがわかりやすくなる。さらに、表の範囲が変更されても、書き換える必要がなくなる

図4 表が移動しても「i」の初期値は「1」から書き換える必要なし

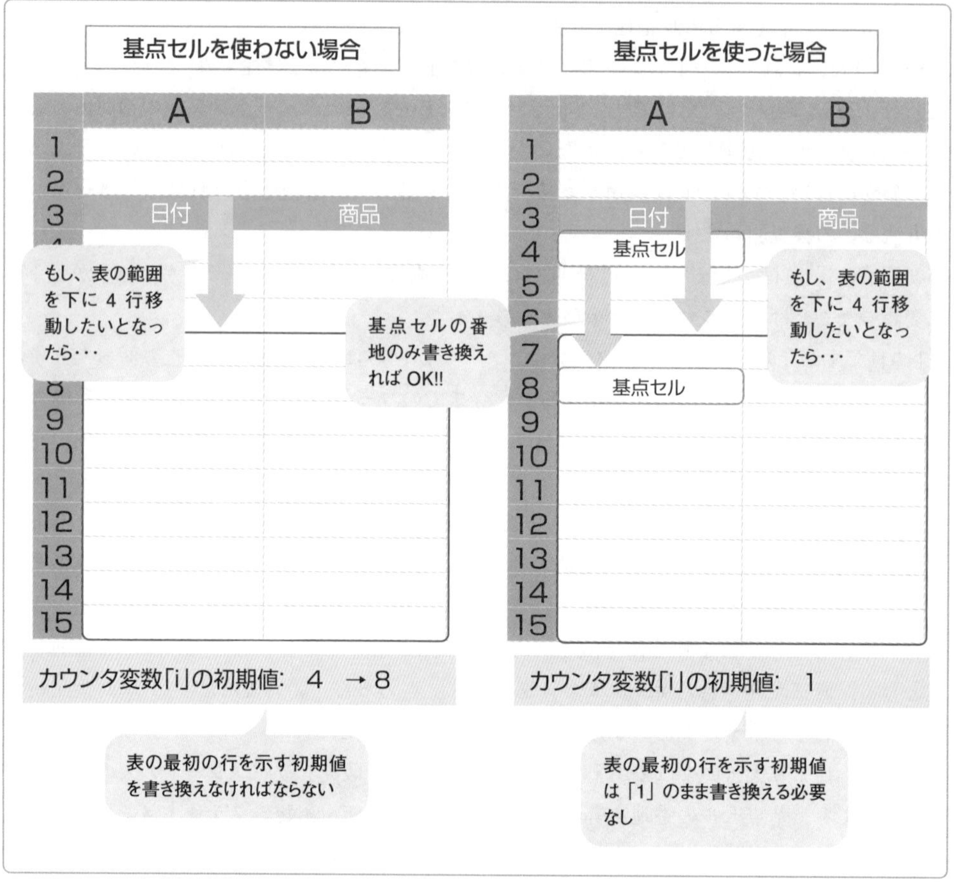

ここで一度、変更後のコード全体を提示しておきます。コード変更後、実際に［請求書作成］ボタンをクリックして、コードを変更しても今まで通り正しく動作するか、確認しておくとよいでしょう。

```
Sub 請求書作成()
    Const HAN_HIDUKE_CLM As Long = 1      '「販売」ワークシートの「日付」の列
    Const HAN_KOKYAKU_CLM As Long = 2     '「販売」ワークシートの「顧客」の列
    Const HAN_SYOHIN_CLM As Long = 3      '「販売」ワークシートの「商品」の列
    Const HAN_TANKA_CLM As Long = 4       '「販売」ワークシートの「単価」の列
    Const HAN_SURYO_CLM As Long = 5       '「販売」ワークシートの「数量」の列
    Const HAN_KINGAKU_CLM As Long = 6     '「販売」ワークシートの「金額」の列

    Const SEI_HIDUKE_CLM As Long = 1      '請求書のワークシートの「日付」の列
    Const SEI_SYOHIN_CLM As Long = 2      '請求書のワークシートの「商品」の列
    Const SEI_TANKA_CLM As Long = 3       '請求書のワークシートの「単価」の列
    Const SEI_SURYO_CLM As Long = 4       '請求書のワークシートの「数量」の列
```

```
        Const SEI_KINGAKU_CLM As Long = 5     '請求書のワークシートの「金額」の列


        Const SEITP_WSNM As String = "請求書雛形"      '請求書テンプレートのワークシート名
        Const ATESAKI_ADRS As String = "A6"           '請求書の宛先のセル番地
        Const HAKKOBI_ADRS As String = "E2"           '請求書の発行日のセル番地


        Dim i As Long         '「販売」ワークシートの表の処理用カウンタ変数
        Dim Cnt As Long       '請求書のワークシートの表の処理用変数
        Dim Kokyaku As String    '請求書を作成する顧客名
        Dim HanKiten As Range    '「販売」ワークシートの表の基点セル


        Cnt = 12              '請求書のワークシートの表の先頭行(12行目)の値に初期化
        Kokyaku = myForm.myComboBox.Value     'フォームのドロップダウンで選んだ顧客を設定


        'ワークシート「請求書雛形」を末尾にコピー
        Worksheets(SEITP_WSNM).Copy After:=Worksheets(Worksheets.Count)


        Worksheets(Worksheets.Count).Name = Kokyaku            'ワークシート名を設定
        Worksheets(Kokyaku).Range(ATESAKI_ADRS).Value = Kokyaku '請求書の宛先を設定
        Worksheets(Kokyaku).Range(HAKKOBI_ADRS).Value = Date     '請求書の日付を設定


        Set HanKiten = Worksheets("販売").Range("A4") '「販売」ワークシートの表の基点セルを設定


        '指定した顧客の販売データを請求書へコピー
        For i = 1 To 29
            If HanKiten.Cells(i, HAN_KOKYAKU_CLM).Value = Kokyaku Then
                Worksheets(Kokyaku).Cells(Cnt, SEI_HIDUKE_CLM).Value = _
                    HanKiten.Cells(i, HAN_HIDUKE_CLM).Value '日付
                Worksheets(Kokyaku).Cells(Cnt, SEI_SYOHIN_CLM).Value = _
                    HanKiten.Cells(i, HAN_SYOHIN_CLM).Value '商品
                Worksheets(Kokyaku).Cells(Cnt, SEI_TANKA_CLM).Value = _
                    HanKiten.Cells(i, HAN_TANKA_CLM).Value '単価
                Worksheets(Kokyaku).Cells(Cnt, SEI_SURYO_CLM).Value = _
                    HanKiten.Cells(i, HAN_SURYO_CLM).Value '数量
                Worksheets(Kokyaku).Cells(Cnt, SEI_KINGAKU_CLM).Value = _
                    HanKiten.Cells(i, HAN_KINGAKU_CLM).Value '金額


                Cnt = Cnt + 1 '請求書のワークシートの表のコピー先の行を1つ進める
            End If
        Next
End Sub
```

7

VBAの実践アプリケーション「販売管理」の作成

　この調子で、請求書の表も基点セルを用いた方式に書き換えていきましょう。基点セルのオブジェクト変数名は「SeiKiten」とします。基点セルは、請求書の表の左上のセルである「A12」セルにするとします。

```
Dim SeiKiten As Range    '請求書のワークシートの表の基点セル
```

　宣言したら、基点セルとしてA12セルを代入します。ついでに、コンテナとなるワークシート「Worksheets(Kokyaku)」もまとめてしまいましょう。

```
Set SeiKiten = Worksheets(Kokyaku).Range("A12") '請求書のワークシートの表の基点セルを設定
```

　なお、後で改めてコード全体を提示しますが、この1行「SetSeiKiten=Worksheets(Kokyaku).Range("A12")」は、「請求書雛形」ワークシートをコピーして、ワークシート名を引数「Kokyaku」に設定するコードの後に記述しないと、「Worksheets(Kokyaku)」が成立せずエラーとなってしまうので注意してください。

　この「SeiKiten」を用いて、ループのコードも次のように書き換えます。今まで「Worksheets(Kokyaku)」と記述していたコンテナの部分を「SeiKiten」にすべて置き換えることになります。

```
'指定した顧客の販売データを請求書へコピー
For i = 1 To 29
    If HanKiten.Cells(i, HAN_KOKYAKU_CLM).Value = Kokyaku Then
        SeiKiten.Cells(Cnt, SEI_HIDUKE_CLM).Value = _
            HanKiten.Cells(i, HAN_HIDUKE_CLM).Value          '日付
        SeiKiten.Cells(Cnt, SEI_SYOHIN_CLM).Value = _
            HanKiten.Cells(i, HAN_SYOHIN_CLM).Value          '商品
        SeiKiten.Cells(Cnt, SEI_TANKA_CLM).Value = _
            HanKiten.Cells(i, HAN_TANKA_CLM).Value           '単価
        SeiKiten.Cells(Cnt, SEI_SURYO_CLM).Value = _
            HanKiten.Cells(i, HAN_SURYO_CLM).Value           '数量
        SeiKiten.Cells(Cnt, SEI_KINGAKU_CLM).Value = _
            HanKiten.Cells(i, HAN_KINGAKU_CLM).Value         '金額


        Cnt = Cnt + 1 '請求書のワークシートの表のコピー先の行を1つ進める
    End If
Next
```

　そして、忘れてはならないのが、請求書のワークシートの表の処理用変数「Cnt」の初期化の処理の変更です。今までは表は12行目からはじまるということで、「12」を代入していました。基点となるセル「SeiKiten」を用いて、相対的にセルを指定することになるので、表は1行目からはじまるということになります（図5）。

図5 「Cnt」の初期値を基点セルに合わせてずらす

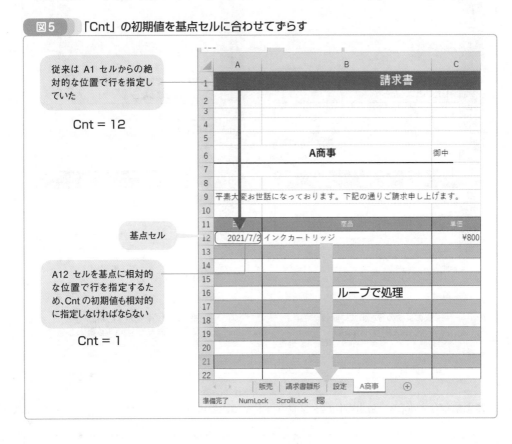

　よって初期化で代入する値は「12」から「1」に変更になります。コメントも合わせて変更しておきましょう。

```
Cnt = 1        '請求書のワークシートの表の先頭行（1行目）の値に初期化
```

　「Cnt」が「1」から始まるようになったことで、ループの処理の流れが追いやすくなりました。かつ、請求書のワークシートの表の範囲が変更になっても、基点セルの番地を書き換えるだけで、この「Cnt」の初期値「1」は書き換える必要ありません。基点セルを用いることで相対的にセルを指定するように変更したため、最初のセルの行は必ず「1」になるからです（図6）。

VBAの実践アプリケーション「販売管理」の作成

図6 表が移動しても「Cnt」の初期値は「1」から書き換える必要なし

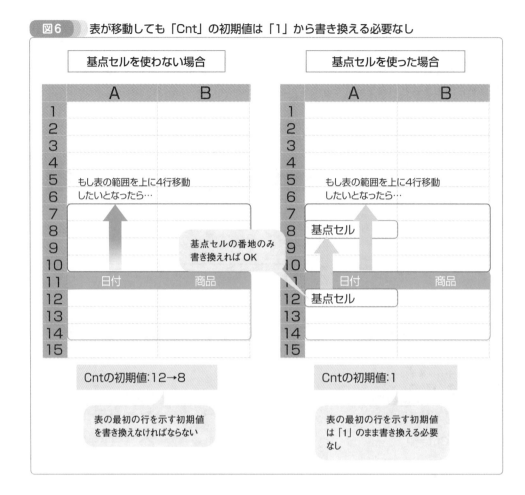

以上を総合すると、「請求書作成」プロシージャは次のようになります。

```
Sub 請求書作成()
    Const HAN_HIDUKE_CLM As Long = 1      '「販売」ワークシートの「日付」の列
    Const HAN_KOKYAKU_CLM As Long = 2     '「販売」ワークシートの「顧客」の列
    Const HAN_SYOHIN_CLM As Long = 3      '「販売」ワークシートの「商品」の列
    Const HAN_TANKA_CLM As Long = 4       '「販売」ワークシートの「単価」の列
    Const HAN_SURYO_CLM As Long = 5       '「販売」ワークシートの「数量」の列
    Const HAN_KINGAKU_CLM As Long = 6     '「販売」ワークシートの「金額」の列

    Const SEI_HIDUKE_CLM As Long = 1      '請求書のワークシートの「日付」の列
    Const SEI_SYOHIN_CLM As Long = 2      '請求書のワークシートの「商品」の列
    Const SEI_TANKA_CLM As Long = 3       '請求書のワークシートの「単価」の列
    Const SEI_SURYO_CLM As Long = 4       '請求書のワークシートの「数量」の列
    Const SEI_KINGAKU_CLM As Long = 5     '請求書のワークシートの「金額」の列
```

```vba
Const SEITP_WSNM As String = "請求書雛形"    '請求書テンプレートのワークシート名
Const ATESAKI_ADRS As String = "A6"         '請求書の宛先のセル番地
Const HAKKOBI_ADRS As String = "E2"         '請求書の発行日のセル番地


Dim i As Long           '「販売」ワークシートの表の処理用カウンタ変数
Dim Cnt As Long         '請求書のワークシートの表の処理用変数
Dim Kokyaku As String   '請求書を作成する顧客名
Dim HanKiten As Range   '「販売」ワークシートの表の基点セル
Dim SeiKiten As Range       '請求書のワークシートの表の基点セル


Cnt = 1                 '請求書のワークシートの表の先頭行 (1行目) の値に初期化
Kokyaku = myForm.myComboBox.Value   'フォームのドロップダウンで選んだ顧客を設定


'ワークシート「請求書雛形」を末尾にコピー
Worksheets(SEITP_WSNM).Copy After:=Worksheets(Worksheets.Count)


Worksheets(Worksheets.Count).Name = Kokyaku             'ワークシート名を設定
Worksheets(Kokyaku).Range(ATESAKI_ADRS).Value = Kokyaku ' 請求書の宛先を設定
Worksheets(Kokyaku).Range(HAKKOBI_ADRS).Value = Date    '請求書の日付を設定


Set HanKiten = Worksheets("販売").Range("A4")    '「販売」ワークシートの表の基点セルを設定
Set SeiKiten = Worksheets(Kokyaku).Range("A12") '請求書のワークシートの表の基点セルを設定

'指定した顧客の販売データを請求書へコピー
For i = 1 To 29
    If HanKiten.Cells(i, HAN_KOKYAKU_CLM).Value = Kokyaku Then
        SeiKiten.Cells(Cnt, SEI_HIDUKE_CLM).Value = _
            HanKiten.Cells(i, HAN_HIDUKE_CLM).Value         '日付
        SeiKiten.Cells(Cnt, SEI_SYOHIN_CLM).Value = _
            HanKiten.Cells(i, HAN_SYOHIN_CLM).Value         '商品
        SeiKiten.Cells(Cnt, SEI_TANKA_CLM).Value = _
            HanKiten.Cells(i, HAN_TANKA_CLM).Value          '単価
        SeiKiten.Cells(Cnt, SEI_SURYO_CLM).Value = _
            HanKiten.Cells(i, HAN_SURYO_CLM).Value          '数量
        SeiKiten.Cells(Cnt, SEI_KINGAKU_CLM).Value = _
            HanKiten.Cells(i, HAN_KINGAKU_CLM).Value        '金額

        Cnt = Cnt + 1 '請求書のワークシートの表のコピー先の行を1つ進める
    End If
Next
```

VBAの実践アプリケーション「販売管理」の作成

```
End Sub
```

　ループのコードがずいぶんすっきりし、コード全体もコードを見るだけで意味がよりわかるようになりました。なおかつ、これまで説明したように、仕様の追加・変更に対応しやすくなりました。ここでも［請求書作成］ボタンをクリックして、コードを変更しても今まで通り正しく動作するか、確認しておくとよいでしょう。

　このようにRangeオブジェクトとCellsプロパティを組み合わせるなど、オブジェクトやプロパティ／メソッドをうまく利用すると、コードをすっきり見やすくできたり、仕様の追加・変更に対応しやすいコードにできたりするのです。

　なお、ここでの基点セルを用いたコードの改良は、あくまでも表のみを対象としているので、請求書の宛先や発行日などの設定は場所の変更に対応できていません。それらも対応させるには、それらも基点セルを使って相対的にセルを示すよう、コードを書き換える必要があります。

ループの最終値を自動的に取得できるように改良する

　残っているコードの整理ポイントは、For...Nextステートメントの最終値に「29」という数値を直接指定している箇所だけです。7-3節の最後でも指摘した通り、販売データの件数は通常、月によって変わるものなので、今のコードのように販売データの件数を「29」と固定値にしていては、アプリケーションとしてまったく使えません。販売データの件数が何件であろうと対応できるよう、コードを作り替えて改良しましょう。

　方法は何通りか考えられますが、ここでは以下とします。

　販売データの件数は、「販売」ワークシートの表全体の行数から、見出し行のぶんを引いた数になります。現在の見出し行は1行ぶんとわかっているので、表全体の行数がわかれば、販売データの件数がわかります。

　VBAでは、アクティブセル領域（空白の行と列で囲まれた長方形の領域）を取得する「CurrentRegion」というプロパティが用意されています。CurrentRegionプロパティは、Rangeオブジェクトのプロパティであり、そのセルを含むアクティブセル領域を取得できます。「販売」ワークシートの表では、すでに基点セルとして「HanKiten」を用意し、表の左上であるA4セルを指定しています。なので、この「HanKiten」を使って、目的の表のセル範囲を「HanKiten.CurrentRegion」で取得できます。

　そして、アクティブセル領域の行数は、「Rows」というプロパティの「Count」プロパティで取得できます。よって、次のように記述することで、「販売」ワークシートの表の行数が求められます（図7）。

```
HanKiten.CurrentRegion.Rows.Count
```

図7 「CurrentRegion」プロパティの使い方

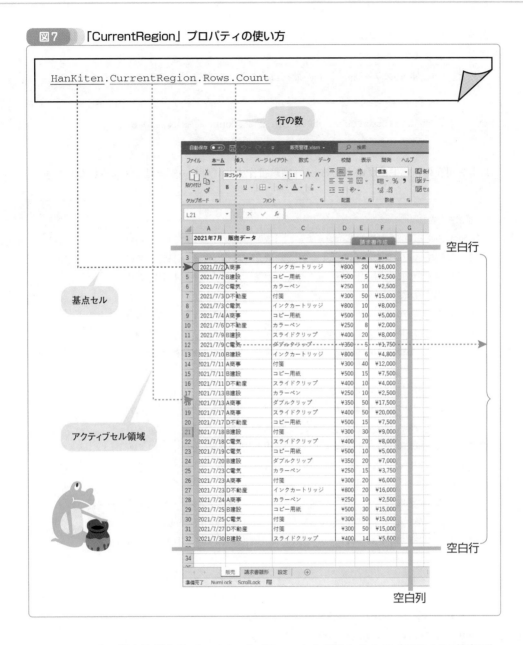

```
HanKiten.CurrentRegion.Rows.Count
```

行の数

空白行

基点セル

アクティブセル領域

空白行

空白列

　ワークシートの数を取得するプロパティも「Count」と記述しますが（P205の7-2節参照）、ここでの「Count」はアクティブセル領域（CurrentRegion）の行（Rows）の数（Count）という意味になります。取得される値もワークシートの数とは無関係に、アクティブセル領域の行数になります。このように同じ「Count」というプロパティの記述でも、その前に記述されるオブジェクトやプロパティによって、何の数を取得するのかが違ってくることを理解してください。

　販売データの件数は、この値から見出し行ぶんの「1」を引いた値になります。見出し行ぶんの「1」ですが、今後見出し行が1行以上になる可能性も想定して、定数化しておきましょう。

定数名は「HAN_MIDASHI」にして、Long型として「Const HAN_MIDASHI As Long= 1」
と宣言しておきます。

すると、For…Nextステートメントの最初は次のように書き換えることになります。

```
For i = 1 To HanKiten.CurrentRegion.Rows.Count - HAN_MIDASHI
```

以上を現在のコードに反映させると、「請求書作成」プロシージャは次のようになります。

```
Sub 請求書作成()
    Const HAN_HIDUKE_CLM As Long = 1      '「販売」ワークシートの「日付」の列
    Const HAN_KOKYAKU_CLM As Long = 2     '「販売」ワークシートの「顧客」の列
    Const HAN_SYOHIN_CLM As Long = 3      '「販売」ワークシートの「商品」の列
    Const HAN_TANKA_CLM As Long = 4       '「販売」ワークシートの「単価」の列
    Const HAN_SURYO_CLM As Long = 5       '「販売」ワークシートの「数量」の列
    Const HAN_KINGAKU_CLM As Long = 6     '「販売」ワークシートの「金額」の列
    Const HAN_MIDASHI As Long = 1         '「販売」ワークシートの表の見出しの行

    Const SEI_HIDUKE_CLM As Long = 1      '請求書のワークシートの「日付」の列
    Const SEI_SYOHIN_CLM As Long = 2      '請求書のワークシートの「商品」の列
    Const SEI_TANKA_CLM As Long = 3       '請求書のワークシートの「単価」の列
    Const SEI_SURYO_CLM As Long = 4       '請求書のワークシートの「数量」の列
    Const SEI_KINGAKU_CLM As Long = 5     '請求書のワークシートの「金額」の列

    Const SEITP_WSNM As String = "請求書雛形"   '請求書テンプレートのワークシート名
    Const ATESAKI_ADRS As String = "A6"        '請求書の宛先のセル番地
    Const HAKKOBI_ADRS As String = "E2"        '請求書の発行日のセル番地

    Dim i As Long          '「販売」ワークシートの表の処理用カウンタ変数
    Dim Cnt As Long        '請求書のワークシートの表の処理用変数
    Dim Kokyaku As String  '請求書を作成する顧客名
    Dim HanKiten As Range  '「販売」ワークシートの表の基点セル
    Dim SeiKiten As Range  '請求書のワークシートの表の基点セル

    Cnt = 1               '請求書のワークシートの表の先頭行(1行目)の値に初期化
    Kokyaku = myForm.myComboBox.Value    'フォームのドロップダウンで選んだ顧客を設定

    'ワークシート「請求書雛形」を末尾にコピー
    Worksheets(SEITP_WSNM).Copy After:=Worksheets(Worksheets.Count)
```

```vba
    Worksheets(Worksheets.Count).Name = Kokyaku                  'ワークシート名を設定
    Worksheets(Kokyaku).Range(ATESAKI_ADRS).Value = Kokyaku   '請求書の宛先を設定
    Worksheets(Kokyaku).Range(HAKKOBI_ADRS).Value = Date       '請求書の日付を設定


    Set HanKiten = Worksheets("販売").Range("A4")    '「販売」ワークシートの表の基点セルを設定
    Set SeiKiten = Worksheets(Kokyaku).Range("A12")  '請求書のワークシートの表の基点セルを設定


    '指定した顧客の販売データを請求書へコピー
    For i = 1 To HanKiten.CurrentRegion.Rows.Count - HAN_MIDASHI
        If HanKiten.Cells(i, HAN_KOKYAKU_CLM).Value = Kokyaku Then
            SeiKiten.Cells(Cnt, SEI_HIDUKE_CLM).Value = _
                HanKiten.Cells(i, HAN_HIDUKE_CLM).Value          '日付
            SeiKiten.Cells(Cnt, SEI_SYOHIN_CLM).Value = _
                HanKiten.Cells(i, HAN_SYOHIN_CLM).Value          '商品
            SeiKiten.Cells(Cnt, SEI_TANKA_CLM).Value = _
                HanKiten.Cells(i, HAN_TANKA_CLM).Value           '単価
            SeiKiten.Cells(Cnt, SEI_SURYO_CLM).Value = _
                HanKiten.Cells(i, HAN_SURYO_CLM).Value           '数量
            SeiKiten.Cells(Cnt, SEI_KINGAKU_CLM).Value = _
                HanKiten.Cells(i, HAN_KINGAKU_CLM).Value         '金額


            Cnt = Cnt + 1 '請求書のワークシートの表のコピー先の行を1つ進める
        End If
    Next
End Sub
```

　これで販売データの件数が何件であろうと、定数の値をはじめコードをまったく書き換えることなく、対応できるプログラムになりました。

　なお、CurrentRegionプロパティはあくまでもアクティブセル領域を取得するということで、途中に空白の行や列のある表では、表の行／列数を正しく求められません。その点を注意して使いましょう。

　また、指定したセル範囲の終わりのセルを取得する「End」プロパティを利用しても、同様に販売データの表の行数を求めることができます。Endプロパティは、表の下端のみならず、上端や左／右端のセルも取得できる便利なプロパティです。ちょうど[Ctrl]キー＋矢印キーを押したのと同じルールで終端セルを取得できます。7-8節で基本的なやり方を紹介しておきます。

● エラー処理について

　これでアプリケーション「販売管理」は完成です。ずっと長い道のりでしたが、無事ゴールできました。お疲れ様でした！　途中よくわからなかったところは、第6章までの内容をあわせて、何度か繰り返し読み直せば理解できるでしょう。

　ただ、あくまでも本書の学習という観点で「完成」したのであって、業務で使えるアプリケーションという観点では、コードはまだまだ改良したり、追加したりする余地は多々あります。たとえば、基点セルを設定するコードでは、セル番地やワークシート名の文字列を直接記述している箇所を定数化しておくと、表の場所の変更にもっと対応しやすくなるでしょう。

　さらに大切なのがエラー処理です。今のコードでは、一度「A商事」の請求書を作成した後、続けて同じ「A商事」の請求書を作成しようとすると、エラーが発生してプログラムが途中でストップしてしまいます。

　そのようなエラーを防ぐために、たとえば、請求書を作成済みの顧客をドロップダウンから選んだら、請求書を作成する代わりにアラートを出す、などのエラー処理を用意する必要があります。本書では、エラー処理の作り込みはページ数の関係で割愛しますが、みなさんが実際にプログラミングする際は、エラー処理は忘れずに盛り込むようにしてください。

　他にも、基点セルを設定する2行でセル番地やワークシート名を定数化しておくなど、まだまだ整理できそうです。また、コードの整理・改良は「請求書作成」プロシージャしか行っておらず、他のプロシージャも同様に整理・改良しておきたいものです。

　Excel VBAで作成したアプリケーションのみならず、世の中のさまざまなアプリケーションやシステムでは、このエラー処理が不適切であったがために起こったというケースが少なくありません。それほどエラー処理は大切なのです。

　さらには、エラー処理以外にも、さまざまな改良点があげられます。たとえば、「販売」ワークシートの販売データの入力を、ユーザーフォームを使って効率化するという改良点があげられます。日付や商品名などはフォームのドロップダウンなどから入力し、単価は商品名から自動的に取得するようにします。その際、単価を取得するプロシージャまたはユーザー定義関数を作成してもいいですし、別のワークシートに「商品マスタ」として商品名と単価の対応表を用意しておき、VLOOKUP関数を自動で埋め込むコードを作成してもいいなど、さまざまなアイディアが浮かんできます。

　本書で作成した「計算ドリル」と「販売管理」に対して、みなさん独自の追加・変更を加えたり、まったく独自のアプリケーションを作成したりしてVBAの経験を積み、仕事やプライベートでVBAのプログラミングを有効活用できるようになってください。

コラム

セルの検索に便利な「Find」メソッドと「FindNext」メソッド

「販売管理」では、「販売」ワークシートの表のB列に、ドロップダウンで選択した顧客名があるか探すのに、単純にValueプロパティをIfステートメントで比較しています。これはこれでよいのですが、VBAではセルの検索用に「Find」メソッド、および「FindNext」メソッドという便利なメソッドが用意されています。

Findメソッドは指定したセル範囲から、引数に指定した文字列を含むセルを探し、そのセルのRangeオブジェクトを返します。FindNextメソッドは、Findメソッドで検索した条件を使って引き続き検索するメソッドです。Findメソッド同様、該当するセルが見つかれば、そのセルのRangeオブジェクトを返します。

「販売管理」の「請求書作成」プロシージャにFindメソッドとFindNextメソッドを使うとすると、For...Nextステートメントの部分を丸ごと下記のコードに置き換えることになります。解説をシンプルにする関係上、Offsetプロパティの指定値など、セル範囲や数値を直接指定したコードにしています。

```
Dim myRange As Range
Dim myAdrs As String

Set myRange = Worksheets("販売").Range("B3:B32").Find(Kokyaku)
myAdrs = myRange.Address

Do
  SeiKiten.Cells(Cnt, SEI_HIDUKE_CLM).Value = myRange.Offset(0, -1).Value
  SeiKiten.Cells(Cnt, SEI_SYOHIN_CLM).Value = myRange.Offset(0, 1).Value
  SeiKiten.Cells(Cnt, SEI_TANKA_CLM).Value = myRange.Offset(0, 2).Value
  SeiKiten.Cells(Cnt, SEI_SURYO_CLM).Value = myRange.Offset(0, 3).Value
  SeiKiten.Cells(Cnt, SEI_KINGAKU_CLM).Value = myRange.Offset(0, 4).Value
  Cnt = Cnt + 1
  Set myRange = Worksheets("販売").Range("B3:B32").FindNext(myRange)
Loop Until myRange.Address = myAdrs
```

VBAの実践アプリケーション「販売管理」の作成

　最初に、Findメソッドを使い、引数「Kokyaku」に受け取った顧客名を「販売」ワークシートの表のB列の範囲（B3〜B32セル）から検索し、見つかったセルをRangeオブジェクトの変数「myRange」に格納します（4行目）。続きの検索は同様にmyRangeを使ってFindNextメソッドを使うのですが（14行目）、FindNextメソッドは指定した範囲の検索が一通り終わると、その範囲の最初に再び戻って検索を行うという仕様になっています。したがって、5行目にて最初に見つけたセルの番地を変数「myAdrs」に代入しておぼえておき、Do...Untilループで最初に見つけたセルが再び出てくるまでループをまわすようにしています（15行目）。

　FindNextメソッドに渡す引数は「myRange」になる点を注意してください。FindおよびFindNextメソッドで指定した顧客名のセルが見つかったら、myRangeに格納し、そのmyRangeを用いてその左右のセルから日付や単価などのデータを請求書のワークシートにコピーします（8〜12行目）。そして、Cntに1を足して請求書のワークの行数を進めています。このような仕組みで請求書の表の販売データをコピーします（図）。

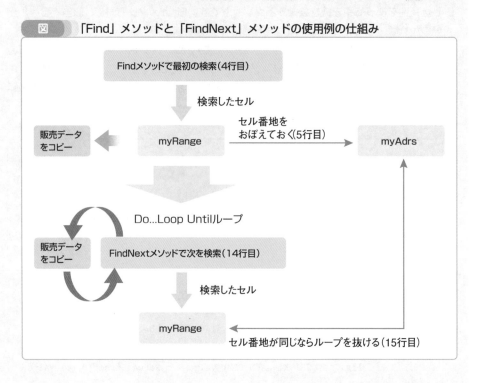

| 図 | 「Find」メソッドと「FindNext」メソッドの使用例の仕組み |

　以上、Ｆｉｎｄ／ＦｉｎｄＮｅｘｔメソッドを使って書き換えましたが、これだけではFind/FindNextメソッドのメリットは活かされていません。Find/FindNextメソッドは各種引数によって、多彩な検索が行えるようになっています。たとえば、引数「LookAt」では完全一致か部分一致か指定できます。また、引数「MatchCase」では大文字と小文字を区別するかどうかを指定できます。引数は他にも何種類かあり、より複雑な検索が可能です。なお、引数を2つ以上指定する際は、検索キーワードは引数「What」で指定することになります。

FindメソッドとFindNextメソッドはVBA初心者およびプログラミング初心者には非常に理解しづらいメソッドと言えます。特にDo...Untilループと組み合わせる方法は、特に複雑なので難解です。最初はなかなか理解できないと思いますが、あせらずジックリと取り組んでください。

コラム

「マクロ」および「マクロの登録」ダイアログボックスに表示されるプロシージャの条件

・・

VBAのルールとして、引数ありにしたSubプロシージャは単独で実行できなくなります。すると、「マクロ」ダイアログボックスに表示されなくなったり、図形に登録できなくなったりします。

実はプロシージャが単独で実行可能となるには、もう3つ条件があります。1つ目はSubプロシージャであることです。2つ目は、そのSubプロシージャが「Public」であることです（P261のコラム参照）。3つ目は、標準モジュールに記述されていることです。引数なしに加え、これら3つの条件を満たしていないと、「マクロ」ダイアログボックスにも「マクロの登録」ダイアログボックスにも表示されず、単独で実行できません。

コラム

プロシージャの引数の「値渡し」と「参照渡し」

・・

P268で、プロシージャの引数を解説しましたが、実は引数には2つの種類があります。具体的には、「値渡し」の引数と「参照渡し」の引数という2種類になります。「値渡し」の引数を宣言するには、引数名の前に「ByVal」をつけます。「参照渡し」の引数を宣言するには、引数名の前に「ByRef」をつけます。

両者の違いですが、呼び出される側のプロシージャで引数の値を変更した場合、「値渡し」なら、呼び出す側のプロシージャで引数に渡した変数の値は変更されません。一方、「参照渡し」なら、呼び出す側のプロシージャで引数に渡した変数の値が変更されてしまいます（図1）。

1
2
3
4
5
6
7

V B A の 実 践 ア プ リ ケ ー シ ョ ン 「 販 売 管 理 」 の 作 成

図1　「値渡し」と「参照渡し」の違い

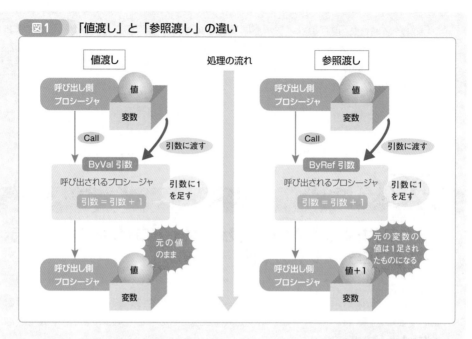

　たとえば、次の2つのコードを見比べてください。呼び出される側がSubプロシージャの例です。①が値渡し、②が参照渡しになります。

▼コード①値渡し

```
Sub Prc1(ByVal Num As Long)
    Num = Num + 1
End Sub


Sub Prc2()
    Dim Hoge As Long
    Hoge = 5
    Call Prc1(Hoge)
    MsgBox (Hoge)
End Sub
```

▼コード②参照渡し

```
Sub Prc1(ByRef Num As Long)
    Num = Num + 1
End Sub


Sub Prc2()
    Dim Hoge As Long
    Hoge = 5
```

```
    Call Prc1(Hoge)
    MsgBox (Hoge)
End Sub
```

①も②も、「Prc2」プロシージャの3行目にて変数「Hoge」の値を「5」に設定して、4行目にてその変数「Hoge」を引数に指定して「Prc1」プロシージャを呼び出しています。そして、「Prc1」プロシージャ内では、引数「Num」の値を1増やしています。

「Prc2」プロシージャを実行した場合、①は値渡しなので、変数「Hoge」の値は「5」のままであり、5行目のMsgBox関数で表示される値は「5」になります。一方、②は参照渡しなので、変数「Hoge」の値は「Prc1」プロシージャ実行後に1増えて「6」となり、5行目のMsgBox関数で表示される値は「6」になります（図2）。

図2　コード①とコード②の違い

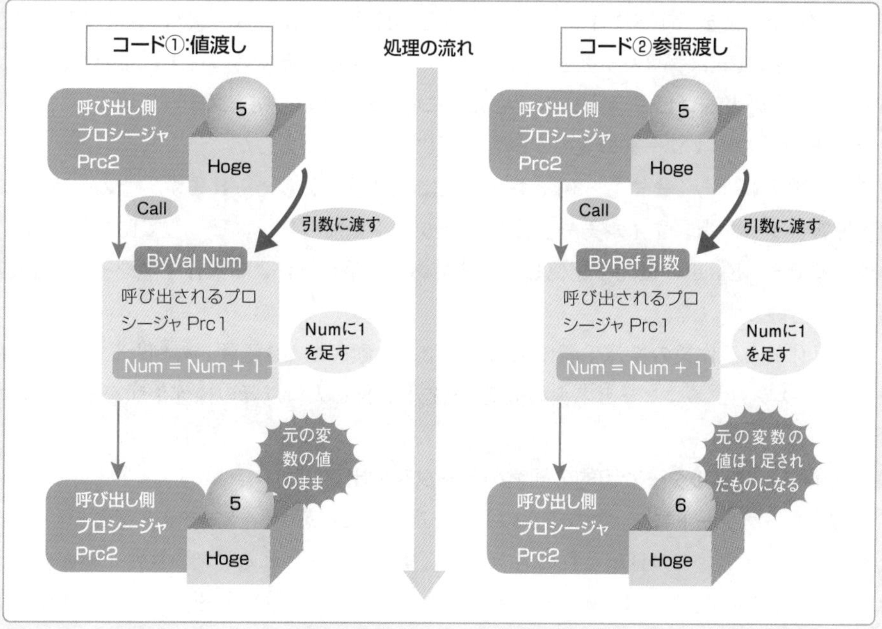

「値渡し」と「参照渡し」の違いは初心者には難しく感じるかと思います。今すぐ理解できなくても、①と②を実際にプログラミングして動作を確認してみるなどして、じっくりとマスターしてください。

なお、プロシージャの引数を宣言する際、「ByVal」または「ByRef」は省略できますが、省略すると「ByRef」である――すなわち参照渡しであると見なされますので、その点を忘れないよう注意してください。たとえば、呼び出される側のプロシージャで変更されては困るような変数を引数に渡す時は、省略せず必ず「ByVal」をつけて値渡しにしましょう。

7-8 さらに知っておきたい VBAのテクニック

応用範囲の広いVBAテクニック

本書サンプル「販売管理」は前節で完成ですが、この仕様の機能を作成する別の方法がいくつかあります。本節ではその代表を3つ紹介します。いずれの方法も応用範囲の広いVBAのテクニックです。

目的の顧客の販売データをコピーする別の方法

本書サンプル「販売管理」は7-3節にて、「販売」ワークシートの表から目的の顧客の販売データを、請求書のワークシートの表へコピーする機能を作成しました。その際、処理手順はP215の①〜③のとおり、「販売」ワークシートのB列「顧客」を上から順に見ていき、目的の顧客かどうかIfステートメントで判別しました。目的の顧客なら、該当する行の「日付」などのデータを、CellsプロパティとValueプロパティを中心とするコードによって、請求書のワークシートの表へコピー（転記）しました。この処理をFor...Nextステートメントによるループで、「販売」ワークシートの表のすべての行について行いました。

この処理手順はあくまでも一例であり、他にも何通りか考えられます。その代表例が、目的の顧客のデータを「フィルター」機能で絞り込んで抽出し、コピーして貼り付けるという処理手順です。Excelの機能を駆使した方法であり、手作業による操作手順をそのまま処理手順化したものです。

その具体的な手作業の操作手順の例は以下です。顧客は「B建設」の例とします。「請求書雛形」ワークシートのコピーと名前の設定、宛先と日付を入力以降の操作手順を挙げています。

【処理手順1】フィルターで目的の顧客のデータを抽出

「販売」ワークシートにて、表の任意のセルを選択した状態で、［データ］タブの［フィルター］をクリックします。表の見出し行の各セルに［▼］が表示されるので、B列「顧客」の［▼］をクリックし、「B建設」のみチェックが入った状態にして、［OK］をクリックします。

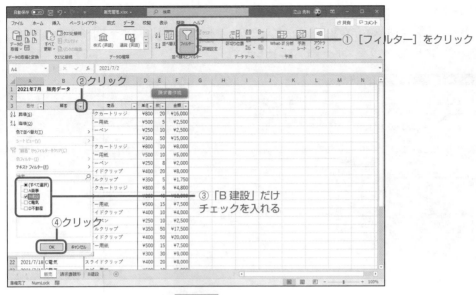

① [フィルター] をクリック

②クリック

③「B建設」だけ
チェックを入れる

④クリック

【処理手順2】 B列「顧客」を非表示にする

「販売」ワークシートの表が、B列「顧客」が「B建設」の行のみに絞り込まれました。次に、B列「顧客」をコピーの対象から外すため、B列を非表示にします。B列の列番号の部分を右クリック→ [非表示] をクリックします。

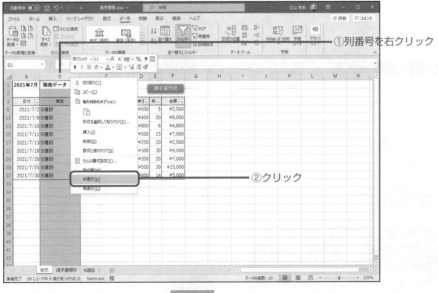

①列番号を右クリック

②クリック

【処理手順3】 **売上データをコピー**

B列「顧客」が非表示になりました。データのセル範囲を選択し、[ホーム] タブの [コピー] をクリックして、クリップボードにコピーします。

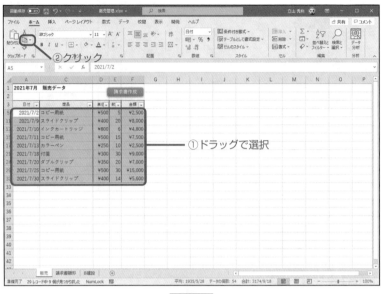

【処理手順4】 **請求書に値のみ貼り付け**

請求書のワークシート（ここで「B建設」ワークシート）に切り替え、表の左上である A12 セルをクリックして選択し、[ホーム] タブの [貼り付け] の [▼] → [値] をクリックし、値のみを貼り付けます。

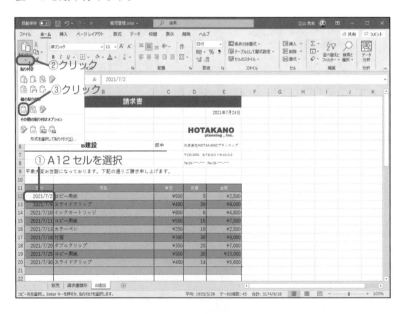

【処理手順5】非表示にした列を再び表示

「販売」ワークシートのA～C列の列番号の部分をドラッグして選択し、右クリック→［再表示］して、非表示にしたB列を再び表示しておきます。

【処理手順6】フィルターを解除

フィルターも解除するため、［データ］タブの［フィルター］をクリックします。

手作業による操作手順は以上です。「販売」ワークシートのB列「顧客」のデータは、請求書のワークシートの表にはコピーしないのでした。コピーの対象から外すため、B列を非表示にしてからクリップボードにコピーし、貼り付けています。もちろん、A列とC列以降を別々にコピーして貼り付けてもよいのですが、ここでは上記の操作手順としました。また、値のみ貼り付けているのは、そのまま貼り付けると、書式も一緒に貼り付けられてしまい、請求書のワークシートのレイアウトが崩れてしまうからです。

また、【処理手順5】と【処理手順6】はなくてもよいのですが、今回は設けるとします。

上記の処理手順で作成した「請求書作成」プロシージャが以下です。なお、コードが見やすくなるよう、ユーザーフォームを作る前の段階（7-4節時点）の機能としています。変数「Kokyaku」に目的の顧客の文字列を代入する方式です。

```vba
Sub 請求書作成()
    Dim Kokyaku As String    '請求書を作成する顧客名

    Kokyaku = "B建設"

    'ワークシート「請求書雛形」を末尾にコピー
    Worksheets("請求書雛形").Copy After:=Worksheets(Worksheets.Count)

    Worksheets(Worksheets.Count).Name = Kokyaku       'ワークシート名を設定
    Worksheets(Kokyaku).Range("A6").Value = Kokyaku   '請求書の宛先を設定
    Worksheets(Kokyaku).Range("E2").Value = Date      '請求書の発行日を設定

    '指定した顧客の販売データを請求書へコピー
    Worksheets("販売").Range("A4").AutoFilter Field:=2, Criteria1:=Kokyaku  ──①
    Worksheets("販売").Range("B4").Columns.Hidden = True                    ──②
    Worksheets("販売").Range("A4:F32").Copy                                 ──③
```

```
    Worksheets(Kokyaku).Range("A12").PasteSpecial Paste:=xlPasteValues ──────④
    Worksheets("販売").Range("B4").Columns.Hidden = False ───────────────⑤
    Worksheets("販売").Range("A4").AutoFilter ────────────────────────⑥
End Sub
```

　上記の【処理手順1】～【処理手順6】に該当するコードは、コメント「指定した顧客の販売データを請求書へコピー」以降の①～⑥です。簡単に解説していきます。

①のコード　【処理手順1】

　販売データの表をフィルター機能によって、「B建設」で絞り込む処理です。フィルターはRangeオブジェクトの「AutoFilter」メソッドで操作します。基本的な書式は以下です。

書　式

```
セル.AutoFilter Field:=列, Criteria1:=値
```

　上記書式の「セル」の部分には、目的の表の中の任意のセルを指定します。今回は「販売」ワークシートのA4セルを指定しています。引数「Field」には、抽出に用いる列を数値で指定します。今回はB列「顧客」で絞り込んで抽出したいので、B列（2列目）の「2」を指定しています。引数「Criteria1」には、抽出に用いる値を指定します。今回は「B建設」で絞り込みたいのでした。その顧客名の文字列は変数「Kokyaku」に格納されているので、引数「Criteria1」に変数「Kokyaku」を指定しています。

②のコード　【処理手順2】

　販売データの表のB列「顧客」を非表示にする処理です。列を非表示にするには、まずは目的の列の任意のセルを取得し、その「Columns」以下の「Hidden」プロパティをTrueに設定します。

③のコード　【処理手順3】

　絞り込んだ販売データをクリップボードにコピーする処理です。コピーは目的のセル範囲のRangeオブジェクトの「Copy」メソッドを実行します。③ではセル範囲を「A4:F32」と指定しており、販売データの表のすべての領域を指定していますが、フィルターで絞り込んだ後だと、その状態のデータのみがクリップボードにコピーされます。

④のコード　【処理手順4】

　請求書のワークシートの表へ、クリップボードの内容を貼り付ける処理です。値のみ貼り付けるには、「PasteSpecial」メソッドを使います。基本的な書式は以下です。

書 式

```
セル.PasteSpecial Paste:= 貼り付け形式
```

　上記書式の「セル」の部分には、貼り付け先の基点となるセルを指定します。今回は「B建設」ワークシート（請求書のワークシート）のA12セルを指定しています。引数「Paste」には、貼り付け形式の定数を指定します。値のみ貼り付けるには、定数「xlPasteValues」を指定します。指定可能な主な定数は表1になります。

▼表1　引数Pasteに指定できる主な定数

定数	貼り付け形式
xlPasteAll	すべて（既定値）
xlPasteFormulas	数式
xlPasteValues	値
xlPasteFormats	書式
xlPasteAllExceptBorders	罫線を除くすべて
xlPasteColumnWidths	列幅

⑤のコード 【処理手順5】

　非表示にしたB列を再び表示する処理です。再表示するには、「Hidden」プロパティをFalseに設定します。

⑥のコード 【処理手順6】

　フィルターを解除する処理です。AutoFilterメソッドを引数なしで実行すれば解除できます。

　コードの概要は以上です。このようにIfステートメントもFor...Nextステートメントも、変数「i」と「Cnt」も登場しませんが、実行すると全く同じ結果が得られます。どちらの処理手順を採用するかですが、メリット／デメリットで言うと、本節の方法は手作業の操作手順そのままであり、条件分岐やループを使わず、登場する変数も少ないので、コードがわかりやすくなるメリットがあります。

　デメリットはフィルター機能やコピー／貼り付け機能以上の複雑な処理ができない点です。もし将来、仕様変更があった場合、求められる抽出の方式や貼り付け方などがフィルター機能やコピー／貼り付け機能では対応できなければ、最初から作り直さなければならない恐れがあります。

　一方、条件分岐やループによる方法は、デメリットはコードが比較的複雑でわかりにくいことです。メリットは、フィルター機能やコピー／貼り付け機能では不可能な複雑な処理でも柔軟に対応できることです。

　これらのメリット／デメリットを踏まえ、どちらの処理手順を採用するのか適宜判断しましょう。

なお、本節の処理手順のコードは、「マクロの記録」機能を活用すると、より効率的に作成できる場合があります。まずは手作業の処理手順を「マクロの記録」機能で記録し、コードを自動生成します。あとはそのコードを適宜修正していくのです。目的の機能のコードを書く際、どのオブジェクト／プロパティ／メソッドを使えばよいのかわからない場合などに便利な方法です。

ドロップダウンの選択肢を動的に設定するには

本書サンプル「販売管理」で、請求書を作成する顧客を選ぶドロップダウンの選択肢は、コンボボックスのRowSourceプロパティで設定しました。選択肢の設定方法は他にいくつかあります。本節では、「AddItem」メソッドを使った方法を解説します。

RowSourceプロパティによる方法は、プロパティウィンドウで選択肢のセル範囲を設定するだけであり、ノンプログラミングで済みましたが、AddItemメソッドによる方法はプログラミングが必要になります。AddItemメソッドの基本的な書式は以下です。

書 式

```
コンボボックス .AddItem 選択肢
```

上記書式の「コンボボックス」の部分には、コンボボックスのオブジェクトを指定します。「選択肢」の部分には、選択肢となる値として、文字列または数値を指定します。実行すると、「選択肢」の部分に指定した値が、ドロップダウンの選択肢の末尾に追加されます。複数の選択肢を設定するには、AddItemメソッドを必要な数だけ実行します。実行する度に、それらの選択肢が順に追加されていきます。

少しややこしいのが、AddItemメソッドによる選択肢設定のコードを記述するイベントプロシージャです。「UserForm_Initialize」というイベントプロシージャです。ユーザーフォームが表示されるタイミング（厳密には、生成されるタイミング）で、毎回最初に実行される特殊なイベントプロシージャです。その"枠組み"は以下です。

```
Private Sub UserForm_Initialize()

End Sub
```

AddItemメソッドによる選択肢設定のコードは、このUserForm_Initializeイベントプロシージャの中に記述します。記述先のモジュールは、「myForm」などフォームのモジュールです。

たとえば、サンプル「販売管理」で、ドロップダウンに顧客を設定するコードは以下です。

```
Private Sub UserForm_Initialize()
```

```
    myForm.myComboBox.AddItem Worksheets("設定").Range("A1").Value
    myForm.myComboBox.AddItem Worksheets("設定").Range("A2").Value
    myForm.myComboBox.AddItem Worksheets("設定").Range("A3").Value
    myForm.myComboBox.AddItem Worksheets("設定").Range("A4").Value
End Sub
```

「設定」ワークシートのA1～A4セルに、選択肢となる顧客名が入力されているのでした。それらのセルをAddItemメソッドで順に追加しています。コンボボックスのオブジェクトは「myForm.myComboBox」でした。

上記コードはもっとスマートに書くなら、以下のようにFor...Nextステートメントによるループを用います。

```
Private Sub UserForm_Initialize()
    Dim i As Long

    For i = 1 To 4
        myForm.myComboBox.AddItem Worksheets("設定").Cells(i, 1).Value
    Next
End Sub
```

「設定」ワークシートのA1～A4セルの値をCellsプロパティとループの組み合わせで取得するようにしています。これだと、AddItemメソッドのコードは1つだけで済みます。

ここまで紹介したのは、サンプル「販売管理」の顧客のドロップダウンの選択肢を、RowSourceプロパティの替わりに、AddItemメソッドで設定する方法です。ここで、AddItemメソッドの特色をもっと活かした例を紹介します。以下のコードはサンプル「販売管理」のドロップダウンを流用し、数値の1～5を選択肢に設定しています。

```
Private Sub UserForm_Initialize()
    Dim i As Long

    For i = 1 To 5
        myForm.myComboBox.AddItem i
    Next
End Sub
```

ユーザーフォームを表示すると、画面1のように選択肢が設定されます。

▼画面1　数値の１〜５をドロップダウンの選択肢に設定

　この例のポイントは、AddItemメソッドで追加する選択肢に、ループのカウンタ変数「i」を指定していることです。このカウンタ変数「i」の初期値と終了値を書き換えるだけで、その範囲の数値を選択肢に設定できます。

　たとえば、日付のドロップダウンで、月に応じて、日のドロップダウンの末尾を「30」や「31」などに変えるようにしたければ、カウンタ変数「i」の最終値を月に応じて変更するようコードを記述します。このように選択肢を動的に変更できるのが、AddItemメソッドの大きな強みでしょう。

　RowSourceプロパティによる方法は7-6節で述べたとおり、ノンプログラミングで手軽の反面、選択肢は固定したままでした。同じ選択肢をずっと使い続けるならそれでもよいのですが、動的に変えたいなら、本節で紹介したAddItemメソッドによる方法を使いましょう。

　また、ドロップダウンの選択肢を設定する他の方法には、コンボボックスのオブジェクトの「List」プロパティに、選択肢の値を「配列」という形式で代入する方法などもありますが、本書では解説を割愛します。

表の行数の変化に「End」プロパティで対応

　本書サンプル「販売管理」では、「販売」ワークシートの販売データの表の行数が変化しても、コードを書きえずに自動で対応できるよう、表の最後のセルの行番号を取得する方法を紹介しました。そのコードは、CurrentRegionプロパティで取得するアクティブセル領域を軸とする方法でした。

　他にも方法は何通りか考えられます。その代表が「End」プロパティを使った方法です。その方法をこれから紹介します。なお、コードが見やすくなるよう、サンプル「販売管理」ユーザーフォームを作る前の段階（7-4節時点）のものを例に使うとします。

　まずはEndプロパティの基礎を解説します。指定した表の上／下／左／右端のセルを取得できるプロパティです。

　Excelにはショートカットキーのひとつに、Ctrl＋矢印キーがあります。たとえば、表の中の任意のセルを選択した状態で、Ctrl＋↓キーを押すと、そのセルを出発点として、同じ列で表の下端セル（データが入力された最後のセル）が選択されます。同様に、Ctrl＋↑キーで上端、Ctrl＋←キーで左端、Ctrl＋→キーで右端のセルが選択されます（図1）。余裕があれば、「販売」ワークシートの表などで実際に試してみるとよいでしょう。

図1 Ctrl＋矢印キーの機能

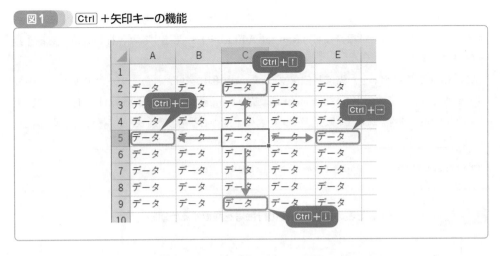

Endプロパティは、このCtrl＋矢印キーの機能をVBAで操作するためのプロパティになります。表の上／下／左／右端のセルのオブジェクトを取得します。書式は以下です。

書 式

```
セル.End(方向)
```

上記書式の「セル」の部分には、出発点となるセルのオブジェクトを指定します。括弧内の引数には、方向に応じて、以下の表の定数を指定します（表2）。

▼表2　Endプロパティに指定できる定数

定数	方向
xlUp	上
xlDown	下
xlToLeft	左
xlToRight	右

サンプル「販売管理」の販売データの表で、たとえばA列の下端のセルのオブジェクトをEndプロパティで取得するコードは以下です。出発点となるセルは、表の中ならどのセルでもよいのですが、ここではA4セルとしています。下端のセルを取得したいので、Endプロパティの引数には定数「xlDown」を指定します。

```
Worksheets("販売").Range("A4").End(xlDown)
```

これで、販売データの表のA列で最後のセルを取得できます。ただ、Endプロパティで取得できるのは、あくまでもセルのオブジェクトです。For...Nextステートメントの最終値に指定したいのは、販売データの表の最後のセルのオブジェクトではなく、そのセルの行番号の数値でした。

そこで利用するのがRowプロパティです。指定したセルの行番号の数値を取得するプロパティです。たとえば、A4セルなら「Range("A4").Row」と記述すると、行の数値である「4」を取得できます。

このRowプロパティを、先ほどEndプロパティの例に挙げた、販売データの表のA列の最後のセルを取得するコード「Worksheets("販売").Range("A4").End(xlDown)」に付与して、次のように記述します。これで、販売データの表の下端の行番号が数値として得られます（図2）。

```
Worksheets("販売").Range("A4").End(xlDown).Row
```

図2　EndとRowで表の最後のセルの行番号を取得する仕組み

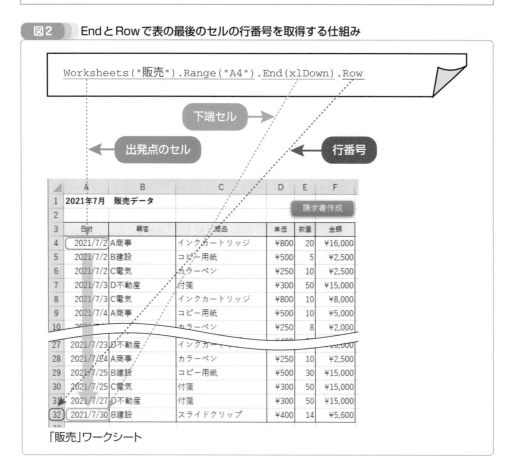

「販売」ワークシート

あとはこの記述を、For...Nextステートメントの最終値に指定すればOKです。

```
For i = 4 To Worksheets("販売").Range("A4").End(xlDown).Row
```

上記コードによる方法で注意してほしいのは、表の中でEndプロパティを使う列（今回ならA列）で、途中に空のセルがあると、うまくいかないことです。

　実はEndプロパティの機能は厳密には、アクティブセル領域の上／下／左／右端を取得するというものです。アクティブセル領域は空の行／列で囲まれた領域でした。そのため、列の途中に空のセルがある表だと、そこをアクティブセル領域の下端と見なしてしまいます。すると、本当の表の下端を取得できなくなってしまいます。

　列の途中に空のセルがある表に対応するには、Endプロパティの出発点を表の外で、下に位置するセルにします。そして、引数には定数xlUpを指定して、上端を取得するようにします。たとえば以下のように記述します。

```
Worksheets("販売").Range("A1048576").End(xlUp).Row
```

　ここでは、出発点のセルはA1048576セルとしています。これはA列で、ワークシートの最も下のセルになります。表より下のセルなら、どこでも構わないのですが、今回はこのセルにしました。

　このセルを出発点に、定数xlUpを指定することで上端のセルを取得するようにします。すると、表の最後のセルを取得できます（図3）。このように表の最後のセルを"下から上"に取得することで、列の途中に空のセルがある表に対応可能となります。

図3　"下から上"で表の最後のセルの行番号を取得する仕組み

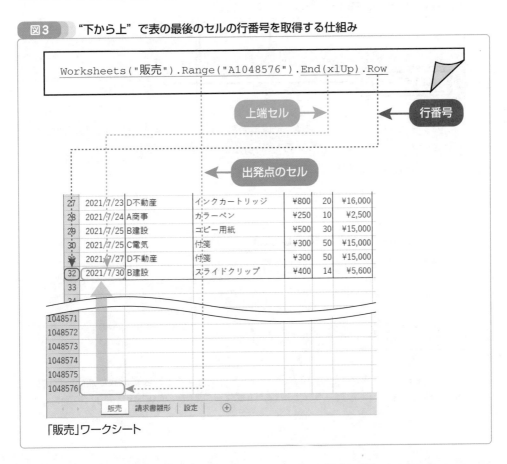

コラム

Valueプロパティとtextプロパティの違い

・・・

　セルの値はこれまでValueプロパティで操作してきました。セルのオブジェクト（Rangeオブジェクト）には他に、「Text」というプロパティもあります。セルの値を表示形式が適用された状態で取得するプロパティです。つまり、表示されている状態そのままの値を取得します。

　日付なら、セルに入力されている値自体は日付の値（シリアル値）であり、「2021/7/31」といった形式です。それに表示形式を適用すると、たとえば「長い日付形式」の表示形式なら、「2021年7月31日」のように漢字の「年」「月」「日」が付けられ、セル上にはその形式で表示されます。

　ValueプロパティとTextプロパティの違いの例をお見せしましょう。A1セルに、日付を「2021/7/31」と入力し、「長い日付形式」の表示形式を設定したとします（画面1）。A1セルを選択すると、数式バーにシリアル値が表示されます。

▼**画面1　A1セルに日付を入力し、表示形式を設定**

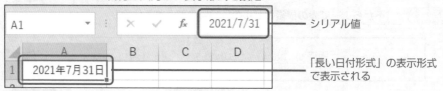

　この場合、Valueプロパティを使った以下のコードを実行すると、シリアル値が得られ、メッセージボックスに「2021/7/31」と表示されます（画面2）。

```
MsgBox Range("A1").Value
```

▼**画面2　Valueプロパティで取得した結果**

　一方、Textプロパティを使った以下のコードを実行すると、表示形式が適用された状態で得られ、メッセージボックスに「2021年7月31日」と表示されます（画面3）。

```
MsgBox Range("A1").Text
```

▼**画面3 Textプロパティで取得した結果**

　金額のセルも同様です。たとえば、値は「1234」を入力し、「通貨」の表示形式を設定して、「¥1,234」と表示されているセルがあるとします。この場合、Valueプロパティなら「1234」と、金額の数値そのものが得られます。Textプロパティなら「¥1,234」と、表示形式が適用された文字列が得られます。セルに入力されている値は数値でも、Textプロパティでは表示形式による「¥」や「,」が付き、文字列として得られるのです。文字列なので、計算処理には使えない点に注意が必要です。

　さらにTextプロパティがValueプロパティと異なるのは、値を設定できないことです。「Range("A1").Text = "2021/8/1"」などのように、別の値を代入しようとすると、実行時エラーになってしまうので注意してください。

おわりに

いかがでしたか？ 「計算ドリル」と「販売管理」という2つのアプリケーション作成を通じて、Excel VBAのプログラミングのコツとツボが、だんだんわかるようになってきましたか？

「はじめに」でも書きましたが、本書は学習範囲をあえて絞ったため、オブジェクト型変数の活用方法など説明できなかった項目がいくつかあります。また、取り上げられなかったオブジェクトやプロパティ、メソッド、イベントプロシージャが多々あります。さらには、For...Nextステートメント以外のループや、Select Caseステートメントなど、書式と簡単な例のみ紹介して実践的な使い方を説明できなかったものもあります。これらについては、他に良い書籍やWebサイトがあるので、それらを参考においおい学習していただければ幸いです。

Excel VBAには、学ぶべきことがまだまだたくさんあります。みなさんがそのような学習に取り組むための出発点に本書がなることをお祈りしています。

また、実は本書で学んだプログラミングのツボとコツは、他のプログラミング言語にも共通するものです。もし、みなさんが将来、他のプログラミング言語を学ぶ機会を迎えた際、本書のエッセンスが少しでもお役に立てれば幸いです。

索 引

著者略歴

立山　秀利（たてやま　ひでとし）

フリーライター。1970年生まれ。

筑波大学卒業後、株式会社デンソーでカーナビゲーションのソフトウェア開発に携わる。

退社後、Webプロデュース業を経て、フリーライターとして独立。

『図解！　Excel VBA のツボとコツがゼッタイにわかる本 "超"入門編』『図解！　Excel VBA のツボとコツがゼッタイにわかる本　プログラミング実践編』『VLOOKUP関数のツボとコツがゼッタイにわかる本』（いずれも秀和システム）、『入門者のExcel VBA』『実例で学ぶExcel VBA』『入門者のPython』（いずれも講談社）など著書多数。

Excel VBAセミナーも開催している。

セミナー情報　http://tatehide.com/seminar.html

カバーデザイン・イラスト　mammoth.

Excel VBAのプログラミングの
ツボとコツがゼッタイにわかる本
[第2版]

| 発行日 | 2021年　9月　6日 | 第1版第1刷 |
| | 2024年　6月　3日 | 第1版第3刷 |

著　者　立山　秀利

発行者　斉藤　和邦
発行所　株式会社　秀和システム
　　　　〒135-0016
　　　　東京都江東区東陽2-4-2　新宮ビル2F
　　　　Tel 03-6264-3105（販売）　　Fax 03-6264-3094
印刷所　三松堂印刷株式会社

©2021 Hidetoshi Tateyama　　　　　　　　　　Printed in Japan

ISBN978-4-7980-6518-2 C3055